21世纪全国高职高专机电系列技能型规划教材·电气自动化类

电机与电气控制

主　编　郭夕琴
副主编　丁艳玲　武建卫
　　　　林　敏　金丽斯
主　审　张海红

北京大学出版社
PEKING UNIVERSITY PRESS

内容简介

本书共5个模块，是电机学、电力拖动、电气控制三部分内容的有机结合。本书深入浅出地阐述了直流电动机及拖动、变压器结构及原理、三相异步电动机及拖动、单相异步电动机基本原理。同时还介绍了控制电机的特点与应用、异步电动机常见故障及处理方法、电气控制线路的基本环节、常用机床控制线路等内容，每个模块还附有思考与练习。本书注重学生能力培养，全面提高学生素质，努力增强高职高专院校的质量意识和创新意识。基本理论以必需、够用为度，突出对理论知识的应用和实践能力的培养。全书力求深入浅出，通俗易懂，便于自学。

本书既可作为高职高专机电一体化专业、电气自动化技术专业、数控技术专业的教学用书，也可供自动化专业选用和机电技术人员参考。

图书在版编目(CIP)数据

电机与电气控制/郭夕琴主编．—北京：北京大学出版社，2014.8

(21世纪全国高职高专机电系列技能型规划教材)

ISBN 978-7-301-23822-6

Ⅰ.①电…　Ⅱ.①郭…　Ⅲ.①电机学—高等职业教育—教材②电气控制—高等职业教育—教材　Ⅳ.①TM3②TM921.5

中国版本图书馆CIP数据核字(2014)第018965号

书　　名：电机与电气控制

著作责任者：郭夕琴　主编

策 划 编 辑：邢　琛

责 任 编 辑：邢　琛

标 准 书 号：ISBN 978-7-301-23822-6/TP・1325

出 版 发 行：北京大学出版社

地　　址：北京市海淀区成府路205号　100871

网　　址：http://www.pup.cn　新浪官方微博:@北京大学出版社

电 子 信 箱：pup_6@163.com

电　　话：邮购部62752015　发行部62750672　编辑部62750667　出版部62754962

印　刷　者：三河市北燕印装有限公司

经　销　者：新华书店

787毫米×1092毫米　16开本　16印张　362千字

2014年8月第1版　2014年8月第1次印刷

定　　价：34.00元

前　　言

本书按照国家教育部对职业教育的要求，突出专业特色，注重技术应用的训练，以培养新时期应用型和复合型人才为目标，结合高职高专院校的教学改革和课程改革组织并编写。

本书的编写结合电气自动化技术专业的教学改革，将“电机与拖动基础”和“工厂电气控制技术”两门课程的内容有机结合起来，并结合维修电工职业标准的要求。在编写中，注重对学生能力的培养，以任务驱动的体系结构将课程内容与学生进行技能认证的需要有机融合，做到理论与实践的有机结合，实现“教、学、做一体化”的教学模式。

本书从内容上分为5个模块，模块一为绪论，包括电气控制技术的发展、维修电工职业标准中要求了解或掌握的常用电工指示仪表及常用电工工具的介绍等；模块二和模块三介绍了交流电机和直流电机的基本结构、原理等，这部分内容弱化了原来电机与拖动基础中有关电机的复杂数学计算和理论推导；模块四介绍了常用低压电器及三相异步电动机的拖动控制电路，这部分内容重点突出实践性环节，从工程实际出发，由易到难，循序渐进，通过学习、实践，逐步使学生具备对继电器-接触器控制电路进行控制设计的能力；模块五介绍了典型机械设备的电气控制系统分析。

本书在编写上体现职业教育教学的要求，使学生通过学习和训练等教学环节，能获得相关的职业技能，以满足职业技能培养的需要。

本书由南京机电职业技术学院的郭夕琴担任主编，并编写了模块一和附录；南京机电职业技术学院的丁艳玲、武建卫、林敏以及哈尔滨铁道职业技术学院的金丽斯担任副主编，武建卫编写了模块二，金丽斯编写了模块三，丁艳玲编写了模块四，林敏编写了模块五。张海红担任主审，对本书提出了许多宝贵意见，在此表示衷心感谢。

此外，在编写本书的过程中参考了大量的文献资料，在此我们对这些参考文献的作者们表示衷心的感谢!

由于编者水平有限，书中难免存在一些缺点、疏漏及不足之处，恳请广大读者多提宝贵意见和建议，并进行批评指正。

编　者

2013年10月

目录

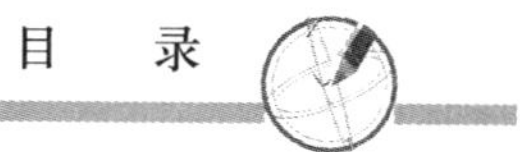

模块一

绪　　论

知识目标	1. 了解电气控制技术的发展概况 2. 了解常用电工仪表的工作原理 3. 了解常用电工工具的使用方法 4. 了解电线电缆的使用规范 5. 了解用电安全
能力目标	1. 会使用常用电工仪表 2. 会使有常用电工工具 3. 会根据设计要求选用合适的电线电缆

任务一　电气控制技术的发展概况

电气控制技术是以各类电动机为动力的传动装置与系统为对象，以实现生产过程自动化的控制技术，是随着科学技术的不断发展和生产工艺不断提出的新要求而得到飞速发展的。电气控制系统是其中的主干部分，在国民经济各行业中的许多部门都得到了广泛的应用，是实现工业生产自动化的重要技术手段。

随着科学技术的不断发展、生产工艺的不断改进，特别是计算机技术的应用，新型控制策略的出现，不断改变着电气控制技术的面貌。在控制方法上，从最早的手动控制发展到自动控制；在控制功能上，从简单控制设备发展到复杂的控制系统，再到智能化控制系统；在控制原理上，从单一的有触点硬接线继电器逻辑控制系统发展到以微处理器或微计算机为中心的网络化自动控制系统；在操作上，从复杂处理发展到信息化处理。随着新的电气元器件的不断出现和计算机技术的发展，电气控制技术也在持续发展。现代电气控制技术通过综合应用计算机技术、自动控制技术、微电子技术、检测技术、智能技术、通信技术、网络技术等先进的科学技术成果而迅速得到发展，并正向着集成化、智能化、信息化、网络化方向发展。

低压电器是现代工业过程自动化的重要器件，是组成电气成套设备的基础配套器件，它是低压用电系统和控制系统安全运行的基础和保障。而继电器-接触器控制系统主要由继电器、接触器、按钮、行程开关等组成，其控制方式是断续的，所以称之为断续控制系统。由于它具有控制简单、方便实用、价格低廉、易于维护、抗干扰能力强等优点，所以其至今仍是许多生产机械设备广泛采用的基本电气控制形式，也是学习更先进电气控制系统的基础。这种控制方式的缺点是其采用的是固定接线方式，灵活性差、工作频率低、触点易损坏、可靠性差，难以适应复杂和程序可变的控制对象的需要。

电气控制系统的执行机构是电机拖动和液压与气压传动。电机拖动已由最早的采用成组拖动方式过渡到单独拖动方式，再过渡到生产机械的不同运行部件分别由不同电机拖动的多电机拖动方式，最后发展成今天无论是自动化功能，还是生产安全性方面都相当完善的电气自动化系统。

任务二　常用电工指示仪表

电工仪表在电气线路，用电设备的安装、使用与维修中起着重要的作用。常用的电工仪表有万用表、电压表、电流表、钳形电流表、绝缘电阻表、电能表等。

一、 常用电工仪表的基本知识

1. 电工仪表的基本组成和工作原理

电工仪表的基本工作原理：测量线路时，当将被测电量或者非电量转换成测量机构能直接测量的电量时，测量机构的可动部件在偏转力矩的作用下偏转。同时，测量机构产生反作用力矩的部件所产生的反作用力矩也作用在活动部件上，当转动力矩与反作用力矩相等时，活动部件便停止运转。由于活动部件具有惯性，以至于它在达到平衡时不能迅速停

止，而是仍在平衡位置附近来回摆动。因此，在测量机构中常设置阻尼装置，依靠其产生的阻尼力矩使指针迅速停止在平衡位置上，进而指出被测量的大小。图 1.1 所示为电工仪表的基本组成框图。

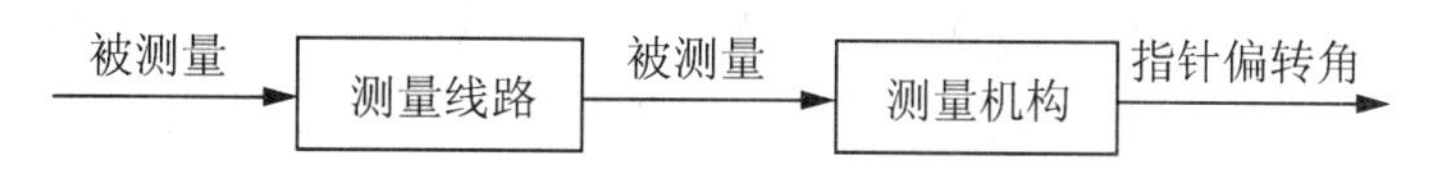

图 1.1 电工仪表的基本组成框图

2. 常用电工仪表的分类

常用电工仪表的种类很多，且根据不同的概念可以有不同的分类方式。例如，按测量对象、工作原理等的不同都可以对常用的电工仪表进行分类。

（1）按测量对象划分：电流表、电压表、功率表、电能表、电阻表。

（2）按仪表的工作原理划分：磁电式、电磁式、电动式、感应式。

（3）按测量电流的种类划分：交流表、直流表、交直流两用表。

（4）按使用性质和装置方法划分：固定式、携带式。

（5）按准确度等级划分：0.1 级、0.2 级、0.5 级、1.0 级、1.5 级、2.5 级、5.0 级。

3. 电工仪表常用面板符号

仪表面板上的符号表示该仪表的使用条件，有关电气参数的范围、结构和精确度等级等，为该仪表的选择和使用提供了重要依据。常用电工仪表面板符号如表 1－1 所示。

表 1－1 常用电工仪表面板符号

符号	含义	符号	含义	符号	含 义
Ⓐ	电流表	～	交流电	*	公共端钮(多量程仪表或复用表用)
(mA)	毫安表	—	直流电	∠60°	仪表倾斜放置
Ⓥ	电压表	≃	交直流电	⊥或↑	仪表垂直放置
(kW·h)	电能表	3～	三相交流电	⊓或↑	仪表水平放置
(Ω)	电阻表	+	正端钮	1.5	以标度尺量程百分数表示的精确度等级，如 1.5 级
(MΩ)	绝缘电阻表	—	负端钮	–	以标度尺长度百分数表示的精确度等级，如 1.5 级
(mV)	毫伏表	⏚	接地端钮	(1.5)	以指示值的百分数表示的精确度等级，如 1.5 级
				⊥	与外壳相连的端钮

4. 电工仪表的准确度

准确度是指仪表在正常工作条件下的最大误差占仪表盘上满刻度的百分数。在误差等级中，数字越小，表示准确度越高，即基本误差越小，但价格也越高。0.1～0.5 级仪表准确度较高，多用于实验室校验仪表；1.5 级以上的仪表准确度较低，多用于工程上的检测及计量。

测量时，仪表的指示值与被测量的实际值之间的差异，就是仪表的测量误差。测量误差是由仪表的基本误差和附加误差引起的。基本误差是指仪表在正常工作条件下(在规定温度、规定放置方式、没有外电场和外磁场干扰等)，由于仪表制造工艺限制，造成仪表本身内部结构特性和质量等方面的缺陷所引起的误差。例如，摩擦误差、标尺刻度不准确、轴承与轴尖间隙造成的倾斜误差等，都属于基本误差的范围。附加误差是指仪表离开规定的工作条件(如环境温度的改变、外电场或外磁场的影响、被测正弦交流电波形失真等)而引起的误差。

例如，1.0 级电流表的基本误差是满刻度的±1.0%，在仪表规定的正常工作条件下，若测得电流为 100mA，则实际电流为 99～101mA。

5. 电工仪表使用时的注意事项

(1) 仔细阅读说明书，并严格按说明书的要求存放和使用。

(2) 对于长期使用或长期存放的仪表，应定期对其进行检验和校正。

(3) 轻拿轻放，不得随意调试和拆装，以免影响其的灵敏度与准确性。

(4) 在测量过程中，不得更换挡位或切换开关。

(5) 严格分清仪表测量功能和量程，不得用错，更不能接错测量线路。

二、 万用表及使用

万用表是一种多功能、多量程的测量仪表，能测量直流电流、交直流电压、电阻、音频电平等。档次稍高的万用表还可测量交流电流、电容量、电感量及晶体管共发射极直流电流的放大系数。由于其具有测量种类多、量程范围宽、价格低及使用和携带方便等优点，因此被广泛应用于电气维修和测试中。万用表基本上分为指针式和数字式两大类。指针式万用表已有上百年的发展历史，具有结构简单、操作方便、价格低廉等优点。数字式万用表则是新型数字仪表，以显示直观、准确度高、分辨力强、测试功能完善、测量速率快等优点而著称。这两类仪表各具特色、互为补充，都深受广大专业电气技术人员和电气爱好者的青睐。

下面以使用广泛的 MF47 型指针式万用表及 DT-890B$^+$ 型数字式万用表(如图 1.2 所示)为例，介绍其使用方法。

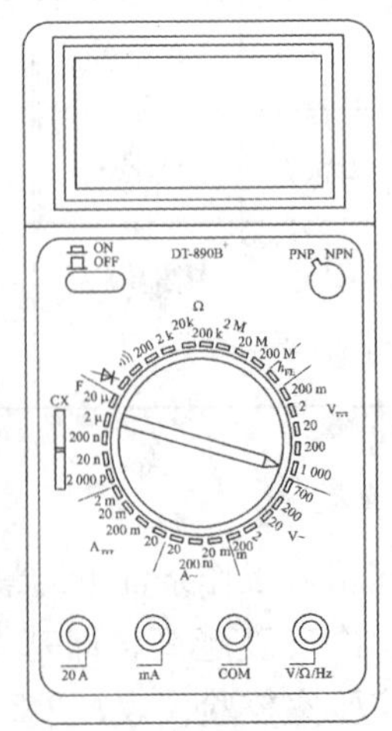

(a) MF47型指针式万用表　　(b) DT-890B$^+$型数字式万用表

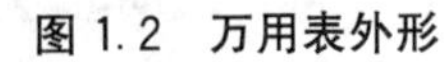

图 1.2　万用表外形

(一) MF47 型指针式万用表

1. 面板结构

面板上部是表盘和表头指针。表盘下方正中是机械调零旋钮，表在使用前若零位不准可用螺钉旋具转动该旋钮加以校准。转换开关大旋钮位于面板下部正中，周围标有该表的测量功能及量程。从面板图中可以看出，该表具有测量交直流电压、直流电流、电阻及晶体管的 h_{FE} 等功能。交流电压的量程为 0～1 000V，分为 5 挡；直流电压的量程为 0～1 000V，分为 8 挡，另有一挡单独测量 2 500V 直流高电压的插孔在面板右下角，测量直流高压时只要将红表笔直接插入该孔即可；直流电流的量程为 0～500mA，分为 5 挡；电阻的量程从 X1～X10K，分为 5 挡。转换开关左上角是测 PNP 和 NPN 型晶体管 h_{FE} 的插孔，右上角是 0Ω 调整旋钮，当电阻挡红、黑表笔短接(即为 0Ω)指针未显示电阻零值时，旋转此钮可调准 0Ω 位。转换开关左下角标有“+”和“COM”的插孔分别为红、黑表笔插孔。右下角除测 2 500V 直流高压的专用插孔外，还有一个测 5A 直流大电流的专用插孔，测量时只要将红表笔插入该插孔即可。

2. 表头与表盘

表头是一只高灵敏度的磁电式直流电流表，万用表的主要性能指标取决于表头灵敏度。表盘除了有各种测量项目相对应的 6 条标度尺外，还有各种符号。正确识读刻度标尺和理解表盘符号、字母、数字的含义，是使用万用表的基础。

MF47 型万用表的表盘有 6 条标度尺：最上面的是电阻刻度标度尺，用“Ω”表示；第二条是直流电压、交流电压及直流电流共享大系数刻度标尺；第三条是晶体管共发射极直流电流放大系数刻度标尺，用 h_{FE} 表示；第四条是测电容容量刻度标尺，用 $C(\mu F)$50Hz 表示；第五条是测电感量刻度标尺，用 L(H)50Hz 表示；最后一条是测音频电平刻度标尺，用“dB”表示。刻度标尺上装有反光镜，测量时，调整视觉位置使指针与反光镜中的影子重合，可消除视觉误差。MF47 型万用表的表盘与刻度如图 1.3 所示。

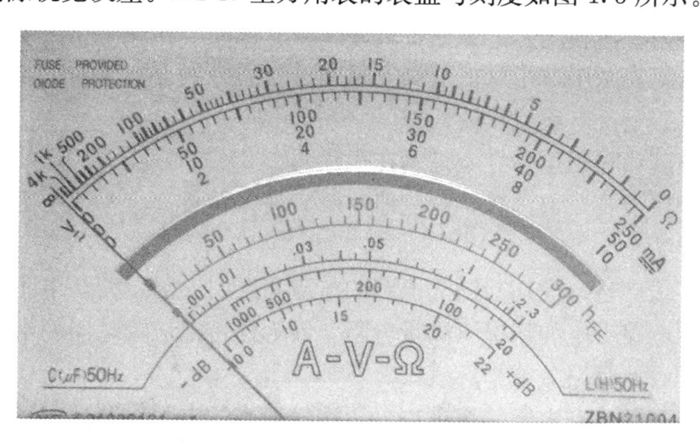

图 1.3 MF47 型万用表的表盘与刻度

3. MF47 型万用表的使用及测量时的注意事项

1) 测量前的准备

(1) 打开万用表背面电池盖板，将一节 1.5V 的二号电池和一节 9V 的叠层电池装入电池夹内。

(2) 熟悉表盘上各符号的意义及各个旋钮和选择开关的作用。

(3) 把万用表水平放置好，看指针是否指在零刻度处，如不指零，则应旋动机械调零螺钉，将指针校准至零点。

(4) 选择好表笔插孔位置，除测直流高电压与大电流外，其他测量都应将红表笔插入左下方的“+”插孔内，黑表笔插入“COM”插孔内。

2) 测量交流电压

(1) 将旋转开关先拨到交流电压挡，然后选择适当的量程，若不知道被测电压的近似值，同样应先用最高挡测出近似值后，再选择合适的量程来测量，最终应使指针指在表盘的1/2～2/3处。若误用直流电压挡，表头指针会不动或略微抖动；若误用直流电流挡或电阻挡，轻则打弯指针，重则烧坏表头，损坏万用表。

(2) 将表笔并联在被测电路或元器件的两端。

(3) 按指针停留位置读数：交流电压＝V/格×格数。

3) 测量直流电压

(1) 将旋转开关先拨到直流电压范围内，然后选择适当的量程，若不知道被测电压的近似值，应先用最高挡测出近似值后，再选择合适的量程来测量，以免表针偏转过度而损坏表头。测直流电压时，若误选交流电压挡，则读数可能偏高，也可能为零；若误选电流挡或电阻挡，仍然会打弯指针或烧毁表头。

(2) 测量时，应将万用表并联在被测电路中进行，正负极接法必须正确，即红表笔接被测电路高电位端，黑表笔接低电位端。

(3) 适当的电压量程是指指针应指示在表盘的1/2～2/3处。

(4) 按指针停留位置读取读数，电压值＝V(mV)/格×格数。

4) 测量直流电流

(1) 将旋转开关先拨到直流电流范围内，然后选择适当的量程，若不知道被测电流的近似值，应先用最高挡测出近似值后，再选择合适的量程来测量。

(2) 测量时，应将万用表串联在被测电路中进行测量，正负极接法必须正确，红表笔接电流流入端，黑表笔接电流流出端。

(3) 适当的电流量程是指指针应指示在表盘的1/2～2/3处。

(4) 按指针停留位置读取读数，电流值＝mA/格×格数。

5) 测量电阻

(1) 电阻若在线测量，应切断被测电路的电源和迂回支路，使该电阻所在支路呈开路状态。严禁在被测电路带电的情况下测量电阻。因为这将把被测电阻两端电压引入万用表内部测量线路，导致测量误差或损坏表头。

(2) 先把转换开关旋到电阻挡范围内，再选择适当的电阻倍率挡。

(3) 测量前，应先调整欧姆零点，将两表笔短接，看指针是否指在零刻度上，若不指零，则应转动调零钮校准至指针指零。

(4) 将表笔分别和被测电阻两端相连，此时指针将偏转，若指针未停留在刻度尺的几何中心附近，应变换倍率挡，使指针指在该范围内。值得注意的是，每次变化倍率后，都必须重新校准电阻挡零位。

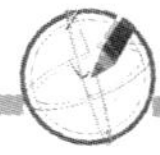

(5) 按指针停留位置读取读数：电阻值=指针读数×倍率。

(6) 测量中不要用手触及元器件的裸露两端(或两支表笔的金属部分)，以免人体电阻与被测电阻并联，致使测量结果不准确。

6) 测量时的注意事项

(1) 不用万用表时，不要旋在电阻挡，因为表内有电池，如不小心使两表笔相碰短路(相当于被测电阻为0Ω)，不仅会使表内电池很快耗完，严重时甚至会损坏表头。应将转换开关调到电压最大挡位或空挡上。

(2) 电阻挡若无法调至零位，则说明表内电池电压已不足，应更换新电池，其中“×1”～“×1k”应更换1.5V电池，“×10k”应更换为9V叠层电池。

(3) 在测量电流、电压时，不能带电更换量程，也不能旋错挡位，若误用电阻挡或电流挡去测电压，极易烧坏电表。

(4) 测量直流电压和直流电流时，注意“+”和“-”的极性，不要接错，若发现指针反偏，应立即调换表笔，以免损坏指针及表头。

(5) 根据被测量值的大小选择合适的量程。最佳量程应使表头指针位于满刻度的2/3左右。当被测量值的大小无法估计时，应从最大量程逐渐减小到合适挡位。

(6) 应在干燥、无振动、无强磁场、环境温度适宜的条件下使用和保存万用表，对长期不用的万用表应将电池取出。

(二) DT-890B^{+}型数字式万用表

数字式万用表结构精密、性能稳定、可靠性高、使用方便，其基本结构由测量线路及相关元器件、液晶显示器、插孔和转换开关组成。DT-890B^{+}型数字式万用表的面板结构如图1.2所示。

1. 使用前的检查与注意事项

(1) 将电源开关置于“ON”状态，液晶显示器应显示数字或符号。若显示器出现低电压符号，应立即更换内置电池。

(2) 表笔插孔旁的“!”符号表示测量时输入电流、电压不得超过量程规定值，否则将损坏内部测量线路。

(3) 测量前，转换开关应置于所需量程。测量交直流电压、电流时，若不知道被测数值的大小，可先将转换开关置于最大量程挡，然后在测量中按需要逐步下调。

(4) 若显示器只显示“1”，则表示被测量超出所选量程范围，应选择更高的量程。

(5) 在高压线路上测量电流、电压时，应注意人身安全。当转换开关置于“OHM”范围时，不得引入电压。

2. 基本使用方法

数字式万用表的型号很多，但使用方法基本相同。下面以DT-890B^{+}型数字式万用表为例来介绍其操作方法。

1) 测量直流电压

(1) 将黑表笔插入“COM”插孔，红表笔插入“V/Ω/Hz”插孔。

(2) 将功能转换开关置于“DCV”范围内的适当量程。其中，“DC”表示直流，“V”表示电压。

(3) 表笔与被测电路并联，红表笔接被测电路高电位端，黑表笔接低电位端。

(4) 直流电压量程为20mV～1 000V，共分5挡。

注意：该仪表不得用于测量高于1 000 V的直流电压。

2) 测量交流电压

(1) 表笔插法同“测量直流电压”。

(2) 将功能转换开关置于“ACV”范围内的适当量程。其中“AC”表示交流。

(3) 表笔与被测电路并联，黑、红表笔可任意接，不需考虑极性。

(4) 交流电压量程为200mV～700V，共分5挡。

注意：该仪表不得用于测量高于700 V的交流电压。

3) 测量直流电流

(1) 将黑表笔插入“COM”插孔，当测量最大值不超过200mA的电流时，红表笔插入“mA”插孔；当测量200mA～10A的电流时，红表笔应插入“MAX10A”插孔。

(2) 将功能转换开关置于“DCA”范围内的适当量程，其中“A”表示电流挡。

(3) 将万用表串入被测线路且红表笔接高电位端(电流流入红表笔)，黑表笔接低电位端(电流流出黑表笔)。

(4) 如果量程选择不正确，过量程电流会烧坏熔丝。直流电流量程为2mA～10A，共分4挡。

4) 测量交流电流

(1) 将黑表笔插入“COM”插孔，红表笔插入“A”插孔。

(2) 将转换开关置于“ACA”范围内的适当量程。

(3) 将万用表串入被测线路，黑、红表笔不分极性。

(4) 交流电流量程为2mA～2 000mA，共分3挡。

5) 测量电阻

(1) 将黑表笔插入“COM”插孔，红表笔插入“V/Ω”插孔，注意与模拟万用表不同的是，数字式万用表电阻挡红表笔是“+”，而不是“－”。

(2) 将转换开关置于电阻范围内的适当量程。

(3) 万用表与被测电阻并联，注意必须事先断开被测电阻的一端或与被测电阻并联的所有电路，并切断电源。

(4) 数字式万用表的各挡量程没有倍率关系，按所选量程及单位读取的数字即为电阻值。

(5) 表笔开路状态显示为“1”，并非故障；当所测电阻大于1MΩ时，显示读数要几秒后才可稳定。

(6) 电阻挡量程为200Ω～20MΩ，共分6挡。

三、 绝缘电阻表

绝缘电阻表又称兆欧表或摇表，是一种测量电气设备及电路绝缘电阻的仪表。它由高

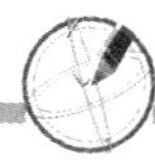

压手摇直流电机及磁电式流比计组成，具有输出电压稳定、读数准确、噪声小、摇动轻，且装有防止测量电路泄漏电流的屏蔽装置和独立的接线柱。其主要用于检测电气设备、供电线路的绝缘电阻，它的计量单位是“MΩ”（兆欧）。最常见的绝缘电阻表外形如图1.4所示。

选用绝缘电阻表时，主要从输出电压及测量范围两方面进行考虑，高压设备和电路，选电压高的绝缘电阻表，低压设备和电路，选低压的绝缘电阻表。一般额定电压在500V以下的设备，选用500V或1 000V的绝缘电阻表；额定电压在500V及以上的设备，选用1 000～2 500V的绝缘电阻表。

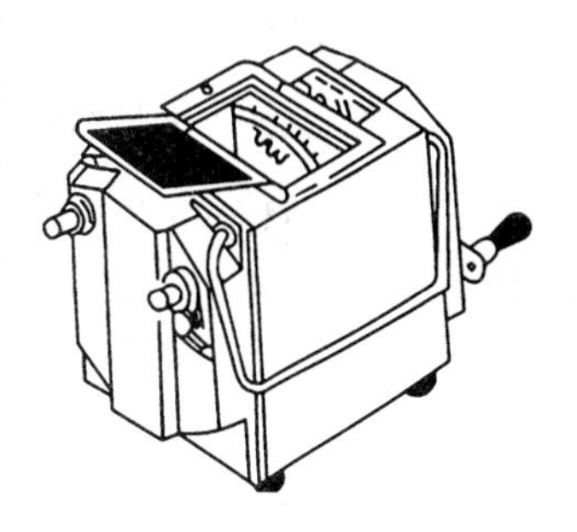

图1.4 绝缘电阻表外形

1. 使用前的准备

（1）使用绝缘电阻表进行测量时，应将其放在水平位置。未接线前，先按额定转速转动要求做开路试验，即空摇绝缘电阻表，看指针是否指在“∞”处；再使“L(线路)”和“E(接地)”短接，慢慢转动绝缘电阻表，看指针是否指在“0”处。若指示不正确，则应先行检修。

（2）用绝缘电阻表测量线路或电气设备的绝缘电阻前，必须先切断电源。

（3）将被测设备充分放电，彻底清除残存静电荷，以免危及人身安全或损坏仪表。

2. 使用方法及注意事项

（1）将绝缘电阻表置于平衡牢固的地方。

（2）正确接线。接线柱：“E”（接地）、“L”（线路）和“G”（保护环或称屏蔽端子）。保护环的作用是消除表壳表面“L”和“E”接线柱间的漏电和被测绝缘物表面漏电的影响。

在测量电力线路的绝缘电阻时，将“E”接线柱可靠接地，“L”接被测量线路；在测量电动机、电气设备的绝缘电阻时，将“E”接线柱接设备外壳，“L”接电动机绕组或设备内部电路；若测两绕组间的绝缘电阻，则两接线柱分别接两绝缘接线端；若测电缆的绝缘电阻：“L”应接线芯，“E”接外壳，“G”接线芯与外壳间的绝缘层。

（3）测量时，按顺时针方向摇动手柄，速度由慢到快均匀上升，最后稳定在120r/min，允许有20%的变化，最多不应超过25%。通常要摇动1min后，待指针稳定下来再读数，若测量中发现指针指零，应立即停止摇动。

绝缘电阻表测量用的接线要选用绝缘良好的单股导线，测量时两条线不能绞在一起，以免导线间的绝缘电阻影响测量结果。

（4）如果被测电路中有电容，则应先持续摇动一段时间，让电容充电，待指示稳定后再读数。

（5）禁止在雷电时或附近有高压导体的设备上测量绝缘电阻。

（6）测量完毕后，应对被测设备或电路充分放电，在绝缘电阻表没有停止转动或被测设备没有放电之前，不可用手触及被测部位，也不可去拆除连接导线，以免引起触电。

（7）定期对绝缘电阻表进行校验。

四、 钳形电流表

钳形电流表能在不影响被测电路正常运行的情况下(即不断开线路的情况下)，测得被测电路的电流参数，也就是说，用钳形电流表测电流时不用串入被测电路，其是一种使用方便的携带式仪表。

1. 钳形电流表的基本结构和工作原理

钳形电流表简称钳形表，它主要由一只电磁式电流表和穿心式电流互感器组成。穿心式电流互感器的二次绕组缠绕在铁心上且与电流表相连，它的一次绕组即为穿过互感器中心的被测导线。旋钮实际上是一个量程转换开关，扳手的作用是开合穿心式互感器铁心的可动部分，以便使其钳入被测导线。

用钳形电流表测量电流时，按动扳手，打开钳口，将被测载流导线置于穿心式电流互感器的中间，当被测导线中有交变电流通过时，交流电流的磁通在互感器二次绕组中感应出电流，该电流通过电磁式电流表的线圈，使指针发生偏转，在表盘标度尺上指出被测电流值。其结构图如图 1.5 所示。

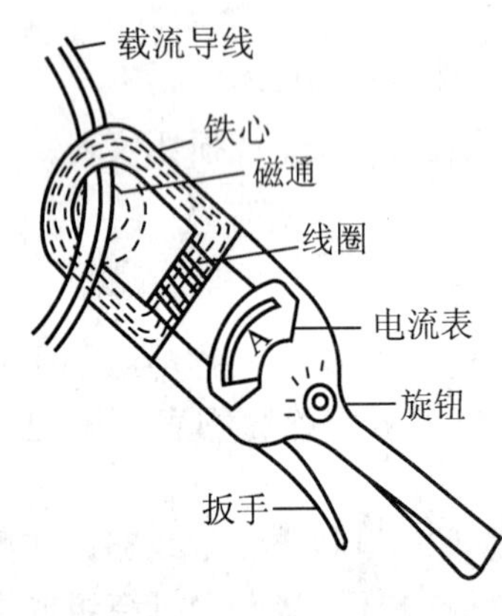

图 1.5　钳形电流表的结构图

2. 钳形电流表的正确使用

(1) 测量前，应注意调零。

(2) 测量时，应检查钳口的开合情况，务必使钳口开合自如，两边钳口处结合紧密，以保证测量的准确度。

(3) 正确选择量程，尽量让被测值超过中间刻度。

(4) 当被测电路电流太小时，指针偏转过小、读数准确度难以保证时，为提高精确度，可将被测载流导线在钳口部分的铁心柱上缠绕几圈后进行测量，将指针指示数除以穿入钳口内的导线根数即可得出实际的电流值。

(5) 测量时，应使导线尽量置于钳口内的中心位置，以利于减小测量误差。

(6) 不用钳形电流表时，应将量程选择扭转至最高量程挡，以免下次使用时不慎损坏仪表。

任务三　常用电工工具

常用电工工具一般包括验电器、螺钉旋具、钢丝钳、尖嘴钳、斜口钳、剥线钳、电工刀、手电钻等。

一、 验电器

验电器的作用是用来检验导线和电气设备是否带电，分为低压验电器和高压验电器。在此只介绍低压验电器(验电笔)。低压验电器由氖管、电阻器、笔尖、笔身、弹簧、笔尾组成，如图 1.6 所示，其作用如表 1-2 所示。

使用低压验电器时，手指必须触及笔尾的金属体，电流经带电体、验电笔、人体、大地形成回路后，氖管才发亮。

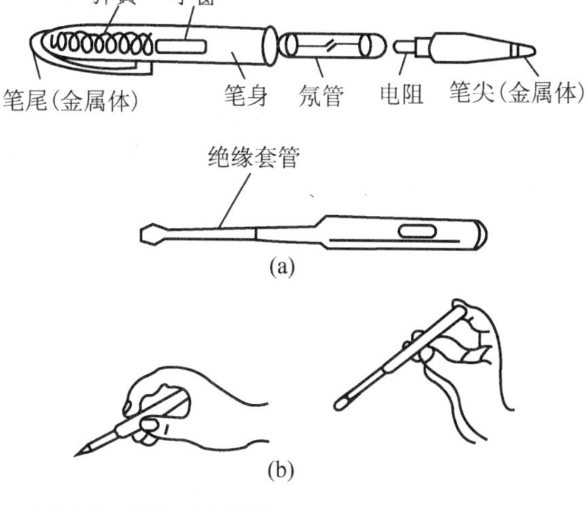

图 1.6 低压验电器的结构外形及正确使用方法

表 1-2 低压验电器的作用

作 用	要 点
区别电压高低	测试时可根据氖管发光的强弱判断电压的高低
区别相线与中性线	在交流电路中，当验电器笔尖触及导线时，氖管发光的即为相线，正常情况下，触及中性线是不发光的
区别直流电与交流电	当交流电通过验电器时，氖管的两极同时发光；当直流电通过验电器时，氖管中两个极只有一个发光
区别直流电的正负极	把验电器连接在直流电的正、负极间，氖管中发光的一级为直流电的负极

二、 螺钉旋具

螺钉旋具按头部形状有一字形和十字形两种，用来紧固或拆卸螺钉。其外形如图 1.7 所示。

图 1.7 螺钉旋具的外形

1. 一字形螺钉旋具

一字形螺钉旋具常用规格为 50mm、100mm、150mm、200mm，电工必备的是 50mm、150mm。

2. 十字形螺钉旋具

十字形螺钉旋具专供紧固和拆卸十字槽的螺钉。

常用的规格有 4 种：Ⅰ号适用螺钉直径为 2～2.5mm；Ⅱ号适用螺钉直径为 3～5mm；Ⅲ号适用螺钉直径为 5～8mm；Ⅳ号适用螺钉直径为 10～12mm。

3. 磁性螺钉旋具

磁性螺钉旋具按握柄材料的不同，有木质绝缘柄和塑料绝缘柄两种，刀口处焊有磁性金属材料，特点是能吸住待拧紧的螺钉，以便准确定位、拧紧，使用方便，应用较广泛。

4. 使用螺钉旋具时的注意事项。

(1) 电工不可使用金属杆直通的螺钉旋具，否则容易造成触电事故。

(2) 使用螺钉旋具紧固和拆卸带电的螺钉时，手不得触及螺钉旋具的金属杆，以免发生触电事故。

(3) 为了避免螺钉旋具的金属杆触及临近带电体，应在金属杆上套上绝缘套管。

(4) 在使用较长的螺钉旋具时，可用右手压紧并旋转手柄，左手握住螺钉旋具的中间部分，以使螺钉旋具刀口不致滑脱。此时，左手不得放在螺钉的周围，以免螺钉旋具刀口滑出时将手划伤。

三、 钳子

1. 钢丝钳

钢丝钳有铁柄和绝缘柄两种，可以用于夹持或弯折薄片形、圆柱形金属零件及切断金属丝，其旁刃口也可切断细金属丝，有绝缘柄的钢丝钳为电工用钢丝钳，可供 500V 以下的带电环境使用。钢丝钳有 150mm、175mm、200mm 这 3 种尺寸规格。

电工钢丝钳由钳头和钳柄两部分组成。钳头由钳口、齿口、刀口、铡口四部分组成。钳口用来弯绞和钳夹导线线头；齿口用来紧固或起松螺母；刀口可以剪切或剖削软导线绝缘层；铡口可以用来铡切导线线芯、钢丝或铅丝等较硬金属丝。其结构及各重要组成部分的作用如图 1.8 所示。

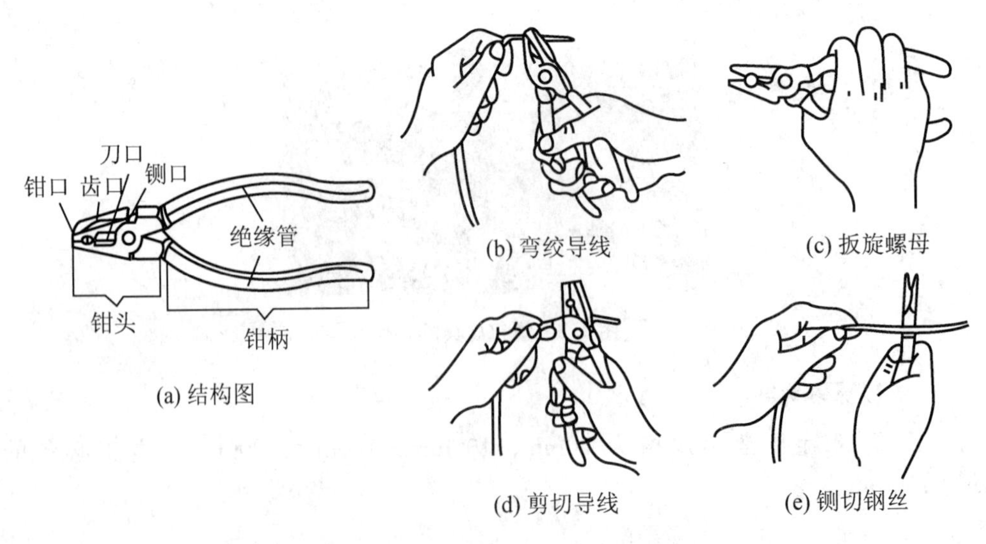

图 1.8 钢丝钳的结构及各重要组成部分的作用

使用钢丝钳时的注意事项如下。

(1) 使用前，必须检查绝缘柄的绝缘是否良好。

(2) 剪切带电导线时，不得用刀口同时剪切相线和中性线，或同时剪切两根导线。

(3) 钳头不可代替锤子作为敲打工具使用。

2. 尖嘴钳

尖嘴钳有铁柄和绝缘柄两种。其头部很细，适用于狭小的工作空间夹持小零件和扭转细金属丝，带刃口的尖嘴钳可以剪断细小零件。有绝缘柄的尖嘴钳可供500V以下的带电环境使用，主要用于切断和弯曲细小的导线、金属丝，夹持小螺钉、垫圈及导线等元件；还能将导线端头弯曲成所需要的各种形状。尖嘴钳有130mm、160mm、180mm、200mm这4种尺寸规格。其外形图如图1.9所示。

3. 斜口钳

斜口钳是专用切断工具，主要用于剪断较粗的电线、金属丝及导线电缆。其钳柄有铁柄、管柄和绝缘柄3种。

电工用的是带绝缘柄的短线钳，外形图如图1.10所示。斜口钳有130mm、160mm、180mm、200mm这4种尺寸规格。部分型号带有剥线孔。

图1.9 尖嘴钳外形图

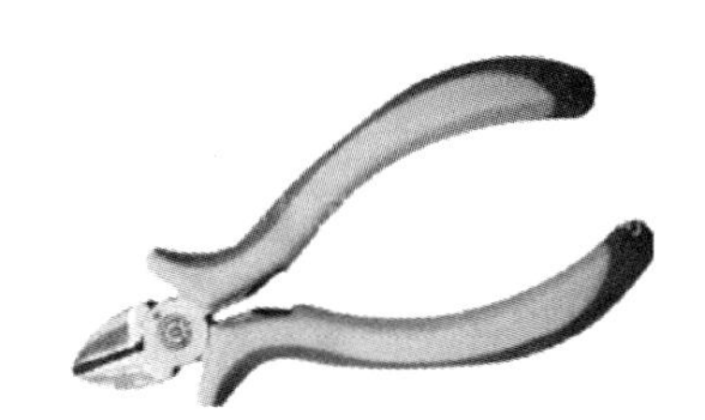

图1.10 斜口钳外形图

4. 剥线钳

剥线钳是剥削小直径导线头部绝缘层的专用工具。使用时，将要剥削的绝缘层长度用标尺定好后，即可把导线放入相应的刀口中(比导线直径稍大)，用手将柄握紧，导线的绝缘层即被割破。其外形图如图1.11所示。

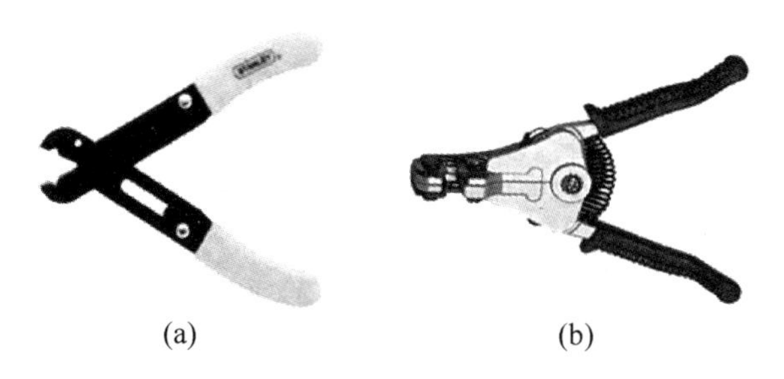

(a) (b)

图1.11 剥线钳外形图

四、电工刀

电工刀是用来剖削电线线头绝缘、切割木台缺口、削制木榫的专用工具。此外，电工刀还具有锥、锯等功能。值得注意的是，不能带电使用电工刀。其外形图如图 1.12 所示。电工刀大号刀片长 112mm，小号刀片长 88mm。

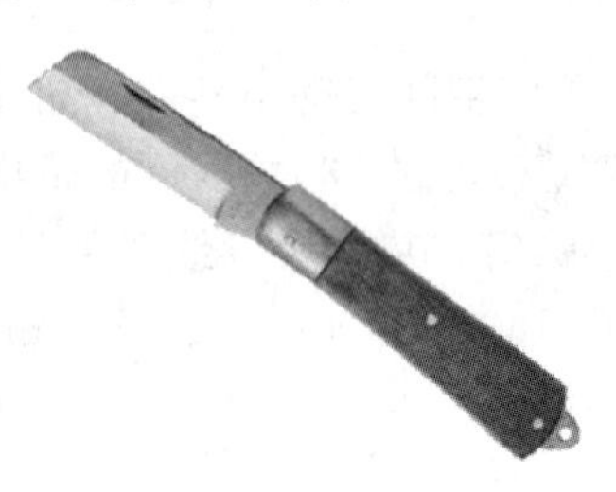

图 1.12　电工刀外形图

使用电工刀时，应将刀口朝外剖。剖削导线绝缘层时，应使刀面与导线成较小的锐角，以免割伤导线。

使用电工刀时的注意事项如下。

(1) 使用电工刀时，应该注意避免伤手，不得传递刀身未折进刀柄的电工刀。

(2) 电工刀用毕，应随时将刀身折进刀柄。

(3) 电工刀刀柄无绝缘保护，不能用于带电作业，以免触电。

五、活扳手

活扳手的开口宽度可调节，能紧固和松开多种规格的六角或四角螺栓、螺母。外形和结构如图 1.13 所示。

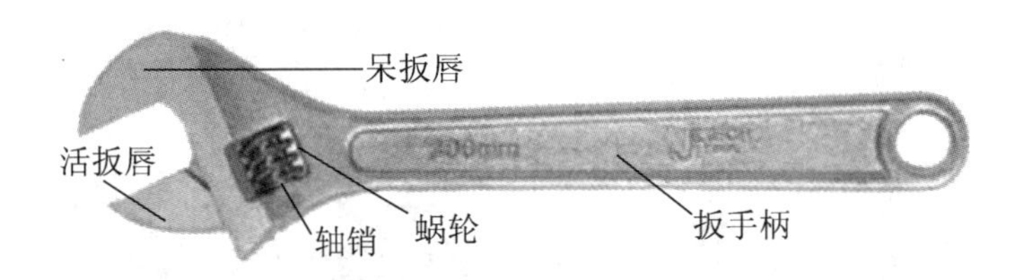

图 1.13　活扳手的外形和结构

电工常用的活扳手规格由长度×最大开口宽度(单位为 mm)来表示，有 150mm×19mm(6in)，200mm×24mm(8in)，250mm×30mm(10in)，300mm×36mm(12in)4 种规格。

用活扳手扳动小螺母：扳动小螺母时，因需要不断地转动蜗轮，调节扳口的大小，所以手应握在靠近呆扳唇处，并用大拇指调制蜗轮，以适应螺母的大小。

注意，当使用活扳手扳动大螺母时，常用较大的力矩，手应握在近柄尾处；而扳动小螺母时，因需要不断地转动蜗轮，调节扳口大小，所以手应握在靠近呆扳唇处，并用大拇指调制蜗轮，以适应螺母的大小。活动扳手不可反用。活动扳手不得当作撬棍和锤子使用。

六、手电钻

手电钻有普通电钻和冲击钻两种。其外形图如图 1.14 和图 1.15 所示。

普通电钻装有麻花钻，仅有旋转力可在木材、塑料、金属上钻孔，也可以进行拧螺钉的作业。

图 1.14　普通电钻外形图

而冲击钻可作为普通电钻使用，但冲击钻装有镶有硬质合

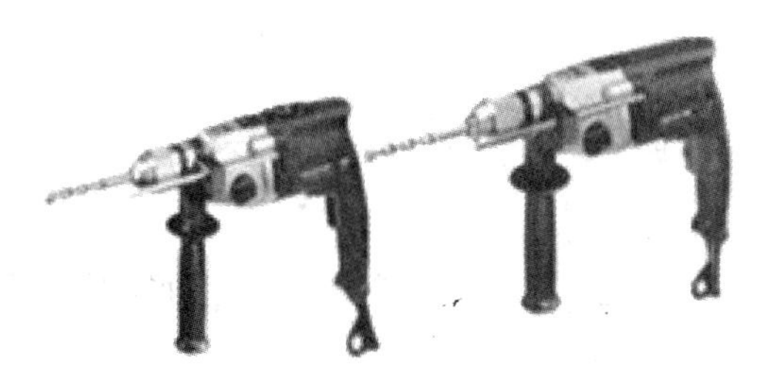
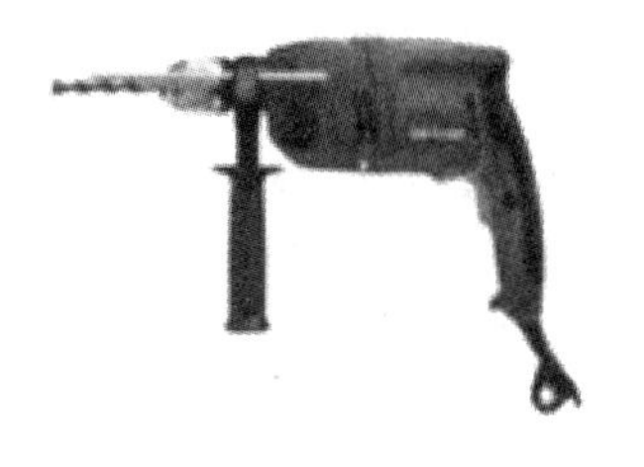

图 1.15　冲击钻外形图

金的钻头，当调节开关旋转带有冲击锤的位置时，能在混凝土和砖墙等建筑物构架上钻孔。

任务四　常用电线电缆

在选用电线电缆时，一般要注意电线电缆型号和规格(导线截面)的选择。

1. 电线电缆型号的选择

在选用电线电缆时，要考虑用途、敷设条件及安全性。例如，根据用途的不同，可选用电力电缆、架空绝缘电缆、控制电缆等；根据敷设条件的不同，可选用一般塑料绝缘电缆、钢带铠装电缆、钢丝铠装电缆、防腐电缆等；根据安全性要求的不同，可以选用不延燃电缆、阻燃电缆、无卤阻燃电缆、耐火电缆等。

2. 电线电缆规格的选择

在确定电线电缆的使用规格(导线截面)时，一般应该考虑发热、电压损失、经济电流密度、机械强度等选择条件。

根据经验，低压动力线因其负荷电流较大，故一般先按发热条件选择截面，然后验算其电压损失和机械强度；低压照明线因其对电压水平要求较高，可先按允许电压损失条件选择截面，再验算发热条件和机械强度；对于高压线路，则先按经济电流密度选择截面，然后验算其发热条件和允许电压损失；而对于高压架空线路，还应验算其机械强度。若用户没有经验，则应征询有关专业单位或人士的意见。一般电线电缆规格的选用如表 1－3 所示。

表 1－3　一般电线电缆规格的选用

导线截面/mm^2	铜芯聚氯乙烯绝缘电缆环境温度 25℃ 架空敷设 227 IEC 01(BV)		铜芯聚氯乙烯绝缘电力电缆环境温度 25℃ 直埋敷设 VV22-0.6/1(3+1)		铜芯铝绞线环境温度 30℃ 架空敷设 LGJ	
	允许载流量/A	容量/kW	允许载流量/A	容量/kW	允许载流量/A	容量/kW
1.0	17	10				
1.5	21	12				
2.5	28	16				
4	37	21	38	21		
6	48	27	47	27		

续表

导线截面/mm²	铜芯聚氯乙烯绝缘电缆环境温度25℃架空敷设 227 IEC 01(BV)		铜芯聚氯乙烯绝缘电力电缆环境温度25℃直埋敷设 VV22-0.6/1(3+1)		铜芯铝绞线环境温度30℃架空敷设 LGJ	
	允许载流量/A	容量/kW	允许载流量/A	容量/kW	允许载流量/A	容量/kW
10	65	36	65	36		
16	91	59	84	47	97	54
25	120	67	110	61	124	69
35	147	82	130	75	150	84
50	187	105	155	89	195	105
70	230	129	195	109	242	135
95	282	158	230	125	295	165
120	324	181	260	143	335	187
150	371	208	300	161	393	220
185	423	237	335	187	450	252
240			390	220	540	302
300			435	243	630	352

说明

（1）同一规格铝芯导线载流量约为铜芯线的0.7倍，选用铝芯导线可比铜芯导线大一个规格，交联聚氯乙烯绝缘可选用小一个规格，耐火电线电缆则应选用较大规格。

（2）本表计算容量以三相380V、$\cos\varphi=0.85$为基准，若单相220V、$\cos\varphi=0.85$，容量则应×1/3。

（3）当环境温度较高或采用明敷方式等时，其安全载流量都会下降，此时应选用较大规格；当用于频繁启动电动机时，应选用大2或3个规格。

（4）本表聚氯乙烯绝缘电缆按单根架空敷设方式计算，若为穿管或多根敷设，则应选用大2或3个规格。

任务五　电气安全及接线工艺

电能在经济建设和人民生活中起着不可缺少的作用，但如果不注意用电安全，就可能酿成人身触电、设备烧坏、引发火灾等严重电气事故，因此，有必要了解电气安全技术知识。电气安全包括人身安全和设备安全两个方面。

一、电流对人体的危害

如果人体不慎触及带电体，使得电流过人体而对人体产生的生理和病理伤害就是触电事故。电流对人体的伤害主要分为电伤和电击两种。

电伤是指电流的热效应对人体表面所造成的创伤，如电弧烧伤、灼伤、电烙印、皮肤

金属化、电气机械性伤害等，其中以电弧烧伤最为严重。电击是指电流通过人体，对人体及其内部器官造成伤害(如破坏人的心脏、中枢神经系统、肺部等重要器官)的触电事故。电伤往往与电击同时发生。

电击分为直接电击和间接电击两种。

人体直接接触正常的带电体所造成的触电伤害称为直接电击。例如，站在地上的人接触到电源的相线或电气设备带电体，或者站在绝缘体上的人同时接触到电源的相线和中性线，这属于单相触电；如果人体同时接触带电的任意两相线就属于两相触电，这时人体危险性更大。

人体接触正常时不带电，而故障时带电的意外带电体所发生的触电伤害称为间接电击。例如，电机等电气设备的外壳本来是不带电的，由于绕组绝缘损坏等原因，而使其外壳带电，人体意外接触这样的带电外壳，就会发生触电伤害，大多数触电事故属于这一类。为了防止这类触电事故，对电气设备常采用保护接地和保护接零(接中性线)保护装置。

电击对人体的伤害程度与通过人体电流的大小和频率、通电时间、通电途径及人的生理状态等因素有关。频率为50～60Hz的工频交流电对人体最危险，当通过人体的工频电流为10mA时，人有麻痹感觉，但能自行摆脱；为20mA时，出现灼伤，人体肌肉痉挛收缩，几乎不能摆脱。通常用触电电流和触电时间的乘积来综合反映触电的危险程度。人体的最大安全电流为30mA·s，人体的致命电流为50mA·s，此时人的呼吸器官麻痹、心室颤动，有伤亡的危险，达100mA·s时，呼吸器官和心脏均麻痹，足以致命。

人体电阻主要是皮肤电阻，如人体皮肤处于干燥、洁净、无损伤的状态下，人体电阻在10k～100kΩ之间，但如果皮肤有伤口或处于潮湿、脏污状态时，人体电阻可急剧下降至1kΩ左右。按照对人体有致命的工频电流50mA和人体最小电阻1kΩ来计算，可知50V是人体安全电压的极限值。我国规定的安全电压等级有42V、36V、24V、12V等。

触电致死的主要原因是触电电流引起心室颤动，造成心脏停跳，因此电流从手到脚、从一手到另一手时，电流流经人体中枢神经和心脏的程度最大，触电后果也最严重。

二、 安全用电预防措施

为了人身安全，防止触电事故的发生以及电力系统、电气设备的正常工作，应该从技术上和制度上加强安全用电。

从技术措施的角度出发，应该做到以下几点。

(1) 电力系统和电气设备应有良好的专用接地系统，有可靠的保护接地、保护接零措施；单相电气设备和民用电器的使用切不可忽视必要的外壳接地措施。

(2) 对电源配备安全保护装置，如漏电保护器、自动断路器等。

(3) 当使用固定式电气设备时，应注意电气隔离、绝缘操作，并确定电气设备在额定状态下工作。

(4) 当使用移动式电气设备时，应根据具体工作场所的特点，采用相应等级的安全电压，如36V、24V、12V等。移动式电器使用的电源线应该带有接零(地)芯线的橡皮软线。

(5) 注意特殊环境场所的用电安全。例如，在高压带电体附近时，千万不要过分靠近，以免发生人与高压带电体间的放电而被电弧烧伤；在矿井等潮湿环境下要采用安全电压供电；易燃易爆等危险场所应采用密闭和防爆型电源；特别场所要采取防静电火灾的措施等。

从制度措施的角度，应该做到以下几点。

(1) 加强安全用电教育，克服麻痹思想，预防为主，使所有人懂得安全用电的重大意义。

(2) 建立和健全电气操作制度。在进行电气设备的安装和维修时，必须严格遵守各种安全操作规程和规定，不得玩忽职守。操作时，首先要检查所用工具的绝缘性能是否完好，并要严格遵守停电操作的规定，切实做好防止突然送电的各项安全措施，如锁上刀开关，并挂上“有人工作，禁止合闸!”的警告牌等。

(3) 确保电气设备的设计和安装质量，这一点对系统的安全运行关系极大。必须严格按照国家标准中有关电气安全的规定，精心设计和施工，研究执行审批手续和竣工验收制度，以确保工程质量。

(4) 建立和健全电气设备的定期安全检查和维护保养制度，如检查电气设备和导线的绝缘，检查接地和接中性线情况，及时更换不可靠的电气器件等，把事故隐患消灭在萌芽状态。

三、 电气事故的紧急处理

电气事故包括电气失火、人身触电和设备烧毁。

若发生了电气失火事故，首先应切断电源，然后救火。不能马上切断电源时，只能用砂土压灭或用四氯化碳、二氧化碳灭火器扑救。切不可用水直接扑灭带电火源。

人身触电事故的发生是突然的，急救刻不容缓。人体触电时间越长，生命就越危险。因此，一旦发现有人触电，应立即切断开关，拔掉插头；没有办法很快切断电源时，应立即用带绝缘柄的钳子、刀斧等刃具切断电源线；当导线搭在或压在受害人身上时，可用干燥的木棒、竹竿或其他带绝缘手柄的工具迅速拨开电线。操作时，必须防止救护人员自己和在场人员触电。

触电者脱离电源后应立即请医生，或送医院，或就地进行紧急救护。如果触电者还没有失去知觉，可先抬到温暖的地方使其休息，并尽快请医生诊治。如果触电者失去知觉、呼吸停止，但心脏微有跳动，应立即采用人工呼吸法救治；如果虽有呼吸，但心脏停止跳动，应立刻用人工心脏挤压法救治；如果触电者呼吸、心跳均已停止，但四肢尚未变冷(称为触电假死)，则应同时进行人工呼吸和人工胸外心脏挤压。现代医学证明：呼吸停止、心脏停跳的触电者，在 1min 之内抢救，苏醒率超过 95%，而在 6min 后抢救，其苏醒率在 1%以下。这就说明，救治严重触电者，应该首先坚持现场抢救、连续抢救、分秒必争。

四、 安装接线工艺规定

1. 在电气线路上编号，遵循线号规则。

2. 布线前根据电器原理图绘制电气设备及电器元件布置与电气接线图。

3. 根据电气原理图中电动机容量，选择出所用电气设备、电器元件、安装附件、导线等，并进行检查。

4. 在控制板上，依据布置图固装元器件，并按电气原理图上的符号，在各电器元件

的醒目处，贴上符号标志。

5. 所有的控制开关，安装的控制设备和各种保护电器元件，都应垂直安装或竖直放置，空气开关盒电磁开关以及插入式熔断器等应安装在震动不大的地方。

6. 板前布线要注意：

（1）布线通道要尽可能少，同路并列的导线按主、控电路分类集中，单层密排，紧贴安装面布线。

（2）同一平面导线不能交叉，非交叉不可时只能在另一导线因进入接点而抬高时，从其下空隙穿越。

（3）布线要横平竖直，弯成直角，分布均匀和便于检修。

（4）布线次序一般是以接触器为中心，由里向外，由低到高，先控制电路后主电路，主控制回路上下层次分明，以不妨碍后续布线为原则。

7. 接线、接点处理应做到：

（1）给剥去绝缘层的线头两端套上标有原理图编号相符的号码套管。

（2）不论是单股线还是多股的心线头，插入连接端的针孔时，必须插入到底。多股导线要绞紧，同时导线绝缘层不得插入接线板的针孔，而且针孔外侧导线裸露不能超过心线外径。螺钉要拧紧不可松脱。

8. 线头与平压式接线桩的连接应注意：

（1）单股芯线头连接时，将线头按顺时针方向弯成平压圈(俗称羊眼圈)，导线裸露不超过导线心线外径。

（2）软线头绞紧后以顺时针方向，圈绕螺钉一周后，回绕一圈，端头压入螺钉。外露裸导线，不超过所使用导线的心线外径。

（3）每个电器元件上的每个接点不能超过两个线头。

9. 控制板与外部连接应注意：

（1）控制板与外部按钮、行程开关、电源负载的连接应穿护线管，且连接线多用多股软铜线。电源负载也可用橡胶电缆连接。

（2）控制板或配电箱内的电器元件布局要合理，这样既便于接线盒维修，又保证安全和规整好看。

五、 思考与练习

1. 电流对人体的伤害的种类有哪些？
2. 什么频率范围的交流电对人体伤害最大？
3. 电气事故包括哪几种？
4. 板前布线的注意事项有哪些？
5. 线头与平压接线桩的连接注意事项包括哪些？

模块二

电机认知

知识目标	1. 了解变压器的基本工作原理、结构和运行方式 2. 了解交流电动机的结构、工作原理、机械特性和常见故障检修 3. 了解常见控制电机的工作原理
能力目标	1. 掌握变压器的基本应用 2. 掌握直流电机的调速、启动、制动的特性和方法 3. 掌握交流电动机的启动、调速、反接和制动的特性和方法 4. 掌握步进电动机、伺服电动机的应用

任务一 认识变压器

变压器是一种静止的电气设备。它利用电磁感应原理，根据需要可以将一种交流电压和电流等级转变成同频率的另一种电压和电流等级。在电力系统和电子线路中，变压器都有着广泛的应用。

变压器通常按用途来进行分类，可分为电力变压器、特种变压器、仪用互感器、控制变压器及其他用途变压器等。

一、 变压器的基本工作原理和结构

（一）变压器的基本工作原理

由于变压器是利用电磁感应原理工作的，因此它主要由铁心和套在铁心上的两个(或两个以上)互相绝缘的绕组组成，绕组之间有磁的耦合，但没有电的联系，如图 2.1 所示。

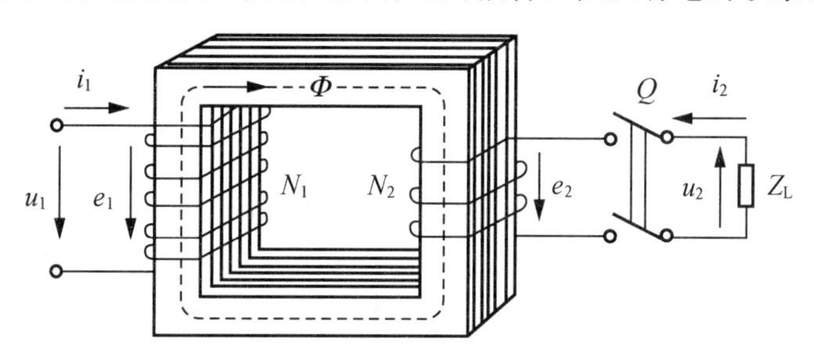

图 2.1 变压器的工作原理图

通常一个绕组接交流电源，称为一次绕组；另一个绕组接负载，称为二次绕组。当在一次绕组两端加上合适的交流电源时，在电源电压 u_1 的作用下，一次绕组中就有交流电流 i_1 流过，产生一次绕组磁通势，于是铁心中激励起交变的磁通 Φ，这个交变的磁通 Φ 同时交链一次、二次绕组，根据电磁感应定律，便在一次、二次绕组中产生感应电动势 e_1、e_2。二次绕组在感应电动势 e_2 的作用下，便可向负载供电，实现能量传递。

变压器的电动势平衡方程可写成

$$u_1 = -e_1 = N_1 \frac{\mathrm{d}\Phi}{\mathrm{d}t} \tag{2.1}$$

$$u_2 = e_2 = N_2 \frac{\mathrm{d}\Phi}{\mathrm{d}t} \tag{2.2}$$

假定变压器两边绕组的电压和电动势的瞬时值都按正弦规律变化，由式(2.1)和式(2.2)可得一次、二次绕组中电压和电动势的有效值与匝数的关系为

$$\frac{U_1}{U_2} = \frac{E_1}{E_2} = \frac{N_1}{N_2} = k \tag{2.3}$$

式中，k 为匝比，又称为电压比。

如果忽略铁磁损耗，根据能量守恒原理，变压器输入与输出电能相等，即

$$U_1 I_1 = U_2 I_2 \tag{2.4}$$

由此可得变压器一次、二次绕组中电压和电流有效值的关系

$$\frac{U_1}{U_2}=\frac{I_2}{I_1} \tag{2.5}$$

也就是

$$\frac{I_1}{I_2}=\frac{1}{k} \tag{2.6}$$

分析可知一、二次绕组感应电动势等于一、二次绕组匝数之比，而一次感应电动势 e_1 的大小接近于一次外加电源电压 u_1，二次感应电动势 e_2 的大小则接近于二次输出电压 u_2。因此，只要改变一次或二次绕组的匝数，便可达到变换输出电压 u_2 大小的目的。

（二）变压器的结构

变压器中最主要的部件是铁心和绕组，它们构成了变压器的器身。

1. 铁心

铁心由心柱和铁轭两部分组成，心柱用来套装绕组，铁轭将心柱连接起来，使之形成闭合磁路。为减少铁心损耗，铁心用厚 0.35～0.50mm 的硅钢片叠成。

图 2.2 和图 2.3 是变压器铁心的叠法，偶数层刚好压着奇数层的接缝(铁心回路不能有间隙，这样才能尽可能减小变压器的励磁电流，因此两层铁心叠片的接缝要相互错开)。

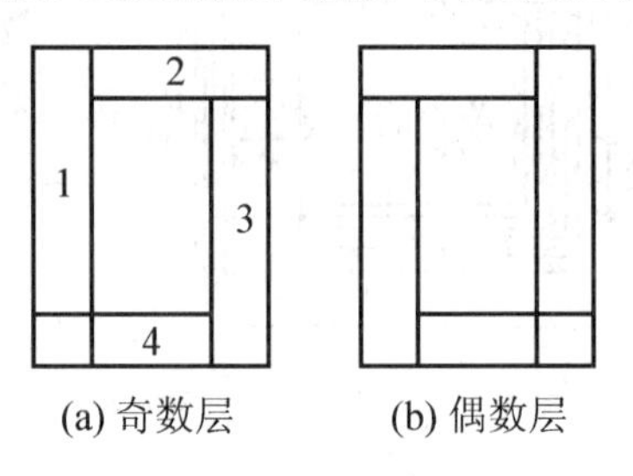

(a) 奇数层　　(b) 偶数层

图 2.2　单相变压器四片式铁心的交叠方法

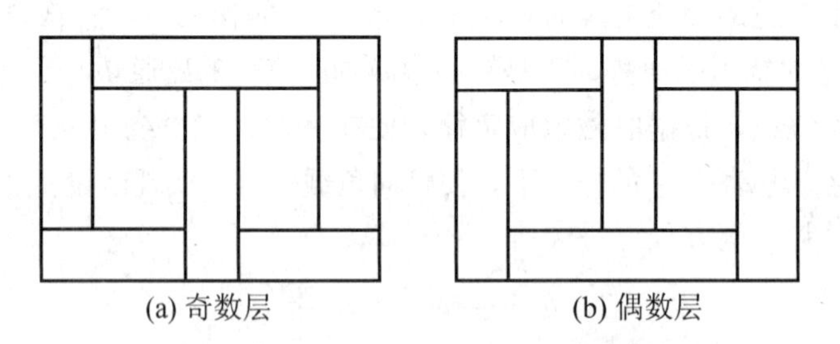
(a) 奇数层　　(b) 偶数层

图 2.3　三相变压器铁心的交叠方法

2. 绕组

绕组是变压器的电路部分，用纸包或纱包的绝缘扁线或圆线绕成。其中输入电能的绕组称为一次绕组(或原绕组)，输出电能的绕组称为二次绕组(或副绕组)，它们通常套装在同一心柱上。一次和二次绕组具有不同的匝数、电压和电流，其中电压较高的绕组称为高压绕组，电压较低的称为低压绕组。高压绕组的匝数多、导线细，低压绕组的匝数少、导线粗。

从高、低压绕组的相对位置来看，变压器的绕组可分成同心式和交迭式两类。同心式绕组的高、低压绕组同心地套装在心柱上，如图 2.4 所示。交迭式绕组的高、低压绕组沿

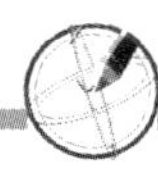

心柱高度方向互相交迭地放置，交迭式绕组用于特种变压器中。同心式绕组结构简单、制造方便，国产电力变压器均采用这种结构。

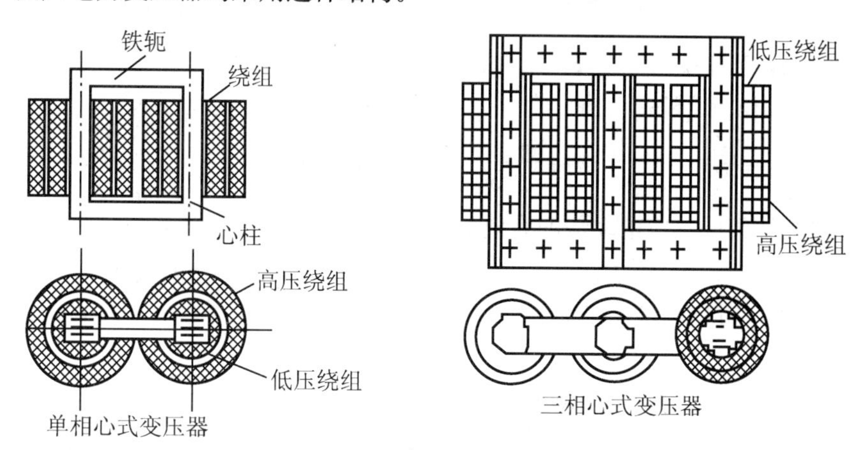

图 2.4　同心式绕组

3. 变压器油、油箱和冷却装置

电力变压器绕组与铁心装配完后用夹件紧固，形成变压器的器身。变压器器身装在油箱内，油箱内充满变压器油。变压器油是一种矿物油，具有很好的绝缘性能。变压器油起两个作用：绝缘和冷却。

二、　变压器的运行方式

（一）单向变压器的空载运行

1. 空载运行时的物理情况

变压器一次绕组加上交流电压，二次绕组开路的运行情况称变压器的空载运行。

一次绕组各电磁量正方向规定如下：外加电压 $\dot{U}_1$ 正方向为首端 A 指向 X；电流 $\dot{I}_1$ 由 A 端进，X 端出，这种正方向的假定惯例称为“电动机”惯例；主磁通 $\dot{\Phi}_m$ 和一次漏磁通 $\dot{\Phi}_{s1}$ 与产生它们的电流 $\dot{I}_1$ 满足右手螺旋关系；按照习惯的 $e=\frac{d\psi}{dt}$ 要求，感应电动势 $\dot{E}_1$ 和 $\dot{E}_{s1}$ 分别与 $\dot{\Phi}_m$ 和 $\dot{\Phi}_{s1}$ 满足右手螺旋关系。

对于二次绕组来说，主磁通 $\dot{\Phi}_m$ 在其中交变感应的电动势应 $\dot{E}_2$ 与 $\dot{\Phi}_m$ 满足右手螺旋关系；在该电动势的作用下，绕组回路产生电流 $\dot{I}_2$，按照“发电机惯例”，电流 $\dot{I}_2$ 与电动势 $\dot{E}_2$ 同方向；$\dot{I}_2$ 流过二次绕组产生的磁通势 $\dot{E}_2=N_2\dot{I}_2$ 一方面与一次绕组的磁通势 $\dot{E}_1=N_1\dot{I}_1$ 共同建立主磁通，同时也产生自己的漏磁通 $\dot{\Phi}_{s2}$，$\dot{\Phi}_{s2}$ 与 $\dot{I}_2$ 之间满足右手螺旋关系；$\dot{E}_{s2}$ 与 $\dot{\Phi}_{s2}$ 之间满足右手螺旋关系；$\dot{I}_2$ 流过负载阻抗产生的电压降 $\dot{U}_2$ 与 $\dot{I}_2$ 同方向。

2. 空载运行时的电磁关系

1）感应电动势和漏磁电动势

（1）感应电动势：在变压器的一次绕组加上正弦交流电压 u_1 时，e_1 和 Φ 也按正弦规律变化。假设主磁通 $\varphi_m=\Phi_m\sin\omega_1 t$，根据电磁感应定律，一次绕组的感应电动势

$$e_1=-N_1\frac{d\Phi_m}{dt}=-\omega N_1\Phi_m\cos\omega_1 t=\omega N_1\Phi_m\sin(\omega_1 t-90^\circ)=E_{1m}\sin(\omega_1 t-90^\circ) \quad (2.7)$$

由上式可知，当主磁通 Φ_m 按正弦规律变化时，由它产生的感应电动势也按正弦规律变化，但在时间相位上滞后于主磁通 90°，其有效值为

$$E_1=\frac{E_{1m}}{\sqrt{2}}=\frac{\omega_s N_1\Phi_m}{\sqrt{2}}=\frac{2\pi f_1 N_1\Phi_m}{\sqrt{2}}=\sqrt{2}\pi f_1 N_1\Phi_m\approx 4.44 f_1 N_1\Phi_m \quad (2.8)$$

同理，二次绕组的感应电动势的有效值为

$$E_2=\sqrt{2}\pi f_1 N_2\Phi_m\approx 4.44 f_1 N_2\Phi_m \quad (2.9)$$

这样，e_1 和 e_2 可用相量表示为

$$\dot{E}_1=-\mathrm{j}4.44 f_1 N_1\dot{\Phi}_m \quad (2.10)$$

上式表明，变压器一次、二次绕组感应电动势的大小与电源频率 f_1、绕组匝数 N 及铁心中主磁通的最大值 Φ_m 成正比，而在相位上比产生感应电动势的主磁通滞后 90°。

(2) 漏磁电动势：变压器一次绕组的漏磁通 $\Phi_{1\sigma}$ 也将在一次绕组中感应产生一个漏磁电动势 $e_{1\sigma}$。根据前面的分析，同样可得出

$$\dot{E}_{1\sigma}=-\mathrm{j}\sqrt{2}\pi f_1 N_1\dot{\Phi}_{1\sigma m}=-\mathrm{j}4.44 f_1 N_1\dot{\Phi}_{1\sigma m} \quad (2.11)$$

为简化分析和计算，由电工基础知识，引入一次绕组的漏电感 $L_{1\sigma}$ 和漏电抗 X_1，将上式转换成

$$\dot{E}_{1\sigma}=-\mathrm{j}\omega_1 L_{1\sigma}\dot{I}_0=-\mathrm{j}x_1\dot{I}_0 \quad (2.12)$$

从物理意义上讲，漏电抗反映了漏磁通对电路的电磁效应。由于漏磁通的主要路径是非铁磁物质，磁路不会饱和，漏磁路是线性的，漏磁路的磁导率是常数，因此对已制成的变压器，漏电感 $L_{1\sigma}$ 为一常数，当频率 f_1 一定时，漏电抗也是常数，即 $X_1=\omega_1 L_{1\sigma}$。

2) 电动势平衡方程和电压比

在图 2.5 假定正方向下，根据基尔霍夫电压定律可得：

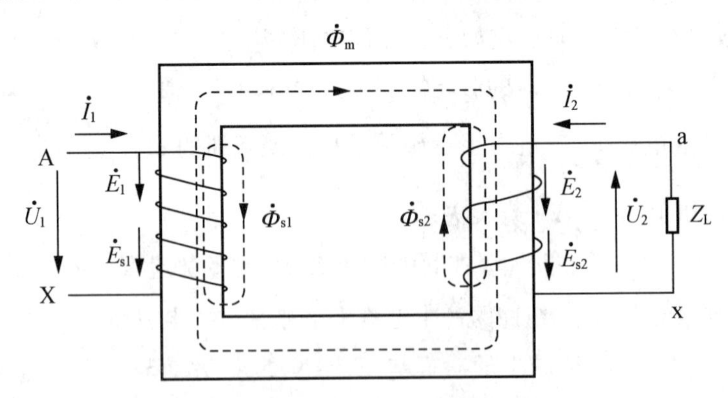

图 2.5 变压器运行时各电磁量参考正方向

(1) 一次电动势

$$\dot{U}_1=\dot{E}_1+\dot{I}_0 r_1+\mathrm{j}\dot{I}_0 x_{1\sigma}=-\dot{E}_1+\dot{I}_0 Z_1 \quad (2.13)$$

一般电力变压器的空载电流忽略 $I_0=(0.02\sim0.1)I_{1N}$，漏阻抗较小，产生的压降 $\dot{I}_0 Z_1$ 很小，则近似有

$$U_1 \approx E_1 = 4.44 f N_1 \Phi_m \tag{2.14}$$

$$\Phi_m = \frac{E_1}{4.44 f N_1} \approx \frac{U_1}{4.44 f N_1} \tag{2.15}$$

可以看出，影响主磁通大小的因素是电源电压 U_1、电源频率 f 和一次线圈匝数 N_1，与铁心材质及几何尺寸基本无关。当频率 f 和匝数 N_1 一定时，主磁通的大小几乎决定于外加电压的大小。

(2) 二次相电动势

$$\dot{U}_{20} = \dot{E}_2 \tag{2.16}$$

(3) 电压比。一次电动势和二次相电动势之比，称为变压器的电压比，用 k 表示。

$$k = \frac{E_1}{E_2} = \frac{N_1}{N_2} \approx \frac{U_1}{U_2} = \frac{U_{1N}}{U_{2N}} \tag{2.17}$$

$k>1$ 时，变压器起降压作用；$k<1$ 时，变压器起升压作用。对于三相变压器而言，电压比的计算与连接方式有关。

如果变压器为Y－△接线，则

$$k = \frac{U_{1N}}{\sqrt{3} U_{2N}} \tag{2.18}$$

如果变压器为Y－△接线，则

$$k = \frac{\sqrt{3} U_{1N}}{U_{2N}} \tag{2.19}$$

若为Y－Y和△－△接线，则

$$k = \frac{U_{1N}}{U_{2N}} \tag{2.20}$$

3) 等效电路

根据电压平衡方程式各量之间的关系，可以画出空载运行时变压器的向量图，如图 2.6 所示。由式(2.16)可知，在一定频率和一定外加电压作用下，主磁通 Φ_m 为常数，主磁路的饱和程度不变，仿照对漏磁通的处理办法，考虑到铁耗的影响，结合图 2.6(空载运行向量图)，引入励磁阻抗 Z_m，令

$$-\dot{E}_1 = \dot{I}_0 Z_m = (r_m + jx_m)\dot{I}_0 \tag{2.21}$$

式中，r_m 为励磁电阻；x_m 为励磁电抗。Z_m、x_m 和 r_m 随磁路饱和程度的增加而减小。则有

$$\begin{aligned}\dot{U}_1 &= \dot{E}_1 + \dot{I}_0 Z_1 \\ &= (r_m + jx_m)\dot{I}_0 + (r_1 + jx_{s1})\dot{I}_0 = \dot{I}_0 Z_m + \dot{I}_0 Z_1\end{aligned} \tag{2.22}$$

据此可画出空载运行情况下变压器的等效电路，如图 2.7 所示。变压器中由于主磁路的磁导率比漏磁路的磁导率大得多，所以一般 $r_m \gg r_1$，$x_m \gg x_1$。

空载运行情况下，变压器一方面从电源吸收无功功率，在铁心中建立磁场，产生主磁通；另一方面从电源吸收有功功率，供铁心损耗(磁滞、涡流)、绕组铜损使用。因此空载电流中用来建立磁场的无功分量称为励磁电流分量 i_μ。由于铁磁材料磁化曲线的非线性，在饱和状态下，该分量不再为正弦波形，而是一个尖顶波形。因为该分量相对负载电流而言很小，且与电源同频率交变，工程上用等效正弦波来表示，在相位上与磁通同相位，向量形式为 $\dot{I}_\mu$。

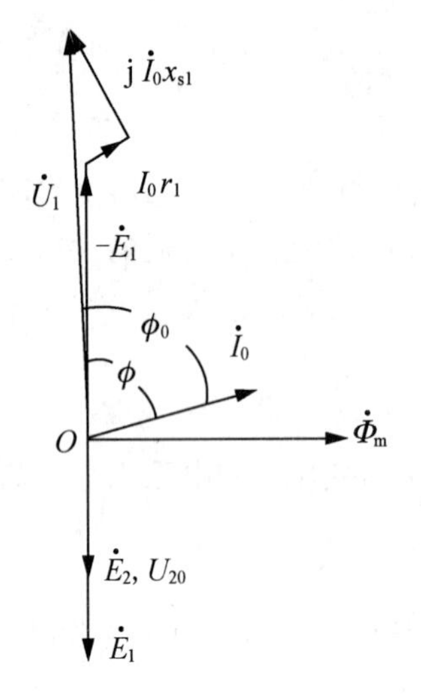

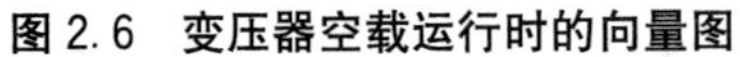

图 2.6 变压器空载运行时的向量图

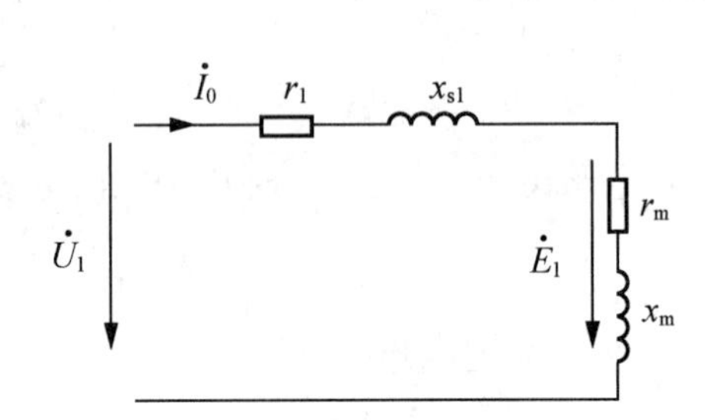

图 2.7 变压器空载时的等效电路

空载电流中另一个有功分量用 $\dot{I}_{Fe}$表示，由于空载时的有功损耗小，因此该分量很小。$\dot{I}_{Fe}$与$-\dot{E}_1$ 同相位。因此有 $\dot{I}_0=\dot{I}_{Fe}+\dot{I}_\mu$。相应地有 $\dot{U}_1\approx\dot{I}_0 Z_m$。该式表明：空载电流的大小取决于励磁阻抗的大小，从变压器运行的角度看，空载电流越小越好，因此采用高导磁率的铁磁材料，以增大 Z_m 减少 I_0，变压器的铁心材料应该选取磁滞回线瘦窄的软磁材料，并且要用片间彼此绝缘的硅钢片叠成，这样可以尽量减少励磁电流的有功分量 I_{Fe}的数值，提高变压器的效率和功率因数。

变压器空载运行时，$\cos\varphi_0$ 很低，一般在 0.1～0.2。

（二）单向变压器的负载运行

负载运行的定义：变压器一次绕组接电源，二次绕组接负载，即是变压器的负载运行。

1. 磁动势平衡关系

1）负载时的电磁过程

单相变压器负载运行示意图如图 2.8 所示。变压器负载运行时，一、二次绕组都有电流流过，都要产生磁通势，按照安培环路定律，负载时，铁心中的主磁通是由这两个磁通势共同产生的，也可以说是由它们的合成磁通势产生的。合成磁通势表达式为 $\dot{F}_1+\dot{F}_2=\dot{F}_m$。

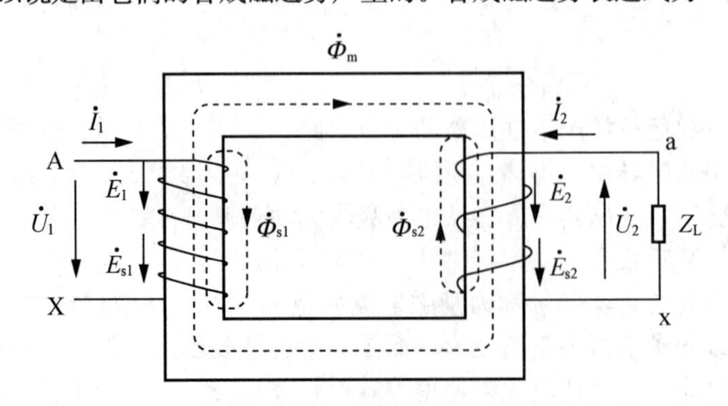

图 2.8 单相变压器负载运行示意图

2）磁通势平衡方程

变压器由空载过渡到负载运行时，一次绕组电压平衡方程由 $\dot{U}_1=-\dot{E}_1+\dot{I}_0Z_0$ 变为 $\dot{U}_1=-\dot{E}_1+\dot{I}_1Z_1$。同样的外加电压、同样的漏阻抗，由于电流的变化，导致两种情况下的电动势 E_1 不一样，进而使磁通有差别。但是在实际的电力变压器中，漏阻抗非常小，即使负载情况下电流增大，仍然有 $I_{1N}Z_1 \ll U_1$，$\dot{U}_1 \approx -\dot{E}_1$。因此空载和负载状态下尽管磁通略有差别，但差别很小，可以忽略。因此可得磁通势平衡方程

$$\dot{F}_1+\dot{F}_2=\dot{F}_0 \tag{2.23}$$

若将上式改为电流形式，得

$$\dot{I}_1+\frac{\dot{I}_2}{k}=\dot{I}_0 \tag{2.24}$$

式(2.23)的物理意义是变压器运行时，不论是空载运行还是负载运行，磁路的主磁通是固定不变的，励磁磁通势由一次绕组产生，数值($F_0=I_0N_1$)也是固定不变的。负载后，二次绕组流过电流 I_2，该电流产生磁通势 $F_2=I_2W_2$，该磁通势也要产生磁通，也就是说 F_2 将改变铁心中的磁通，而铁心中的磁通是由电源电压决定的。电压不变，Φ_m 基本不变，因此一次绕组中只有增加一个($-F_2$)的磁通势以抵消或平衡副绕组的磁通势，这时一次绕组中的电流不再是 I_0，而变成了 I_1，一次绕组产生磁通势为 $F_1=I_1N_1$，F_1 与 F_2 共同作用产生 Φ_m，F_1+F_2 的作用相当于空载磁通势 F_0，也可视为励磁磁通势 F_m。

2. 电动势平衡方程

变压器负载运行时，二次绕组中电流 I_2 产生仅与二次绕组相交链的漏磁通 Φ_{s2}，Φ_{s2}在二次绕组中的感应电动势，类似于一次绕组的漏电动势，它也可以看成一个漏抗压降，即

$$\dot{E}_{s2}=-j\dot{I}_2\omega L_{s2}=-j\dot{I}_2x_{s2} \tag{2.25}$$

式中，L_{s2}为二次绕组的漏电感；x_{s2}是对应二次绕组漏磁通的漏电抗。若二次绕组的电阻是 r_2，则二次绕组的阻抗 $Z_2=r_2+jx_{s2}$。

根据基尔霍夫第二定律，可以列出一、二次绕组的电压、电流方程，加上磁通势平衡方程、电压比的定义、励磁支路的阻抗特性等，可构成负载运行时描述变压器电磁关系的完整方程组：

$$\begin{cases}\dot{U}_1=-\dot{E}_1+\dot{I}_1r_1+j\dot{I}_1x_{s1}=-\dot{E}_1+\dot{I}_1Z_1\\ \dot{U}_2=\dot{E}_2-\dot{I}_2r_2-j\dot{I}_2x_{s2}=\dot{E}_2-\dot{I}_2Z_2\\ \dot{I}_1N_1+\dot{I}_2N_2=\dot{I}_0N_1\\ \dfrac{E_1}{E_2}=\dfrac{N_1}{N_2}=k\\ \dot{I}_1+\dfrac{\dot{I}_2}{k}=\dot{I}_0\\ \dot{E}_1=-\dot{I}_0Z_m\\ \dot{U}_2=\dot{I}_2Z_L\end{cases} \tag{2.26}$$

利用上述方程组，可以对变压器进行计算。例如，已知电源电压 $\dot{U}_1$、电压比 k 及参数 Z_1、Z_2、Z_m、负载阻抗 Z_L，利用上述方程式可求解出 6 个未知量，即 $\dot{I}_1$、$\dot{I}_2$、$\dot{I}_0$、$\dot{E}_1$、

$\dot{E}_2$、$\dot{U}_2$。但对一般变压器，电压比 k 值较大，使一次绕组、二次绕组的电压、电流数值的数量级相差很大，计算不方便，画相量图更是困难，因此下面将介绍分析变压器的一个重要方法——等效电路法。由于一、二次绕组电动势不一致，在此之前必须先进行绕组折算。

3. 绕组的折算

为了得到变压器的等效电路，先要进行绕组的折算。通常是将二次绕组折算到一次绕组，当然也可以相反。所谓把二次绕组折算到一次绕组，就是用一个匝数为 N_1 的等效绕组去替代原变压器匝数为 N_2 的二次绕组，折算后的变压器的电压比 $N_1/N_2=1$。

如果 $\dot{E}_2$、$\dot{I}_2$、r_2、r_{s2}分别表示折算前二次电动势、电流、电阻、漏抗，则折算后分别表示为 $\dot{E}_2'$、$\dot{I}_2'$、r_2'、x_{s2}'，即在原符号上加“′”。折算目的在于简化变压器的计算，获得等效电路。折算前后变压器内部的电磁过程、能量传递完全等效，也就是说，从一次侧看进去，各物理量不变，因为变压器二次绕组是通过 $\dot{F}_2$ 来影响一次侧的，只要保证 $\dot{F}_2$ 不变，则主磁通 Φ_m 不变，在一次绕组中感应的电动势不变，一次侧从电网吸收的电流、有功功率、无功功率不变，对电网等效。即折算原则为 $\dot{F}_2=\dot{F}_2'$和二次侧的各功率保持不变。

1）电动势折算

折算前

$$\dot{E}_2=-\mathrm{j}4.44fN_2\dot{\Phi}_m$$

折算后

$\dot{E}_2'=-\mathrm{j}4.44fN_1\dot{\Phi}_m$

所以

$$E_2'=\frac{N_1}{N_2}\dot{E}_2=k\dot{E}_2 \tag{2.27}$$

2）电流折算

二次绕组电流折算需要保持折算前后磁通势不变，即

$$N_1\dot{I}_2'=N_2\dot{I}_2$$

于是

$$I_2'=\frac{N_2}{N_1}\dot{I}_2=\frac{1}{k}\dot{I}_2 \tag{2.28}$$

3）阻抗折算

阻抗折算的前提是保持功率不变。

(1) 二次绕组电阻的折算。要求：折算前后二次侧铜耗不变，也就是

$$I'^2_2r_2'=I_2^2r_2$$

于是

$$r_2'=I_2^2r_2/I'^2_2=k^2r_2$$

(2) 二次绕组漏电抗折算。要求：二次侧漏抗上的无功功率不变，则

$$I'^2_2X_{s2}'=I_2^2X_{s2}$$

于是

$$X_{s2}'=I_2^2X_{s2}/I'^2_2=k^2X_{s2}$$

同时可以看出，折算前后二次侧阻抗功率因数不变，如 $\tan\phi_2'=X_{s2}'/r_2'=X_{s2}/r_2=\tan\phi_2$。

(3) 负载阻抗的折算。同理，按照负载阻抗上的功率不变，则可求出 $R'_L=k^2R_L$，$X'_L=k^2X_L$。

4) 二次电压折算

$$U'_2=I'_2Z'_L=(I_2/k)(R_L+jX_L)k^2=kI_2(R_L+jX_L)=kU_2$$

按照上述方法对二次侧各量进行折算后的方程组为

$$\begin{cases}\dot{U}_1=-\dot{E}_1+\dot{I}_1Z_1\\ \dot{U}_2=\dot{E}'_2-\dot{I}'_2Z'_2\\ \dot{E}_1=\dot{E}_2\\ \dot{I}'_1+\dot{I}'_2=\dot{I}_0\\ \dot{E}_1=-\dot{I}_0Z_m\\ \dot{U}'_2=\dot{I}'_2Z_L\end{cases} \tag{2.29}$$

4. 等效电路和相量图

1) T形等效电路和相量图

(1) T形等效电路：根据方程组(2.29)可以得到变压器的 T 形等效电路，如图 2.9 所示。

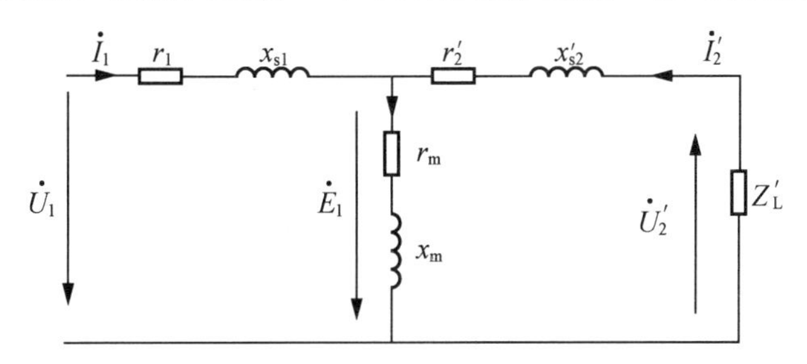

图 2.9　变压器的 T 形等效电路

在等效电路中，在励磁支路 r_m+jx_m 中流过励磁电流 $\dot{I}_0$，它在铁心中产生主磁通 $\dot{\Phi}_m$，$\dot{\Phi}_m$ 在一次绕组中感应电动势 $\dot{E}_1$，在二次绕组中感应电动势 $\dot{E}_2$；r_m 是励磁电阻，它所消耗的功率代表铁耗；x_m 是励磁电抗，反映了主磁通在电路中的作用；Z_m 是励磁阻抗，它上面的电压降 $\dot{I}_0Z_m$ 代表电动势 $\dot{E}_1$；r_1 是一次侧的电阻，它所消耗的功率 $I_1^2r_1$ 代表变压器一次侧的铜耗；X_{s1} 是一次侧的漏电抗，$I_1^2X_{s1}$ 代表了一次侧漏磁场所消耗的无功功率；r'_2 是二次侧的电阻折算到一次侧的值，它所消耗的功率 $I'^2_2r'_2$ 代表变压器二次侧的铜耗；X'_{s2} 是二次侧的漏电抗折算到一次侧的值，$I'^2_2X'_{s2}$ 代表了二次侧漏磁场所消耗的无功功率；Z'_L 是负载阻抗的折算值。

(2) 相量图：根据方程组可以得到变压器负载运行时的相量图，它清楚地表明各物理量的大小和相位关系。

已知 U_2、I_2、$\cos\phi_2$，变压器参数 k、r_1、X_{s1}、r'_2、X'_{s2}、r_m、X_m。绘出的相量图如图 2.10 所示，作图步骤如下。

① 由 k、r_2、X_{s2} 计算得 r'_2、X'_{s2}。

② 由 U_2、I_2、$\cos\phi_2$(假定滞后)作 $\dot{U}_2$，$\dot{I}_2$ 相量，即可得 U'_2、I'_2 的相量，再根据 $\dot{E}'_2=\dot{U}'_2+\dot{I}'_2(r'_2+jX'_{s2})$，求得 $\dot{E}'_2=\dot{E}_1$。

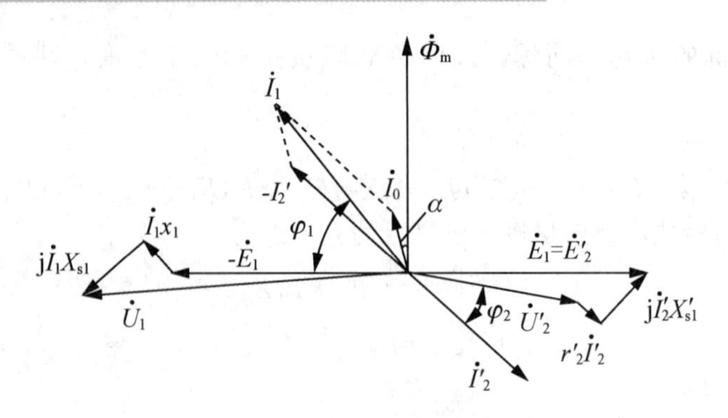

图 2.10　向量图

③ 作出 Φ_m 的相量，使 Φ_m 的相量超前于 E_1 90°电角度。

④ 作励磁电流 I_0 的相量($I_0=E_1/Z_m$)，I_0 的相量超前相量 Φ_m α 电角度。

$$\alpha=90°-\arctan X_m/r_m \tag{2.30}$$

⑤ 由 $\dot{I}_1=\dot{I}_0+\left(-\frac{\dot{I}_2}{k}\right)$，求得 $\dot{I}_1$。

⑥ 由 $\dot{U}_1=-\dot{E}_1+\dot{I}_1r_1+j\dot{I}_1x_{s1}=-\dot{E}_1+\dot{I}_1Z_1$，求得一次电压相量 $\dot{U}_1$，$\dot{U}_2$ 与 $\dot{I}_1$ 的夹角为 φ_1，$\cos\varphi_1$ 是从一次侧看过去的变压器的功率因数。

2) Γ 等效电路

Γ 等效电路能准确地反映变压器运行时的物理情况，但它含有串联、并联支路，运算较为复杂。对于电力变压器，一般 $I_{1N}Z_1<0.08U_{1N}$时，可将励磁支路前移与电源并联，得到图 2.11 所示的 Γ 等效电路，使计算简化很多，且误差不大。

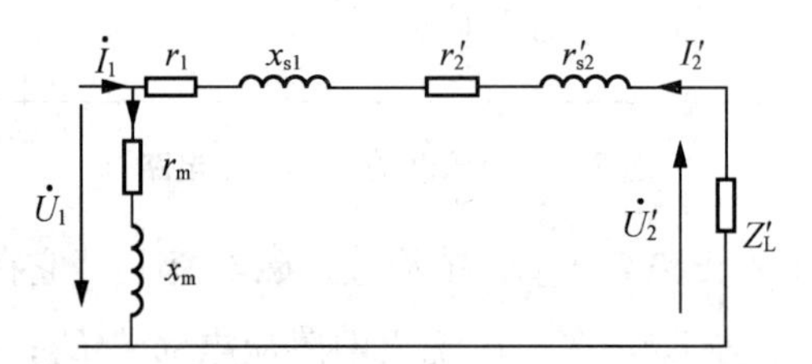

图 2.11　Γ 等效电路

3) 简化等效电路和相量图

(1) 简化等效电路。对于电力变压器，由于 $I_0<0.03I_{1N}$，故在分析变压器满载及负载电流较大时可以近似地认为 $I_0=0$，即如图 2.12 所示的简化等效电路。

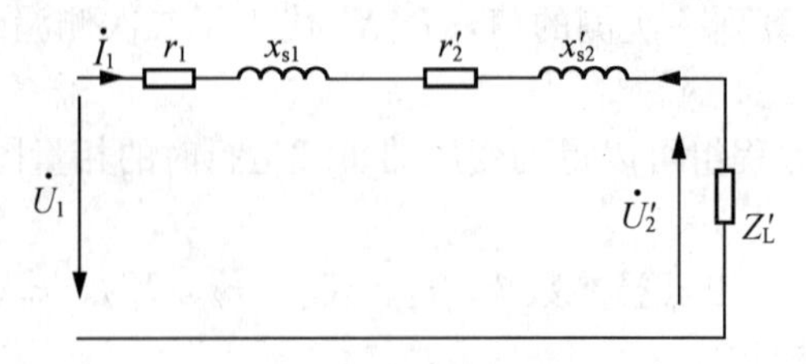

图 2.12　简化等效电路

(2) 电压方程式为

$$\dot{U}_1=\dot{I}_1(r_k+jX_k)-\dot{U}_2$$

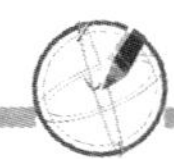

其中：

$$r_k = r_1 + r_2', \quad X_k = X_{s1} + X_{s2}, \quad Z_k = r_k + jX_k$$

（3）简化相量图：带感性负载时变压器的简化相量图如图 2.13 所示。

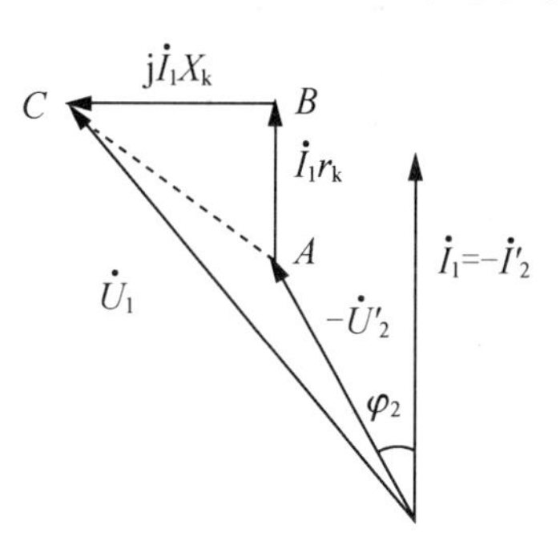

图 2.13　简化相量图(滞后)

（1）△ABC 为阻抗三角形；对于一台已制成的变压器，其形状是固定的。

（2）短路阻抗大小的意义：从正常运行角度，希望小一些；从短路角度看，希望大一些，可限制短路电流。

（3）基本方程式、等效电路、相量图是分析变压器运行的 3 种方法，其物理本质是一致的。在进行定量计算时，宜采用等效电路；定性讨论各物理量间的关系时，宜采用方程式；而表示各物理量之间的大小、相位关系时，相量图比较方便。

三、　三相变压器及其应用

目前各国电力系统均采用三相制。三相变压器对称运行时，其各相的电压、电流大小相等，相位互差 120°；因此在对运行原理进行分析和计算时，可以取三相中的一相来研究，即三相问题可以化为单相问题。于是前面导出的基本方程、等效电路等方法，可直接用于三相中的任一相。

（一）三相变压器的磁路

三相变压器的磁路可分为 3 个单相独立磁路的组式变压器和三相磁路的心式变压器两类。图 2.14 表示 3 台单相变压器在电路上联结起来，组成一个三相系统，这种组合称为三相变压器组。三相变压器组的磁路彼此独立，三相各有自己的磁路。工作过程：一次侧外施三相对称电压→三相对称磁通→由于磁路对称，产生三相对称的空载电流。

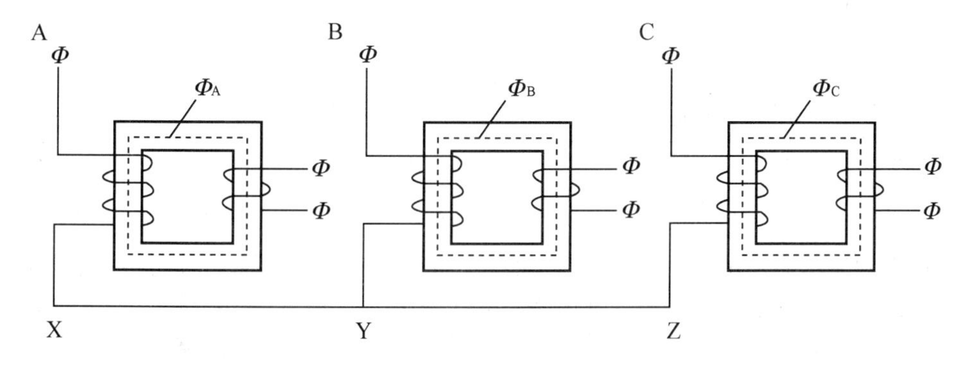

图 2.14　三相组式变压器的磁路

如果把 3 台单相变压器的铁心拼成如图 2.15(a)所示的星形磁路，各相磁路彼此相关，有电和磁的联系，则当三相绕组外施三相对称电压时，由于三相主磁通对称，中间铁心柱内磁通 $\dot{\Phi}_A + \dot{\Phi}_B + \dot{\Phi}_C = 0$，这样，中间心柱中将无磁通通过，因此可以把它省略，如图 2.15(b)所示。进一步把 3 个心柱安排在同一平面内，如图 2.15(c)所示，就可以得到三相心式变压器。三相心式变压器的磁路是一个三相磁路，任何一相的磁路都以其他两相的磁路作为自己的回路。

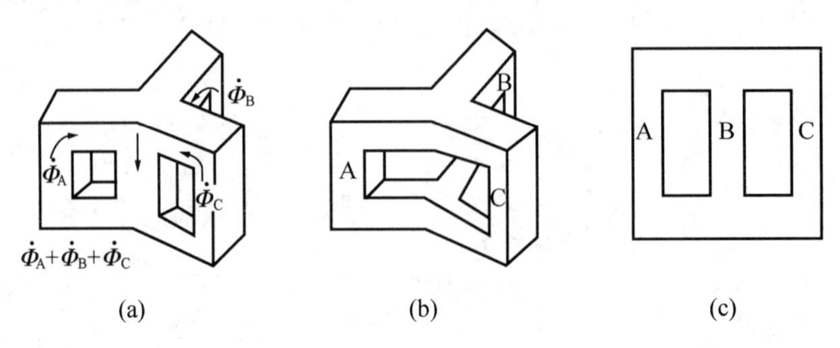

图 2.15　三相心式变压器的磁路

与三相组式变压器比较，三相心式变压器的材料消耗较少、价格便宜、占地面积也小，维护比较简单；但对大型和超大型变压器，为了便于制造和运输，并减少电站的备用容量，往往采用三相组式变压器。

（二）三相变压器的电路系统

三相心式变压器的 3 个铁心柱上分别套有 A 相、B 相和 C 相的高压和低压绕组，三相共 6 个绕组，如图 2.16 所示。为绝缘方便，常把低压绕组套在里面，靠近心柱，高压绕组套装在低压绕组外面。三相绕组常用星形联结(用 Y 或 y 表示)或三角形联结(用△，D 或 d)表示。星形联结是把三相绕组的 3 个首端 A、B、C 引出，把 3 个尾端 X、Y、Z 联结在一起作为中点，如图 2.17 所示。三角形联结是把一相绕组的尾端和另一相绕组的首端相联，顺次联成一个闭合的三角形回路，最后把首端 A、B、C 引出，如图 2.18 所示。

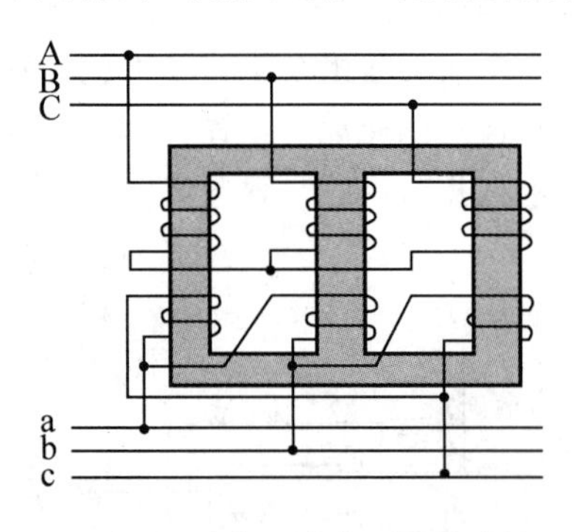

图 2.16　三相心式变压器的连接

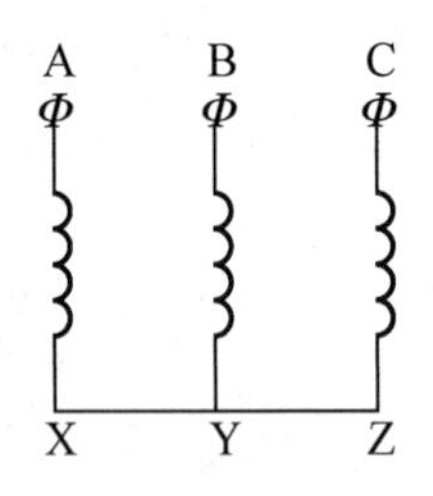

图 2.17　星形联结

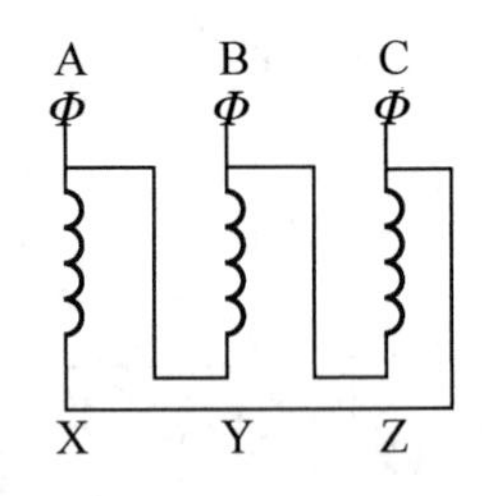

图 2.18　三角形联结

国产电力变压器常用 Y，y_n；Y，d 和 Y_N，d 三种联结，前面的大写字母表示高压绕组的联结法，后面的小写字母表示低压绕组的联结法，N(或 n)表示有中点引出的情况。

在并联运行时，为了正确地使用三相变压器，必须知道高、低压绕组线电压之间的相位关系。下面说明高、低压绕组相电压的相位关系。

1. 变压器线圈的首、末端标志规定

绕组首端、末端的标记规定如表 2-1 所示。

2. 极性

对于同名端，极性指瞬时极性，由线圈的绕向和首末端标志决定。

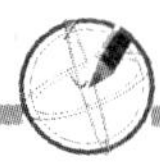

表 2-1 绕组首端、末端的标记规定

线圈名称	单相变压器		三相变压器		
	首端	末端	首端	末端	中点
高压线圈	A	X	A B C	X Y Z	O
低压线圈	a	X	a b c	x y z	o
中压线圈	A_m	X_m	A_m B_m C_m	X_m Y_m Z_m	O_m

(1) 高、低相电压的相位关系。同一相的高压和低压绕组绕在同一心柱上，被同一磁通 Φ 所交链。当磁通 Φ 交变时，在同一瞬间，高压绕组的某一端点相对于另一端点的电位为正时，低压绕组必有一端点的电位也是相对为正，这两个对应的端点就称为同名端，同名端在对应的端点旁用“*”或“·”标注。同名端取决于绕组的绕制方向，如高、低压绕组的绕向相同，则两个绕组的上端(或下端)就是同名端；若绕向相反，则高压绕组的上端与低压绕组的下端为同名端，如图 2.19(a)和(b)所示。

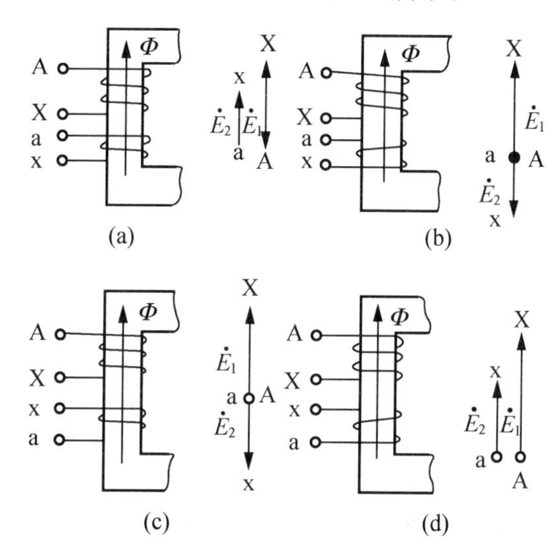

图 2.19 高、低压绕组电动势的相位关系

为了确定相电压的相位关系，高压和低压绕组相电压相量的正方向统一规定为从绕组的首端指向尾端。高压和低压绕组的相电压既可能是同相位，也可能是反相位，取决于绕组的同名端是否同在首端或尾端。若高压和低压绕组的首端为同名端，相电压 $\dot{E}_2$ 和 $\dot{E}_1$ 应为同相，如图 2.19(a)和(d)所示；若高压和低压绕组的首端为非同名端，则认为反相，如图 2.19(b)和(c)所示。

(2) 高、低压绕组线电压的相位关系。三相绕组采用不同的联结时，高压侧的线电压与低压侧对应的线电压之间(如 $\dot{E}_{AB}$ 和 $\dot{E}_{ab}$)可以形成不同的相位。三相绕组无论采用什么联结法，一、二次线电动势的相位差总是 30°的倍数，因此采用钟表面上 12 个数字来表示，即所谓的“时钟表示法”：把高压侧线电动势的相量作为分针，始终指着“12”这个数字，而以低压侧线电动势的相量作为时针，它所指的数字即表示高、低压侧线电动势相量间的相位差，它所指的钟点就是该联结组的组号。例如，Y，d11 表示高压绕组为星形联结，低压绕组为三角形联结，高压侧线电压滞后于低压侧对应的线电压 30 度。这样从 0～11 共计 12 个组号，每个组号相差 30 度。

联结组的组号可以根据高、低压绕组的同名端(极性)和绕组的联结方法来确定。

3. 三相变压器的联结组

三相变压器绕组的联结有星形和三角形两种联结方式。将三相绕组的尾端联结在一起，而将其三个首端引出成为星形联结如图 2.20(a)所示，用字母 Y 或 y 分别表示高压绕组或低压绕组的星形联结。

三角形联结是将三相变压器各相绕组的首、尾端依次相接，构成一个封闭的三角形，其期连接顺序如图 2.20(b)所示，为 AX-CZ-BY，然后从首端 A、B、C 引出。三角形联结用字母 D 或 d 分别表示高压绕组或低压绕组的三角形联结。我国生产的电力变压器常用 Yyn、Yd、YNd、Dyn 等四种联结方式，其中大写字母表示高压绕组的联结方式，小写字母表示低压绕组的联结方式。

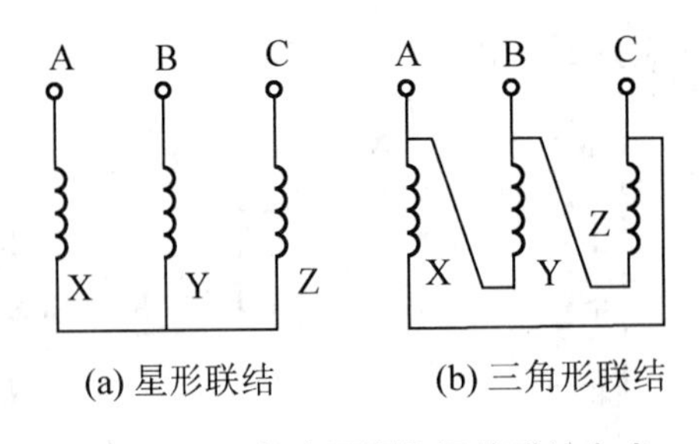

(a) 星形联结　　(b) 三角形联结

图 2.20　三相变压器绕组的联结方式

由于三相变压器的高、低压绕组各有星形联结与三角形联结方式，因此高压绕组与低压绕组对应的线电动势或线电压之间存在不同的相位差。为了简单明了地表达绕组的联结方式及对应线电动势的相位关系，将变压器高、低压绕组的联结分成不同的组合，称为绕组的联结组，而高、低压绕组对应线电动势之间的相位关系用联结组标号来表示。由于高、低压绕组联结方式不论如何组合，高、低压绕组对应线电动势之间的相位差总是 30°的倍数，而时钟表盘上相邻两个钟点的夹角也为 30°，所以三相变压器联结组标号采用“时钟序数表示法”。

在表示变压器联结组时，变压器高压、低压绕组联结字母标志按额定电压递减的次序标注，在低压绕组联结字母之后，标出其相位差的时钟序号，如 Yy0、Yd7 等。

下面以 Dy7 为例分析其联结组向量关系。基本的方法步骤为：

D，y7 联结组如图 2.21(a)和(b)所示。

① 作为高压绕组线电动势时，按 A、B、C 顺时针方向标注，如图 2.21(b)所示。

② 由图 2.21(a)可知，对于 A-b 铁心柱，$\dot{E}_{AB}$与 $\dot{E}_{BY}$同相；对于 B—c 铁心柱，$\dot{E}_{BC}$与 $\dot{E}_{CZ}$同相；对于 C-a 铁心柱，$\dot{E}_{CZ}$与 $\dot{E}_{ax}$同相。让高压侧的 A 点与低压侧的 a 点重合，做相量 $\dot{E}_{by}$、$\dot{E}_{cz}$、$\dot{E}_{ax}$。

③ 连接 a 点与 b 点，做相量 $\dot{E}_{ab}$，比较 $\dot{E}_{AB}$与 $\dot{E}_{ab}$的夹角，为 210 度，若 $\dot{E}_{AB}$指向 12 点钟，则 $\dot{E}_{ab}$指向 7 点钟，故该变压器的连接组别为 D，y7，如图 2.21(b)所示。

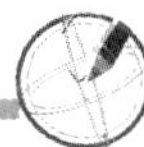

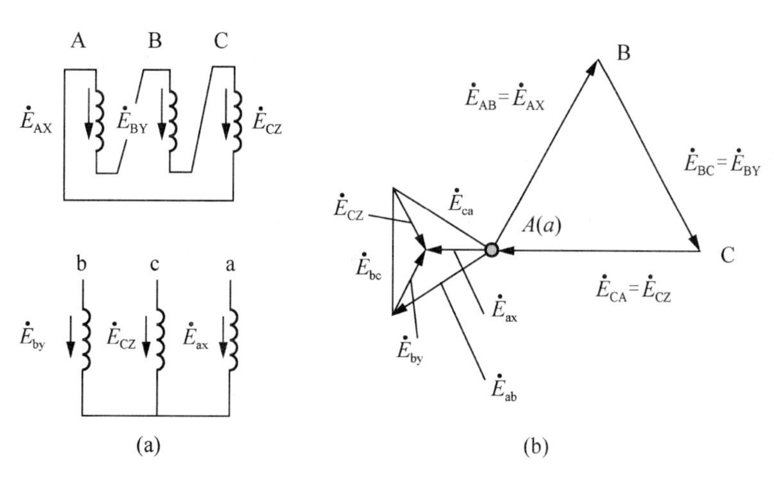

图 2.21　D，y7 联结组

（三）变压器的并联运行

在现代电力系统中，常采用多台变压器并联运行的方式。将两台或多台变压器的一、二次绕组分别接在各自的公共母线上，同时对负载供电的方式称为变压器的并联运行。图 2.22 为两台三相变压器并联运行的接线示意图。

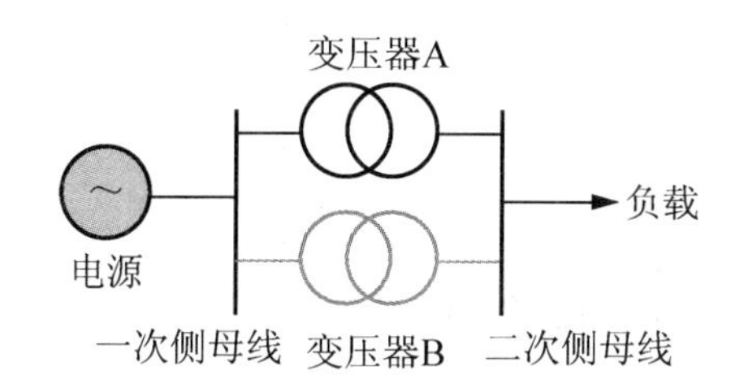

图 2.22　两台三相变压器并联运行的接线示意图

1. 并联运行的必要性

（1）提高供电可靠性，若某台变压器发生故障或需要检修时，可切除该变压器，另几台变压器照常供电，以减少停电事故。

（2）能适应用电量的增多，分期安装变压器，减少备用容量。

（3）可提高运行效率，根据负载的大小调整投入运行变压器的台数。

2. 变压器理想并联运行的要求如下

（1）理想情况：空载时二次侧无环流；负载后负载系数相等；各变压器的电流与总电流同相位。

（2）理想条件如下。

① 各变压器的一、二次额定电压分别相等，即电压比相等。其目的是避免在并联变压器所构成的回路中产生环流。环流大，导致变压器损耗 $\sum p$ 增大，效率下降。

② 各变压器的连接组号相同，联结组别一致，保证了二次电压的相位一致，回路不产生环流。

③ 各变压器的短路阻抗（短路电压）标幺值相等，且短路阻抗角也相等，此时变压器

的负载分配与额定容量成正比。

上述 3 个条件中，第二个要求必须严格保证，否则两台变压器构成的回路将产生极大的环流，烧毁变压器的线圈。

3. 短路阻抗不等时的并联运行

设两台并联变压器一次、二次额定电压对应相等，联结组号相同，但短路阻抗不相等。忽略励磁电流，得到图 2.23 所示的等效电路。图中 $Z_{k\mathrm{I}}$ 是变压器Ⅰ的短路阻抗，流过的电流为 I_1；$Z_{k\mathrm{II}}$ 是变压器Ⅱ的短路阻抗，流过的电流为 I_{II}。

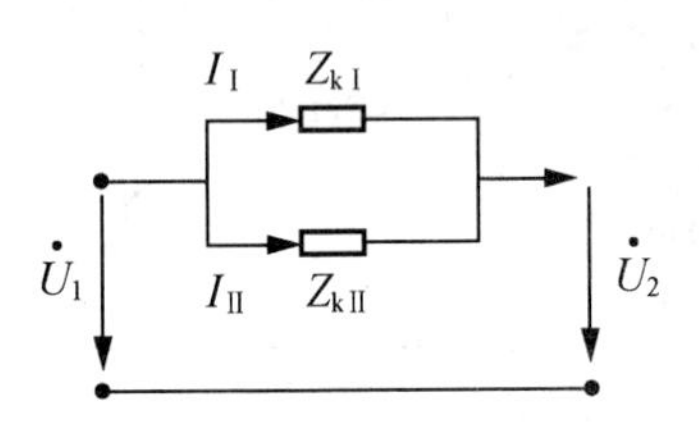

图 2.23　短路阻抗不等时并联运行

由图 2.23 可得

$$\dot{I}_{\mathrm{I}} Z_{k\mathrm{I}} = \dot{I}_{\mathrm{II}} Z_{k\mathrm{II}}$$

$$\frac{\dot{I}_{\mathrm{I}}}{\dot{I}_{\mathrm{IN}}} \times \frac{\dot{I}_{\mathrm{IN}} Z_{k\mathrm{I}}}{\dot{U}_{\mathrm{N}}} = \frac{\dot{I}_{\mathrm{II}}}{\dot{I}_{\mathrm{IIN}}} \times \frac{\dot{I}_{\mathrm{IIN}} Z_{k\mathrm{II}}}{\dot{U}_{\mathrm{N}}}$$

$$\beta_{\mathrm{I}} Z_{k\mathrm{I}}^{*} = \beta_{\mathrm{II}} Z_{k\mathrm{II}}^{*}$$

$$\beta_{\mathrm{I}} : \beta_{\mathrm{II}} = \frac{1}{Z_{k\mathrm{I}}^{*}} : \frac{1}{Z_{k\mathrm{II}}^{*}}$$

结论：各变压器所分担的负载大小与其短路阻抗标幺值成反比，短路阻抗标幺值大的变压器分担的负载小，短路阻抗标幺值小的变压器分担的负载大，即短路阻抗标幺值小的变压器先达到满载。变压器并联运行时为了不浪费设备容量，要求任两台变压器容量之比小于 3，漏阻抗标幺值之差小于 10%。

4. 电压比不相等的变压器并联运行

设两台变压器的联结组号相同，但电压比不相等，将一次侧各物理量折算到二次侧，并忽略励磁电流，则得到并联运行时的简化等效电路，如图 2.24 所示。

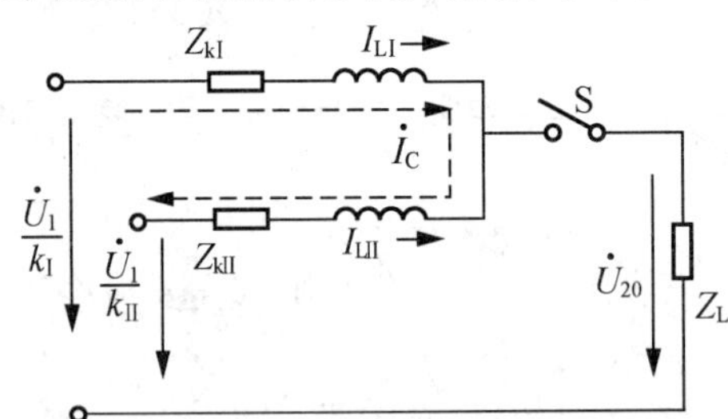

图 2.24　电压比不相等的变压器并联运行

(1) 空载运行时的环流(一次侧向二次侧折算)开关 S 打开。

空载时有环流：

$$\dot{I}_C = \frac{\dfrac{\dot{U}_1}{k_1} - \dfrac{\dot{U}_{\mathrm{I}}}{k_{\mathrm{II}}}}{Z_{k\mathrm{I}} + Z_{k\mathrm{II}}} \tag{2.31}$$

式中，k_{I}、k_{II} 分别为两台变压器的电压比；$Z_{k\mathrm{I}}$、$Z_{k\mathrm{II}}$ 分别为变压器折算到二次侧的短路阻抗的实际值。由于变压器短路阻抗很小，所以即使电压比差值很小，也能产生较大的环流。

(2) 负载运行如图 2.24 所示，开关 S 闭合。由基尔霍夫电流定律可得式(2.32)，可知负载运行时，每台变压器的电流均由两部分组成，一部分为负载电流，另一部分为环流。

$$\dot{I}_{2\text{I}} = \dot{I}_{\text{LI}} + \dot{I}_{\text{C}}$$

$$\dot{I}_{2\text{II}} = \dot{I}_{\text{LII}} - \dot{I}_{\text{C}} \tag{2.32}$$

式中，$I_{2\text{I}}$、$I_{2\text{II}}$、I_{C} 分别为变压器的电流和环流；I_{LI}、I_{LII} 为负载电流。

结论：电压变比大的变压器承担的电流小，电压变比小的变压器承担的电流大。

5. 组别不同时并联运行

变压器的联结组号不同时，虽然一、二次额定电压相同，但二次电压相位不同，由于短路阻抗很小，会产生很大的环流。

结论：组别不同，绝对不允许并联。

四、 变压器的选用与故障分析

（一）特种变压器

变压器的种类很多，除了上述的双绕组变压器外，其他类型的称为特殊变压器。它们在结构或使用等方面具有不同特点。

1. 自耦变压器

自耦变压器接线图如图 2.25 所示。普通双绕组变压器只有磁的耦合，而无电的直接联系，而自耦变压器的一、二次侧两种联系同时存在。它是一个一、二次侧共用一个线圈，带有可滑动抽头的变压器，由于调节电压方便，在实验、试验中被广泛使用。

自耦变压器的电压比等于电动势比，等于一、二次侧匝数比。自耦变压器的一次绕组匝数为 N_1，二次绕组匝数为 N_2，忽略漏抗电动势，可得

$$E_1 = 4.44fN_1\Phi_{\text{m}}$$

$$E_2 = 4.44fN_2\Phi_{\text{m}}$$

$$\frac{U_1}{U_2} = \frac{E_1}{E_2} = \frac{N_1}{N_2} = k$$

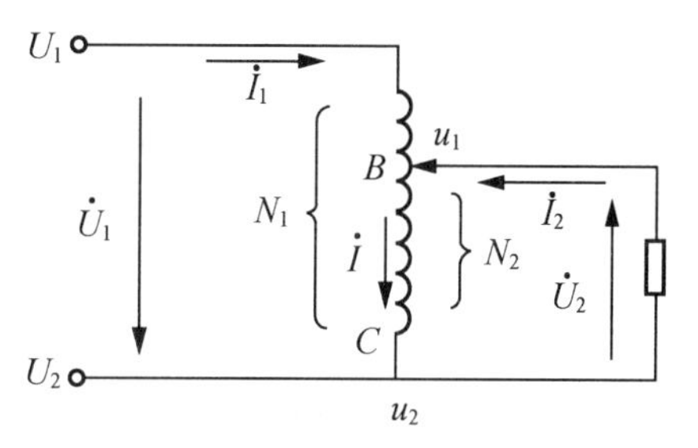

图 2.25 自耦变压器接线图

自耦变压器输入、输出电流比与电压比成反比。由图 2.25 可得 $I = I_1 + I_2$。根据磁通势平衡关系，可知

$$I_1(N_1 - N_2) + IN_2 = I_0 N_1$$

$$I_1 N_1 + I_2 N_2 = I_0 N_1$$

忽略 $I_0 N_1$，可得

$$I_1 = -\frac{N_2}{N_1}I_2 = -\frac{1}{k}I_2$$

自耦变压器的输出功率由电磁功率与传导功率两部分组成，自耦变压器的输出功率为

$$S_2 = U_2 I_2$$

根据 $I = I_1 + I_2$ 可得

$$S_2 = U_2 I_2 = U_2(I - I_1) = U_2 I - U_2 I_1$$

2. 电流互感器

电流互感器主要用于电网线路中对于大电流的测量。

电流互感器的特点：一次侧匝数很少(一匝或几匝)，二次侧匝数较多；二次侧接仪用电流表或其他电流线圈，由于电流线圈阻抗很小，故电流互感器相当于变压器短路运行。

电流测量值等于电流互感器的读数乘以电流比(电流比 $k_i=N_2/N_1$)。一次额定电流为10～15000A，二次额定电流均采用5A。电流互感器的接线图如图2.26所示。

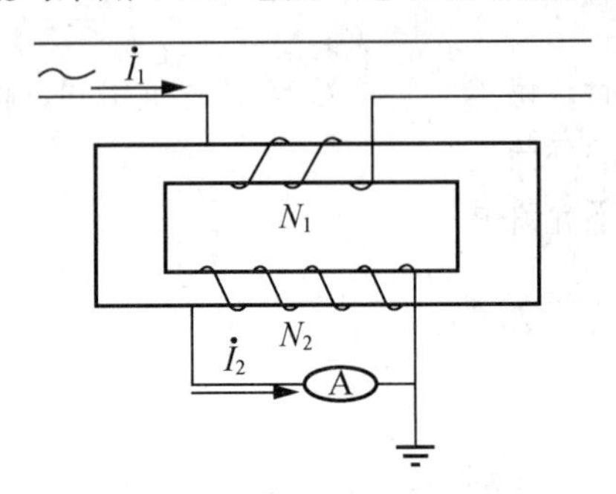

图2.26　电流互感器的接线图

电流互感器的误差：有电流比误差和相位误差。按其误差的大小分为5级：0.2、0.5、1.0、3.0和10.0。

电流互感器的使用注意事项：电流互感器在运行、接入、退出时，绝不允许二次侧开路，否则会因过高的二次感应电动势而击穿绕组，伤及工作人员；为保证安全，二次绕组一端必须可靠接地。

3. 电压互感器

在供电系统中，为了监测高压电网中的电压变化情况，必须采用电压互感器，将其变成标准等级的低压以供测量仪表使用。

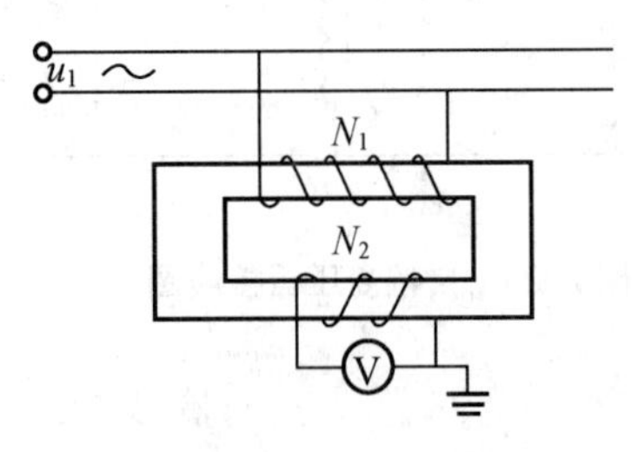

图2.27　电压互感器的接线图

电压互感器的特点：一次侧匝数很多，二次侧匝数很少，电压比很大；铁心励磁工作在线性段；由于接的负载为仪用电压表，其阻抗很大，相当于空载运行，所以一次侧按不同电网电压等级设定，其二次额定电压均为100V。

实测电压值为二次电压表读数乘以电压比。电压互感器的接线图如图2.27所示。

电压互感器的误差有两种，电压比误差与相位误差。电压比误差由电压互感器内阻抗压降造成，相位误差则由其内部的漏抗引起。

按电压比误差的相对值，电压互感器的精度可分成0.2、0.5、1.0、3.0这4种。

电压互感器的注意事项：电压互感器的二次侧不能短路，否则会因过大的绕组电流而烧毁线圈；二次绕组(连同铁心)必须可靠接地，以保证工作人员安全。

(二) 小型变压器的常见故障与绕组线圈重绕

小型变压器的故障主要是铁心故障和绕组故障，此外还有装配和绝缘不良等故障。

1. 小型变压器的常见故障

小型变压器的常见故障、原因与处理方法如表2-2所示。

表 2－2　小型变压器的常见故障、原因与处理方法

故障现象	造成原因	处 理 方 法
电源接通后无电压输出	(1) 一次绕组断路或引出线脱焊； (2) 二次绕组断路或引出线脱焊	(1) 拆换修理一次绕组或焊牢引出线接头； (2) 拆换修理二次绕组或焊牢引出线接头
温升过高或冒烟	(1) 绕组匝间短路或一、二次绕组间短路； (2) 绕组匝间或层间绝缘老化； (3) 铁心硅钢片间绝缘太差； (4) 铁心叠厚不足； (5) 负载过重	(1) 拆换绕组或修理短路部分； (2) 重新绝缘或更换导线重绕； (3) 拆下铁心，对硅钢片重新涂绝缘漆； (4) 加厚铁心或重做骨架、重绕绕组； (5) 减轻负载
空载电流偏大	(1) 一、二次绕组匝数不足； (2) 一、二次绕组局部匝间短路； (3) 铁心叠厚不足； (4) 铁心质量太差	(1) 增加一、二次绕组匝数； (2) 拆开绕组，修理局部短路部分； (3) 加厚铁心或重做骨架、重绕绕组； (4) 更换或加厚铁心
运行中噪声过大	(1) 铁心硅钢片未插紧或未压紧； (2) 铁心硅钢片不符合设计要求； (3) 负载过重或电源电压过高； (4) 绕组短路	(1) 插紧铁心硅钢片或压紧铁心； (2) 更换质量较高的同规格硅钢片； (3) 减轻负载或降低电源电压； (4) 查找短路部位，进行修复
二次电压下降	(1) 电源电压过低或负载过重； (2) 二次绕组匝间短路或对地短路； (3) 绕组对地绝缘老化； (4) 绕组受潮	(1) 增加电源电压，使其达到额定值或降低负载； (2) 查找短路部位，进行修复； (3) 重新绝缘或更换绕组； (4) 对绕组进行干燥处理
铁心或底板带电	(1) 一次或二次绕组对地短路或一、二次绕组匝间短路； (2) 绕组对地绝缘老化； (3) 引出线头碰触铁心或底板； (4) 绕组受潮或底板感应带电	(1) 加强对地绝缘或拆换修理绕组； (2) 重新绝缘或更换绕组； (3) 排除引出线头与铁心或底板的短路点； (4) 对绕组进行干燥处理或将变压器置于环境干燥的场合使用

2. 小型变压器的重绕修理

小型变压器如发生绕组烧毁、绝缘老化、引出线断裂、匝间短路或绕组对铁心短路等故障，均需进行重绕修理。

小型单相与三相变压器绕组重绕修理工艺基本相同。其过程包括：记录原始数据、拆卸铁心、制作模心及骨架、绕制绕组、绝缘处理、铁心装配、检查和试验等。

五、 思考与练习

1. 变压器是怎样实现变压的？为什么变压器能改变电压，而不能改变频率？

2. 变压器铁心的作用是什么？

3. 变压器有哪些主要部件？它们的功能分别是什么？

4. 变压器二次侧接电阻、电感和电容负载时，从一次侧输入的无功功率有何不同？为什么？

5. 变压器负载运行时，一、二次绕组各有哪些电动势或电压降？它们产生的原因是什么？写出电动势平衡方程式。

6. 变压器负载运行时引起二次电压变化的原因是什么？二次电压变化率是如何定义

的？它与哪些因素有关？二次绕组带什么性质的负荷时有可能使二次电压变化率为零？

任务二　认识直流电机

一、 直流电机的工作特性和机械特性

直流电机是一种旋转电器，它能够完成直流电能与机械能的相互转换。能将直流电能转换成机械能的，称直流电机。将机械能转换成直流电能的，称为直流电机。

（一）直流电机的结构

直流电机的结构由定子和转子两大部分组成。直流电机运行时静止不动的部分称为定子，其主要作用是产生磁场，并提供支撑作用，它由机座、主磁极、换向极、端盖、轴承和电刷装置等组成。运行时转动的部分称为转子，其主要作用是产生电磁转矩和感应电动势，它是直流电机进行能量转换的枢纽，所以通常又称为电枢，它由转轴、电枢铁心、电枢绕组、换向器和风扇等组成。图 2.28 是直流电机的纵剖面图，图 2.29 是横剖面示意图。下面对图中各主要结构部件分别做简单介绍。

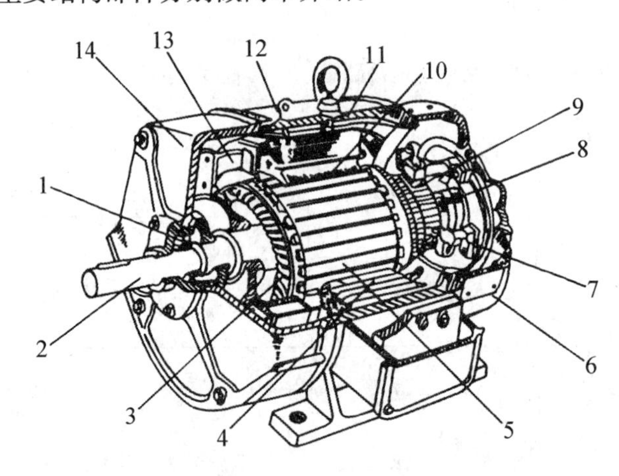

图 2.28　直流电机的纵剖面图

1—轴承；2—轴；3—电枢绕组；4—换向极绕组；5—电枢铁心；6—后端盖；
7—刷杆座；8—换向器；9—电刷；10—主磁极；11—机座；
12—励磁绕组；13—风扇；14—前端盖

1. 定子部分

1）主磁极

主磁极的作用是在定子和转子之间的气隙中产生一定形状分布的气隙磁场。除了小型直流电机的主磁极用永久磁铁(称为永磁直流电机)外，绝大多数直流电机的主磁极由直流电流来励磁，主磁极由主磁极铁心和励磁绕组两部分组成，如图 2.30 所示。为降低电机运行过程中磁场变化可能导致的涡流损耗，铁心用 1.0～1.5mm 厚的低碳钢板冲片叠压铆紧而成，上面套励磁绕组的部分称为极身，下面扩宽的部分称为极靴，极靴宽于极身，既可使气隙中磁场分布比较理想，又便于固定励磁绕组。励磁绕组用绝缘铜线绕制而成。励磁绕组套在极身上，再将整个主磁极用螺钉固定在机座上。

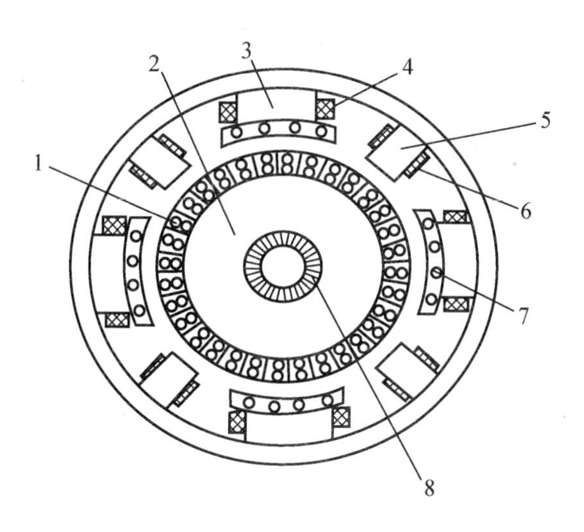

图 2.29 直流电机的横剖面示意图

1—电枢绕组；2—电枢铁心；3—主磁极铁心；4—励磁绕组；5—换向极铁心；
6—换向极绕组；7—主磁极极靴；8—转轴

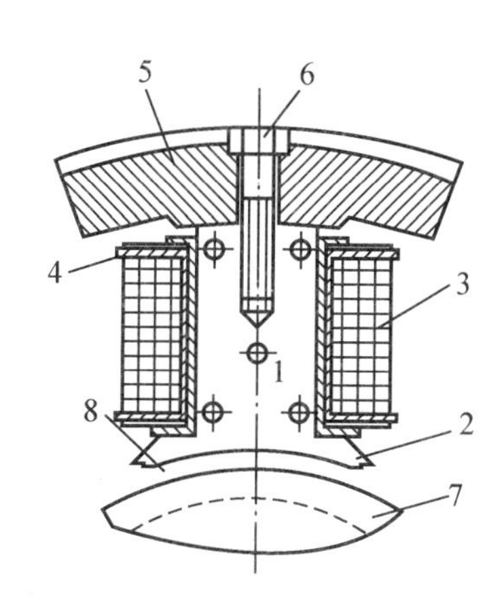

图 2.30 主磁极

1—主极铁芯；2—极靴；3—励磁绕组；4—绕组绝缘；
5—机座；6—螺杆；7—电枢铁心；8—气隙

2）换向极

两相邻主磁极之间的小磁极称为换向极，也称为附加极或间极。换向极的作用是改善换向，减小电机运行时电刷与换向器之间可能产生的火花。换向极由换向极铁心和换向极绕组组成，如图 2.31 所示。换向极铁心一般用整块钢制成，对换向性能要求较高的直流电机，换向极铁心可用 1.0～1.5mm 厚的钢板冲片叠压而成。换向极绕组用绝缘导线绕制而成，套在换向极铁心上。整个换向极用螺钉固定于机座上。换向极的数目与主磁极数相等。

3）机座

电机定子部分的外壳称为机座，如图 2.30 中的 5。机座具有导磁和机械支撑两个作用。它是主磁路的一部分，构成磁极之间的通路，磁通通过的部分称为定子磁轭。

4）电刷装置

电刷装置用以引入或引出直流电压和直流电流。电刷装置由电刷、刷握、刷杆和刷杆座等组成。电刷放在刷握内，用弹簧压紧，使电刷与换向器之间有良好的滑动接触，如图 2.32 所示。刷握固定在刷杆上，刷杆装在圆环形的刷杆座上，相互之间必须绝缘。刷杆座装在端盖或轴承内盖上，圆周位置可以调整，调好以后加以固定。

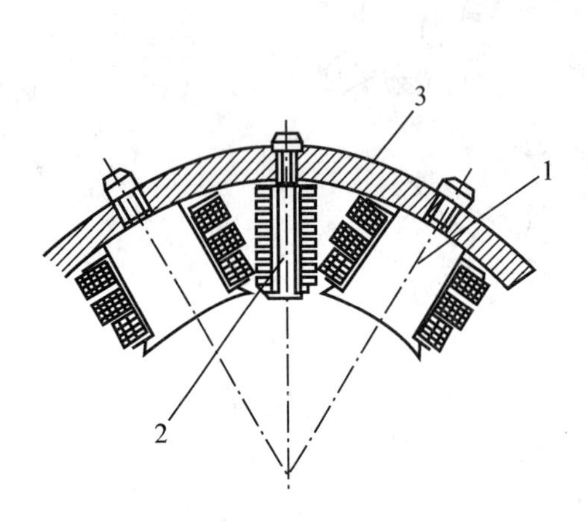

图 2.31 主极和换向极

1—主极；2—换向极；3—磁轭

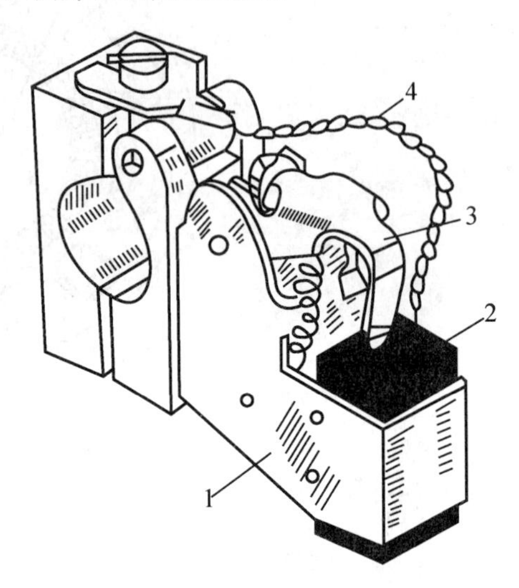

图 2.32 电刷装置图

1—刷握；2—电刷；3—压紧弹簧；4—铜丝瓣

2. 转子(电枢)部分

1) 电枢铁心

电枢铁心是主磁通磁路的主要部分，同时用以嵌放电枢绕组。为了降低电机运行时电枢铁心中产生的涡流损耗和磁滞损耗，电枢铁心用 0.5mm 厚的硅钢片冲制的冲片叠压而成，冲片的形状如图 2.33 所示。叠成的铁心固定在转轴或转子支架上，铁心的外圆开有电枢槽，槽内嵌放电枢绕组。

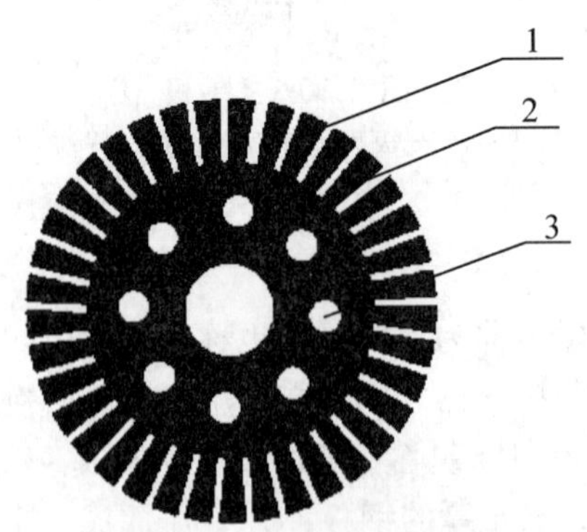

图 2.33 电枢铁心冲片

1—齿；2—槽；3—轴向通风孔

2) 电枢绕组

电枢绕组的作用是产生电磁转矩和感应电动势，是直流电机进行能量变换的关键部件。它由许多线圈按一定规律连接而成，线圈用高强度漆包线或玻璃丝包扁铜线绕成，不同线圈边分上下两层嵌放在电枢槽中，线圈与铁心之间和上、下两层线圈边之间都必须妥

善绝缘。为防止离心力将线圈边甩出槽外，槽口用槽楔固定。线圈边的端接部分用热固性无纬玻璃带进行绑扎。

3）换向器

在直流电机中，换向器配以电刷，能将外加直流电源转换为电枢线圈中的交变电流，使电磁转矩的方向恒定不变；在直流电机中，换向器配以电刷，能将电枢线圈中感应产生的交变电动势转换为正、负电刷上引出的直流电动势。换向器是由许多换向片组成的圆柱体，换向片之间用云母片绝缘。换向片的下部做成鸽尾形，两端用钢制 V 形套筒和 V 形云母环固定，再加螺母锁紧。对于小型直流电机，可以采用塑料换向器，即将换向片和片间云母叠成圆柱体后用酚醛玻璃纤维热压成形，既节省材料，又简化了工艺。

4）转轴

转轴起转子旋转的支撑作用，需有一定机械强度和刚度，一般用圆钢加工而成。

（二）直流电机的额定值和型号

电机制造厂商按照国家标准，根据电机的设计和试验数据规定的每台电机的主要数据称为电机的额定值。额定值一般标在电机的铭牌或产品说明书上。

直流电机的额定值主要有下列几项。

1. 额定功率 P_N

额定功率是指按照规定的工作方式运行时所能提供的输出功率。对于电动机来说，额定功率是指轴上输出的机械功率；对于发电机来说，额定功率是指电枢输出的电功率，单位为千瓦(kW)。

2. 额定电压 U_N

额定电压是电机电枢绕组能够安全工作的最大外加电压或输出电压，单位为伏(V)。

3. 额定电流 I_N

额定电流是指电机按照规定的工作方式长期运行时，电枢绕组允许流过的最大电流，单位为安(A)。

4. 额定转速 n_N

额定转速是指电机在额定电压、额定电流和输出额定功率的情况下运行时，电机的旋转速度，单位为转/分(r/min)。

5. 励磁方式和额定励磁电流 I_{fn}

励磁方式规定了励磁绕组和电枢绕组的连接方式，额定励磁电流是指运行状态下励磁绕组中流过的电流。

额定值一般标在电机的铭牌上，故又称为铭牌数据。还有一些额定值，如额定转矩 T_N、额定效率 η_N 和额定温升 τ_N 等，不一定标在铭牌上，这时可查产品说明书或由铭牌上的数据计算得到。额定功率与额定电压和额定电流的关系为

对于直流电机

$$P_N = U_N I_N \eta_N \times 10^{-3}(\text{kW}) \tag{2.33}$$

对于直流电机

$$P_N = U_N I_N \times 10^{-3}(\text{kW}) \tag{2.34}$$

式中，η_N 为直流电机的额定效率，它是额定运行时输出机械功率与电源输入电功率之比。

电动机轴上输出的额定转矩用 T_{2N}表示。直流电机运行时，如果各个物理量均为额定值，则称电机工作在额定运行状态，又称为满载运行。在额定运行状态下，电机利用充分，运行可靠，并具有良好的性能。如果电机的电流小于额定电流，称为欠载运行；如果电机的电流大于额定电流，称为过载运行。欠载运行时，电机利用率不充分，效率低；过载运行时，易引起电机过热损坏。根据负载选择电机时，最好使电机接近于满载运行。

直流电机铭牌上除了标明直流电机的额定值外，还标明直流电机的型号。

例 2.1 某台直流电机的额定值为：$P_N=12\text{kW}$，$U_N=220\text{V}$，$n_N=1500\text{r/min}$，$\eta_N=89.2\%$，试求该电动机额定运行时的额定输入功率 P_1 及电流 I_N。

解：额定输入功率为

$$P_1=\frac{P_N}{\eta_N}=\frac{12}{0.892}\approx 13.45(\text{kW})$$

额定电流为

$$I_N=\frac{P_N\times 10^3}{U_N\eta_N}=\frac{12\times 10^3}{220\times 0.892}\approx 61.15(\text{A})$$

例 2.2 某台直流电机的额定值为：$P_N=95\text{kW}$，$U_N=230\text{V}$，$n_N=1450\text{r/min}$，$\eta_N=91.8\%$，试求该发电机的额定电流 I_N。

解：额定电流为

$$I_N=\frac{P_N\times 10^3}{U_N}=\frac{95\times 10^3}{230}\approx 413.04(\text{A})$$

（三）直流电机的工作原理

1. 直流电机的基本工作原理

图 2.34 是一台最简单的直流电机的模型，N 和 S 是一对固定的磁极(一般是电磁铁，也可以是永久磁铁)。磁极之间有一个可以转动的铁质圆柱体，称为电枢铁心。铁心表面固定一个用绝缘导体构成的电枢线圈 *abcd*，线圈的两端分别接到相互绝缘的两个弧形铜片上，弧形铜片称为换向片，它们的组合体称为换向器。在换向器上放置固定不动而与换向片滑动接触的电刷 A 和 B，线圈 *abcd* 通过换向器和电刷接通外电路。电枢铁心、电枢线圈和换向器构成的整体称为电枢。

此模型作为直流电机运行时，将直流电源加于电刷 A 和 B。例如将电源正极加于电刷 A，电源负极加于电刷 B，则线圈 *abcd* 中流过电流。在导体 *ab* 中，电流由 *a* 流向 *b*，在导体 *cd* 中，电流由 *c* 流向 *d*。载流导体 *ab* 和 *cd* 均处于 N 和 S 极之间的磁场当中，受到电磁力的作用。电磁力的方向用左手定则确定，可知这一对电磁力形成一个转矩，称为电磁转矩，转矩的方向为逆时针方向，使整个电枢逆时针方向旋转。当电枢旋转 180°时，导体 *cd* 转到 N 极下，*ab* 转到 S 极下，如图 2.34(b)所示，由于电流仍从电刷 A 流入，使 *cd* 中的电流变为由 *d* 流向 *c*，而 *ab* 中的电流由 *b* 流向 *a*，从电刷 B 流出，用左手定则判别可知，电磁转矩的方向仍是逆时针方向。

由此可见，加于直流电机的直流电源，借助于换向器和电刷的作用，变为电枢线圈中的交变电流，这种将直流电流变为交变电流的作用称为逆变。由于电枢线圈所处的磁极也是同时交变的，从而使电枢产生的电磁转矩的方向恒定不变，确保直流电机朝确定的方向

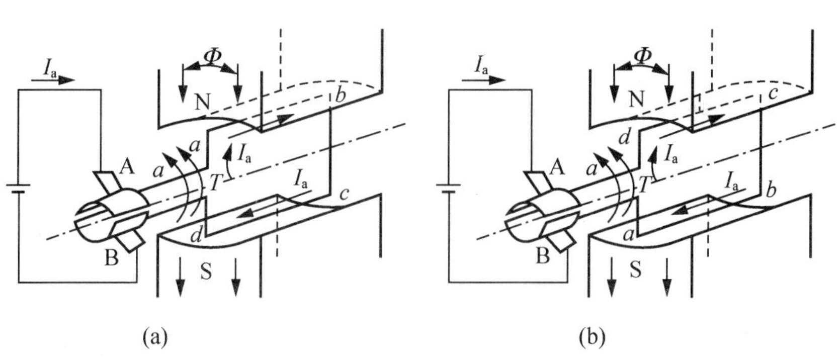

图 2.34 直流电机的基本工作原理

连续旋转。这就是直流电机的基本工作原理。

同时可以看到，一旦电枢旋转，电枢导体就会切割磁力线，产生运动电动势。在图 2.34(a)所示时刻，可以判断出 ab 导体中的运动电动势由 b 指向 a，而此时的导体电流由 a 指向 b，因此直流电机导体中的电流和电动势方向相反。

对于实际的直流电机，电枢圆周上均匀地嵌放许多线圈，相应地换向器由许多换向片组成，使电枢线圈所产生总的电磁转矩足够大并且比较均匀，电动机的转速也比较均匀。

根据上述原理，可以看出直流电机有如下特点。

(1) 直流电机将输入电功率转换成机械功率输出。

(2) 电磁转矩起驱动作用。

(3) 利用换向器和电刷，直流电机将输入的直流电流逆变成导体中的交变电流。

(4) 直流电机导体中的电流与运动电动势方向相反。

2. 直流电机的基本工作原理

直流电机的模型与直流电机相同，不同的是电刷上不外加直流电压，而是利用原动机拖动电枢朝某一方向(如逆时针方向)旋转，如图 2.35 所示。这时导体 ab 和 cd 分别切割 N 极和 S 极下的磁力线，产生感应电动势，电动势的方向用右手定则确定。在图示情况下，导体 ab 中电动势的方向由 b 指向 a，导体 cd 中电动势的方向由 d 指向 c，所以电刷 A 为正极性，电刷 B 为负极性。电枢旋转 180°时，导体 cd 转至 N 极下时，感应电动势的方向由 c 指向 d，电刷 A 与 cd 所连换向片接触，仍为正极性；导体 ab 转至 S 极下时，感应电动势的方向变为 a 指向 b，电刷 B 与 ab 所连换向片接触，仍为负极性。可见，直流电机电枢线圈中的感应电动势的方向是交变的，而通过换向器和电刷的作用，在电刷 A 和 B 两端输出的电动势是方向不变的直流电动势。这种作用称为整流作用。若在电刷 A 和 B 之间接上负载，发电机就能向负载供给直流电能。这就是直流电机的基本工作原理。

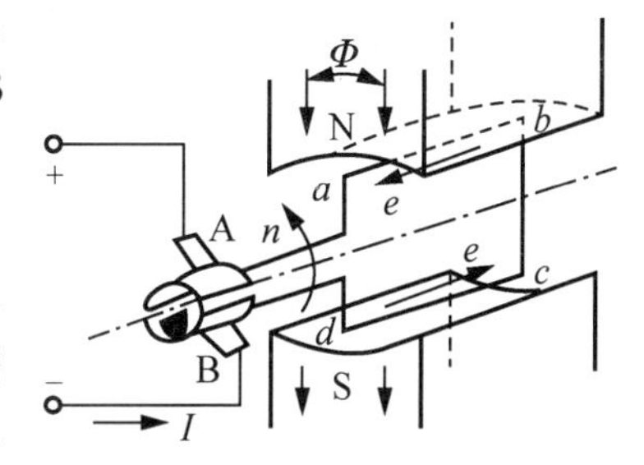

图 2.35 直流电机的工作原理

同时应该注意到，带上负载以后，电枢导体成为载流导体，导体中的电流方向与电动势方向相同，利用左手定则，还可以判断出由电磁力产生的电磁转矩方向与运动方向相反，起制动作用。

根据上述原理分析，可以看出直流电机有如下特点。

（1）直流电机将输入机械功率转换成电功率输出。

（2）利用换向器和电刷，直流电机将导体中的交变电动势和电流整流成直流输出。

（3）直流电机导体中的电流与运动电动势方向相同。

（4）电磁转矩起制动作用。

从以上分析可以看出：一台直流电机原则上既可以作为电动机运行，也可以作为发电机运行，取决于外界不同的条件。将直流电源外加于电刷，输入电能，电机能将电能转换为机械能，拖动生产机械旋转，作为电动机运行；如用原动机拖动直流电机的电枢旋转，输入机械能，电机能将机械能转换为直流电能，从电刷上引出直流电动势，作为发电机运行。同一台电机，既能作为电动机运行，又能作为发电机运行的原理，在电机理论中称为可逆原理。

（四）直流电机的机械特性

1. 直流电机的感应电动势和电磁转矩

1）感应电动势

电枢绕组的感应电动势是指直流电机正负电刷之间的感应电动势，也就是电枢绕组一条并联支路的电动势。电枢绕组元件边内的导体切割气隙合成磁场，产生感应电动势，由于气隙磁通密度(尤其是负载时气隙合成磁通密度)在一个极下的分布不均匀，如图 2.36 所示，所以导体中感应电动势的大小是变化的。

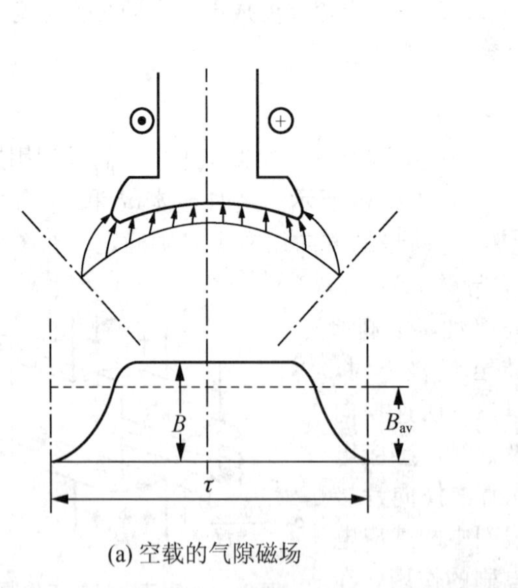

(a) 空载的气隙磁场

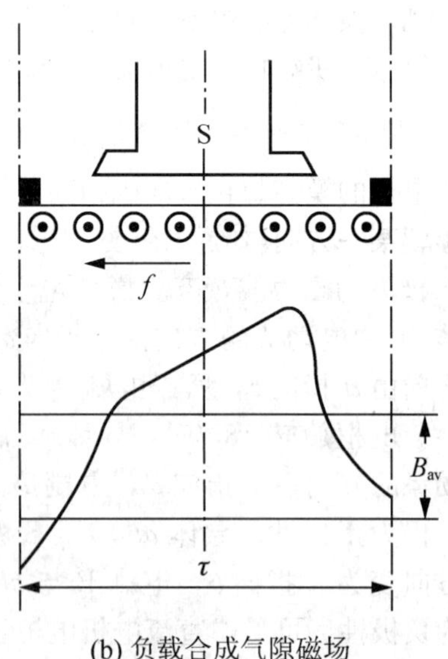

(b) 负载合成气隙磁场

图 2.36　空载和负载时气隙磁场磁通密度的分布和平均磁通密度

为了使分析推导方便，可把磁通密度看成均匀分布的，取一个极下气隙磁通密度的平均值为 B_{av}，从而可得一根导体在一个极距范围内切割气隙磁通密度产生的电动势的平均值 e_{av}，其表达式为

$$e_{av}=B_{av}lv$$

式中，B_{av}为一个极下气隙磁通密度的平均值，称为平均气隙磁通密度；l 为电枢导体的有

效长度(槽内部分)；v 为电枢表面的线速度。

由于 $B_{av}=\frac{\Phi}{\tau l}$，$v=\frac{n}{60}2p\tau$，因而，一根导体感应电动势的平均值为

$$e_{av}=\frac{\Phi}{\tau l}l\frac{n}{60}2p\tau=\frac{2p}{60}\Phi n$$

设电枢绕组总的导体数为 N，则每一条并联支路总的串联导体数为 $N/2a$，因而电枢绕组的感应电动势为

$$E_a=\frac{N}{2a}e_{av}=\frac{N2p}{2a\cdot 60}\Phi n=\frac{pN}{60a}\Phi n=C_e\Phi n \tag{2.35}$$

式中，$C_e=\frac{pN}{60a}$，对已经制造好的电机是一常数，故称为直流电机的电动势常数。每极磁通 Φ 的单位用 Wb，转速单位用 r/min 时，电动势 E_a 的单位为 V。

式(2.35)表明，对已制成的电机，电枢电动势 E_a 与每极磁通 Φ 和转速 n 的乘积成正比。其中的 Φ 一般是指负载时气隙合成磁场的每极磁通。

例 2.3 已知一台 10kW，4 极，2800r/min 的直流电机，电枢绕组是单波绕组，整个电枢总导体数为 380。当发电机发出的电动势 $E_a=250$V 时，这时气隙每极磁通量 Φ 是多少？

解：已知这台直流电机的极对数 $p=2$，单波绕组的并联支路对数 $a=1$，于是可以计算出系数

$$C_e=\frac{pN}{60a}=\frac{2\times 380}{60\times 1}\approx 12.67$$

根据感应电动势公式，气隙每极磁通 Φ 为

$$\Phi=\frac{E_a}{C_e n}\approx\frac{250}{12.67\times 2800}\approx 7.047\times 10^{-3}(\text{Wb})$$

2) 电磁转矩

电枢绕组中流过电枢电流 I_a 时，元件的导体中流过支路电流 i_a，成为载流导体，在磁场中受到电磁力的作用。电磁力 f 的方向按左手定则确定，如图 2.36 所示。一根导体所受电磁力的大小为

$$f_x=B_x l i_a$$

如果仍把气隙合成磁场看成是均匀的，气隙磁通密度用平均值 B_{av}表示，则每根导体所受电磁力的平均值为

$$f_{ax}=B_{av} l i_a$$

一根导体所受电磁力形成的电磁转矩的大小为

$$T_{av}=f_{av}\frac{D}{2}$$

式中，D 为电枢外径。

由于不同极性磁极下的电枢导体中电流的方向不同，所以电枢所有导体产生的电磁转矩方向都是一致的，因而电枢绕组的电磁转矩等于一根导体电磁转矩的平均值 T_{av}乘以电枢绕组总的导体数 N，即

$$T=NT_{av}=NB_{av}li_a\frac{D}{2}=N\frac{\Phi}{\tau l}l\frac{I_a}{2a}\frac{1}{2}\frac{2p\tau}{\pi}=\frac{pN}{2\pi a}\Phi I_a=C_T\Phi I_a \tag{2.36}$$

式中，$C_T=\dfrac{pN}{2\pi a}$，对已制成的电机是一常数，称为直流电机的转矩常数。

磁通的单位用 Wb，I_a 电流的单位用 A 时，电磁转矩 T 的单位为 N・m。式(2.36)表明，对已制成的电机，电磁转矩 T 与每极磁通 Φ 和电枢电流 I_a 的乘积成正比。

电枢电动势 $E_a=C_e\Phi n$ 和电磁转矩 $T=C_T\Phi I_a$ 是直流电机两个重要的公式。对于同一台直流电机，电动势常数 C_e 和转矩常数 C_T 之间具有确定的关系：

$$C_T=\frac{60a}{2\pi a}C_e\approx 9.55C_e \tag{2.37}$$

或

$$C_e=\frac{2\pi a}{60a}C_T\approx 0.105C_T$$

例 2.4 已知一台四极直流电机的额定功率为 100kW，额定电压为 330V，额定转速为 720r/min，额定效率为 0.915，单波绕组，电枢总导体数为 186，额定每极磁通为 6.98×10^{-2} Wb，求额定电磁转矩。

解：转矩常数为

$$C_T=\frac{pN}{2a\pi}\approx\frac{2\times186}{2\times1\times3.1416}\approx 59.2$$

额定电流为

$$I_N=\frac{P_N}{U_N\eta_N}=\frac{100\times10^3}{330\times0.915}\approx 331(\text{A})$$

额定电磁转矩为

$$T_N=C_T\Phi_N I_N\approx 59.2\times6.98\times10^{-2}\times331\approx 1367.7(\text{N}\cdot\text{m})$$

2. 直流电机的平衡方程式

直流电机平衡方程式是分析电动机运行状态的重要关系式。

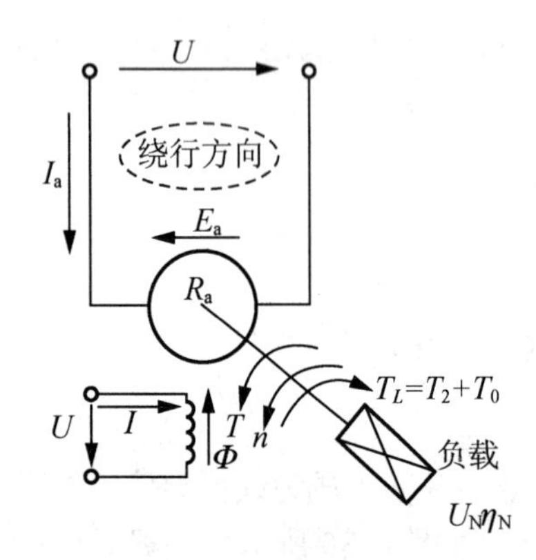

图 2.37 他励直流电机的运行原理

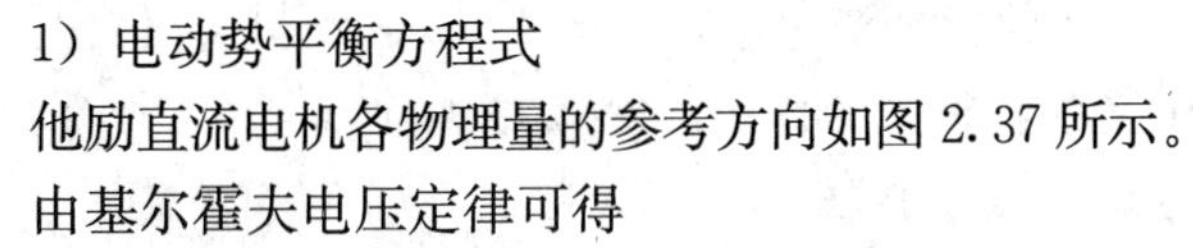

1) 电动势平衡方程式

他励直流电机各物理量的参考方向如图 2.37 所示。

由基尔霍夫电压定律可得

$$U=E_a+I_aR_a$$

2) 功率平衡方程式

由电动势平衡方程式可得

$$UI_a=E_aI_a+R_aI_a^2$$

而输入的电功率为

$$P_1=UI_a$$

电磁功率为

$$P_{em}=E_aI_a$$

电枢铜耗为

$$P_{Cua}=I_a^2R_a$$

所以

$$P_1=P_{em}+P_{Cua}$$

此外还有

$$P_{em}=P_2+P_0$$

式中，P_2 为电动机输出的机械功率；P_0 为空载损耗，包含铁损耗 P_{Fe}和空载机械损耗 P_m。

3）转矩平衡方程式

由牛顿运动定律可知，当电动机稳定运行时，作用在转轴上的转矩应保持平衡。将功率平衡方程式 $P_{em}=P_2+P_0$ 两端同时除以 Ω，就可以得到转矩平衡方程式，即 $T=T_2+T_0$。

3. 直流电机的机械特性分析

1）直流电机的工作特性

直流电机的工作特性是指在直流电机电枢加额定电压、励磁不变，电枢电阻不变时，电动机的转速 n、电磁转矩 T、效率 η 与输出功率 P_2 之间的关系。其具体特性曲线分别如图 2.38～图 2.40 所示。

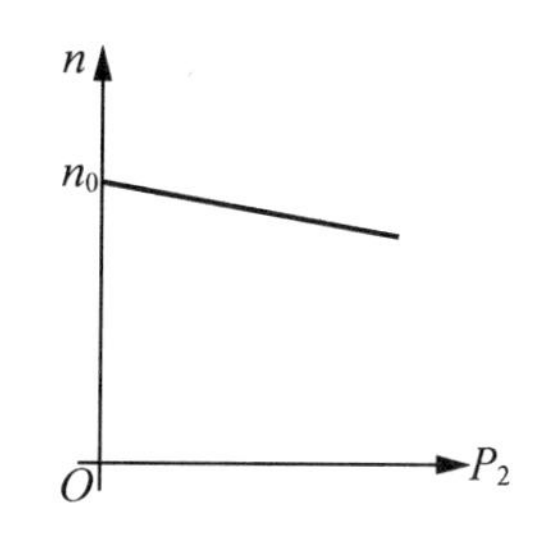

图 2.38　直流电机的转速特性曲线

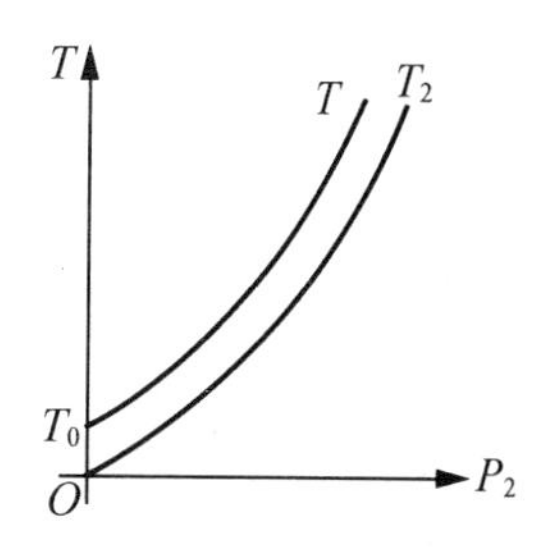

图 2.39　直流电机的转矩特性曲线

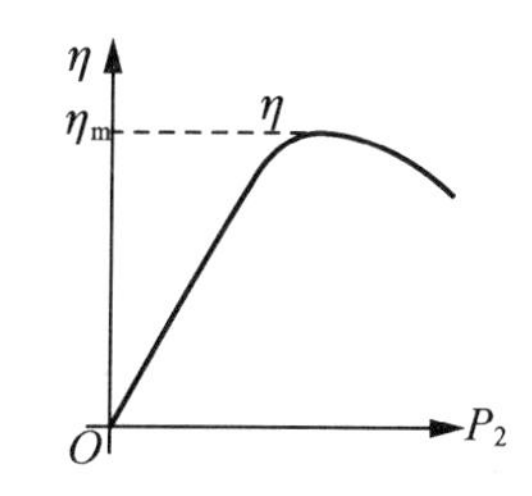

图 2.40　直流电机的效率特性曲线

2）他励直流电机的机械特性

（1）固有机械特性。固有机械特性是指电动机工作时，在额定电压、额定磁通和电动机电枢回路不串联附加电阻时，电动机的电磁转矩和转速之间的函数关系。

将 $E_a=\frac{pN}{60a}\Phi n=C_e\Phi n$ 代入电动势平衡方程式可得他励直流电机的固有机械特性方程式，即

$$n=\frac{U}{C_e\Phi}-\frac{R_a}{C_e\Phi}I_a$$

而

$$T=C_T\Phi I_a$$

则

$$n=\frac{U}{C_e\Phi}-\frac{R_aT}{C_eC_T\Phi^2}$$

此外，他励直流电机的转速还可以表示为

$$n = n_0 - \beta T$$

或

$$n = n_0 - \Delta n$$

式中，$n_0 = \dfrac{U}{C_e\Phi}$，为理想空载转速；$\beta = \dfrac{R_a}{C_e C_T \Phi^2}$，为机械特性曲线的斜率；$\Delta n = \dfrac{R_a}{C_e C_T \Phi^2}T$，为转速降。

他励直流电机的固有机械特性曲线如图 2.41 所示。

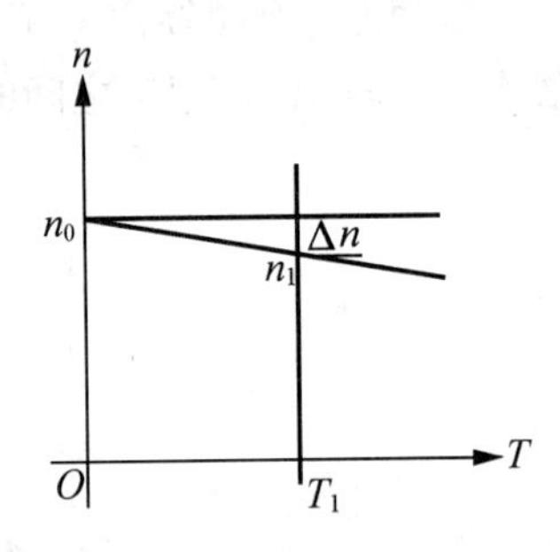

图 2.41　他励直流电机的固有机械特性曲线

(2) 人为机械特性。为了满足生产机械加工的要求，还需要人为地改变电动机的参数，从而获得新的机械特性，称此为人为机械特性。从机械特性方程中可知，人为改变参数(降低电枢电压、电枢回路串电阻、弱磁通)，可得到 3 种人为机械特性。

① 降低电枢电压时的人为机械特性：这种人为机械特性是在额定磁通、电枢回路不串接附加电阻时，电枢电压小于额定电压时得到的直流电机的机械特性。其特性曲线如图 2.42 所示。

② 电枢回路串电阻的人为机械特性：特性是在额定磁通、额定电枢电压时，直流电机电枢回路串接附加电阻时得到的机械特性。其特性曲线如图 2.43 所示。

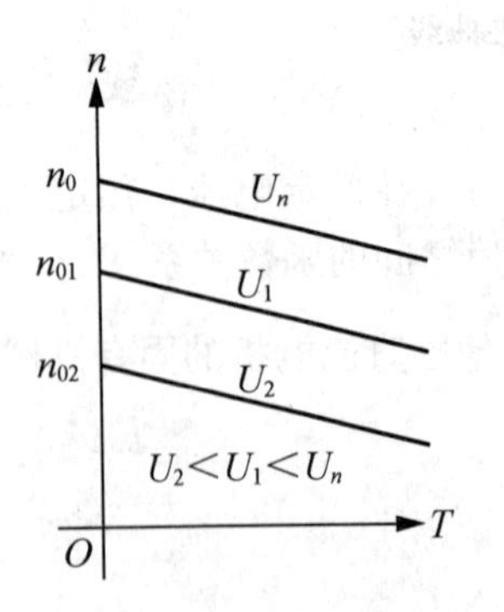

图 2.42　他励直流电机降低电枢电压的人为机械特性曲线

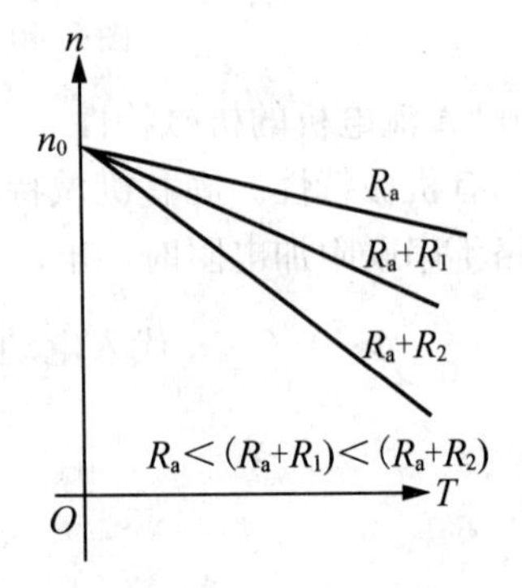

图 2.43　他励直流电机电枢回路串电阻的人为机械特性

③ 弱磁通的人为机械特性：特性是在额定电枢电压、电枢回路不串接附加电阻时，励磁磁通小于额定磁通时得到的直流电机的机械特性。其特性曲线如图 2.44 所示。

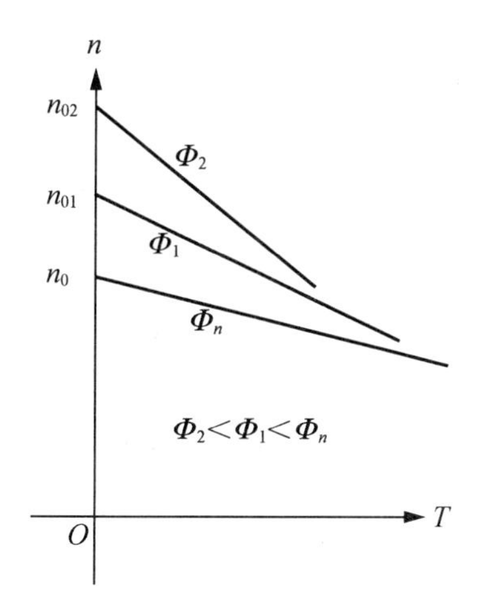

图 2.44 他励直流电机弱磁通的人为机械特性

二、 直流电机的调速

在生产实践中，由于电动机拖动的负载不同，对速度的要求也不同。例如，龙门刨床在切削工作时，刀具切入和切出工件用较低的速度，中间一段切削用较高的速度，而工作台返回时用高速度；又如，轧钢机轧制不同种类、不同截面的钢材时，需要不同的转速。这就要求采用一定的方法来改变生产机械的工作速度，以满足生产需要，这种方法通常称为调速。

电力拖动系统通常采用两种调速方法。一种是电动机的转速不变，通过改变机械传动机构(如齿轮、带轮等)的速比实现调速，这种方法称为机械调速。机械调速机构较复杂，适用生产机械只要求有几级固定转速。另一种方法是通过改变电动机的参数调节电动机的转速，从而调节生产机械转速的方法，称为电气调速，其特点是传动机构比较简单，可以实现无级调速，且易于实现电气控制自动化。此外，还可以将机械调速与电气调速配合使用，以满足调速要求。

值得注意的一点是，调速与因负载变化而引起的转速变化是不同的。前者是用改变电动机参数的方法，使电力拖动系统运行于不同的人为机械特性上，从而在相同的负载下，得到不同的运行速度。而后者是由于负载的变化，使电动机在同一条机械特性上发生的转速变化。

例如在图 2.45 中，曲线 1 为他励直流电机带恒转矩负载 T_L 工作在固有特性上，工作点为 A，转速为 n_A。若在电枢回路中串电阻 R 时，机械特性曲线变为 2，工作点为 B，转速为 n_B，速度变化了 $\Delta n=n_A-n_B$，这属于调速。如果电动机参数不变，负载转矩由 T_L 增大为 T_L'，使工作点由 A 点转移到 C 点，电动机转速为 n_C，速度变化了 $\Delta n_1=n_A-n_C$，这属于负载变化引起的转速变化。

根据他励直流电机的机械特性

$$n=\frac{U}{C_e\Phi}-\frac{R_a+R}{C_eC_T\Phi^2}T \tag{2.38}$$

可以看出，人为地改变端电压 U，电枢回路所串电阻 R 和电机气隙磁通 Φ 中的一个参数，就可以得到不同的转速。因此，他励直流电机的调速方法有 3 种：电枢串电阻调速、

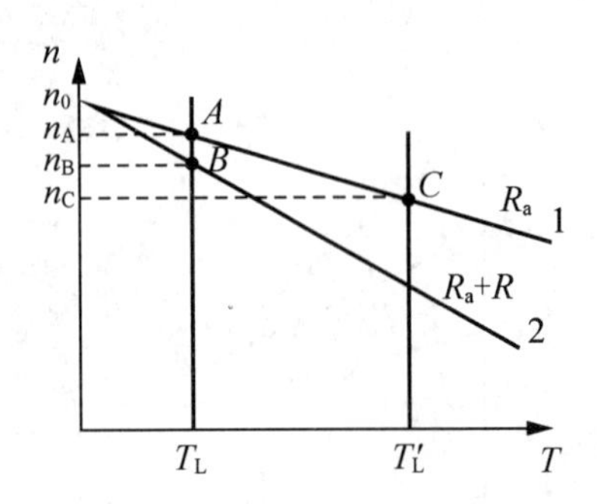

图 2.45　调速与转速变化的区别

降压调速和弱磁调速。

(一) 电枢串电阻调速

保持电源电压为额定电压，每极磁通为额定磁通，电枢回路中串入调速电阻 R，而使电动机带同一负载，得到不同转速的方法称为串电阻调速，如图 2.46 所示。该图中负载是恒转矩负载。

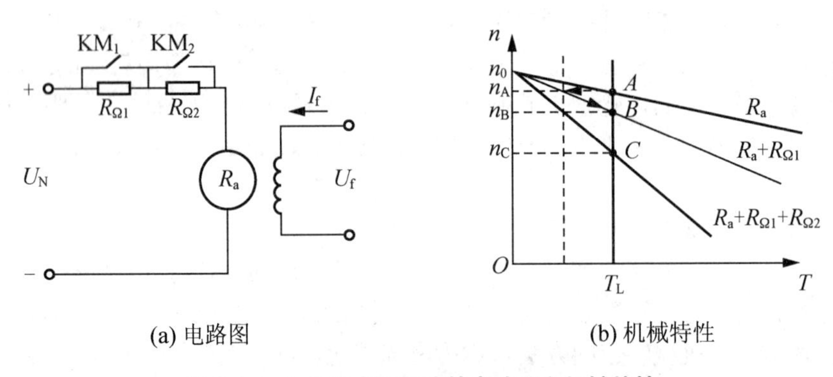

(a) 电路图　　(b) 机械特性

图 2.46　电枢串电阻调速的电路图和机械特性

当 KM_1，KM_2 闭合，电枢回路没有串电阻时，工作点为 A，转速为 n_A。当 KM_1 断开，电阻 $R_{\Omega1}$ 接入电枢回路后，由于机械特性的影响，n 不能突变，$E=C_e\Phi_n$ 也不能突变，因此 $I_a=(U-E)/(R_a+R_{\Omega1})$ 减小，$T=C_T\Phi I_a$ 也减小，此时 $T<T_L$，转速 n 下降，E 减小，I_a 及 T 回升，直至 T 升至 $T=T_L$ 时，新的转矩平衡又建立，系统以较低转速 n_B 稳定运行。当 KM_2 断开，电阻 $R_{\Omega1}$、$R_{\Omega2}$ 同时接入电枢回路后，工作点由 B 变为 C，速度降为 n_C。显然，串入电枢回路的电阻值越大，电动机的转速越低。通常把电动机运行于固有机械特性上的转速称为基速，那么，电枢回路串电阻调速的方法，其调速方向只能从基速向下调。调速时 Φ 和电枢绕组允许通过的 I_a 均不变，容许输出的转矩 $T=C_T\Phi_{Ia}$ 也不变，故属恒转矩调速方法。

串电阻调速方法的调速指标不高，调速过程中，理想空载转速 n_0 不变，转速越低，额定转速降 Δn 越大，静差率 δ 越大，所以低速运行时相对稳定性差。当静差率要求一定时，调速范围较小，一般情况下 $D=1.5\sim2$。空载和轻载时调速范围更小，因此只适用于带负载调速。调速电阻的容量大，较笨重，不易实现连续调节，只能分段有级变化，所以平滑性差。电枢回路电阻上损耗的电能多，而且转速越低，电能损耗越多。因此，这种调速方法的实际应用已日趋减少。但是，由于它的线路简单，所用设备少，在一些对调速性

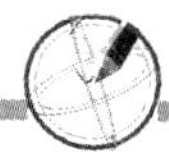

能要求不高的设备上还有应用，如起重机、电瓶车等。

（二）降压调速

保持电动机磁通为额定值，电枢回路不串电阻，通过降低电源电压U来调节电动机转速的方法称为降压调速。由机械特性可知，改变电动机的电枢电压，可以得到与固有特性平行的一组人为特性，如图2.47所示。设电动机带恒转矩负载，工作于固有机械特性上的A点，转速为n_A；电压降为U_1时，由于机械惯性的影响，电动机的转速n来不及变化，反电动势E也来不及变化，因此$I_a=(U-E)/R_a$减小，$T=C_T\Phi_{Ia}$也减小，转速n下降。随着n的减小，$E=C_e\Phi n$也减小，I_a及T回升，直至$T=T_L$时，新的转矩平衡又建立，系统以较低转速n_B稳定运行。同样，电压降为U_2时，工作点移至C点，转速降为n_C。电源电压越低，转速也越低。调速方向也从基速向下调。在降压调速过程中，磁通Φ为额定值不变，电动机稳定运行于不同的转速上时，电枢回路允许通过的I_a不变，容许输出的转矩$T=C_T\Phi_{Ia}$也不变，故属于恒转矩调速。

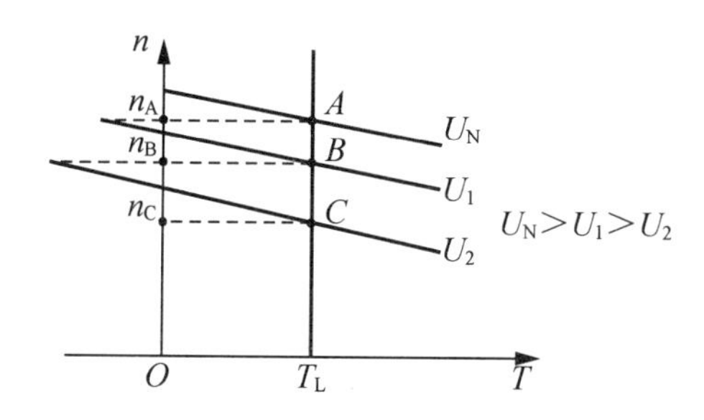

图2.47 降压调速的机械特性曲

从调压过程中看出，降压调速需要有单独给电动机供电的可调电源。目前最常见的可调电源是闸流晶体管(以下简称“晶闸管”)整流装置，如图2.48所示，可控整流电路输出的直流电压为

$$U_d=KU\cos\alpha \tag{2.39}$$

式中，K为整流系数；U为相电压的有效值，α为晶闸管的触发控制角。

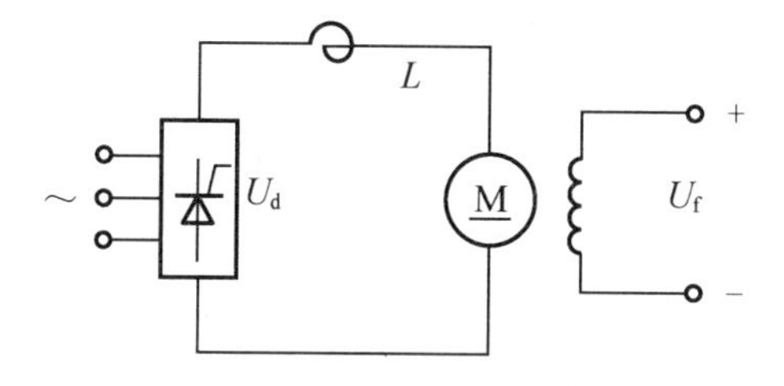

图2.48 晶闸管整流装置供电的调压调速系统

改变控制角α就能改变直流电压U_d，从而改变直流电机的转速。图中的L为平波电抗器，用来减小电流的脉动，保持电流的连续。

将式(2.39)代入直流电机机械特性表达式中，可得

$$n=\frac{KU\cos\alpha}{C_e\Phi}-\frac{R_a+R_0}{C_eC_T\Phi^2}T \tag{2.40}$$

式中，R_0为整流电路的等效电阻。

由上式可以看出，连续调节控制角α，则可连续改变电流电压U_d，即可连续调节转

速，实现无级调速。

降压调速中，随着电动机电枢电压的降低，机械特性平行下移，特性硬度不变，相对稳定性不变，而转速越低，静差率越大。由于他励直流电机机械特性较硬，调速时特性平行下移，所以调速范围较大。晶闸管整流电路等效电阻小，调速时能量损耗小。但这种调速方法要有专用的可调电源，初期投资大。其适用于对调速性能要求较高的设备上，如轧钢机、精密机床等。

（三）弱磁调速

保持电动机电枢电压为额定值，电枢回路不串电阻，减小电动机的励磁电流 I_f，降低电动机的磁通来调节电动机转速的方法称为弱磁调速。其电路原理如图 2.49 所示，小容量系统［如图 2.49(a)所示］在励磁回路中串接可调电阻，增大外串电阻 R_f，减小励磁电流，即可减小磁通 Φ。大容量系统［如图 2.48(b)所示］多用晶闸管整流装置向电动机的励磁电路供电。

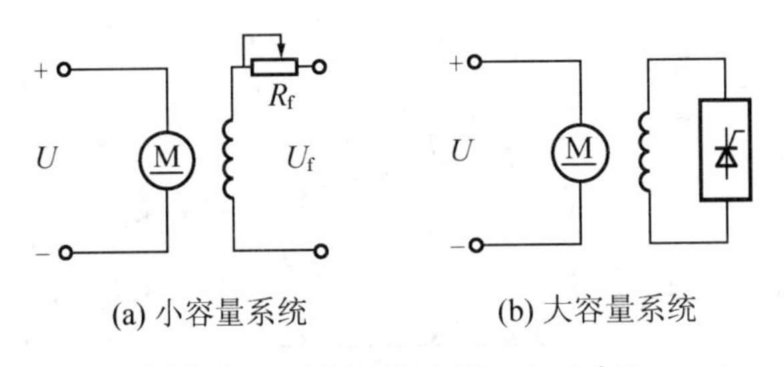

(a) 小容量系统　　(b) 大容量系统

图 2.49　弱磁调速的电路原理示意图

弱磁调速时，由机械特性方程式(2.38)可知，当 Φ 减弱时，理想空载转速 n_0 升高，同时特性斜率 $\beta=R/(C_eC_T\Phi^2)$将增大，Δn 增大，但因电枢电阻 R_a 很小，一般情况 n_0 比 Δn 增加得快，因此 Φ 的减弱使转速 n 升高，即调速方向是基速向上调。弱磁调速的机械特性如图 2.50 所示。设电动机带恒转矩负载 T_L 运行于固有特性 A 点，转速为 n_A，当磁通由 Φ_N 减弱至 Φ_1 时，转速 n 来不及变化，反电动势 $E=C_e\Phi n$ 减小，使电枢电流 $I_a=(U-E)/R_a$ 增大，转矩 T 增大，工作点由 A 过渡到 $\Phi=\Phi_1$ 的人为特性曲线上的 D 点。由于 $T>T_L$，转速 n 上升，E 回升，I_a 下降，T 下降直至 $T=T_L$ 时，新的转矩平衡又建立，系统以较高转速 n_B 稳定运行于 B 点。

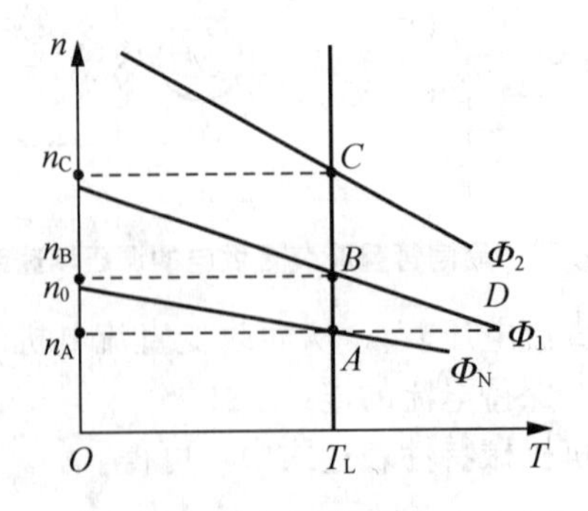

图 2.50　弱磁调速的机械特性曲线

他励直流电机弱磁升速达到的最高转速，受电动机换向条件和机械强度的限制，一般他励直流电机最高转速是 n_N 的 1.2～2 倍。对于特制的调磁电动机，所能达到的最高转速

可为 n_N 的 3～4 倍。但它的额定转速设计得较低，而且这种电动机的造价高。

弱磁调速在功率较小的励磁电路中进行调节，励磁电流与电枢电流相比小得多，因此调速得以实现，控制方便。如果采用连续可调的直流电源，可实现无级调速。减弱磁通时，n_0 增大，Δn 也有所增大，静差率 δ 基本不变，转速稳定性好。

值得注意的是，如果使用弱磁调速驱动恒转矩负载，很容易出现过载运行。因为弱磁调速范围小，所以常与调压调速联合使用来提高调速范围。在基速以下调节电动机的电枢电压来降速，在基速以上调节电动机的磁通来升速，此时，电力拖动系统的调速范围等于两者调速范围的乘积。

三、 直流电机的启动、 正反转与制动

（一） 直流电机的启动

电动机的启动是指电动机接通电源，从静止状态加速到某一稳定转速的过程。启动时间虽然短，但如不能采用正确的启动方法，电动机就不能正常、安全地投入运行，因此，应对直流电机的启动过程和方法进行分析。

根据系统运动方程式，要使电动机启动，必须要使启动转矩 $T_{st}>T_L$，电动机的加速度 $dn/dt>0$，系统加速，且启动时间较短，以提高生产效率。由直流电机转矩公式 $T=C_T\Phi I_a$ 可知，启动转矩 $T_{st}=C_T\Phi I_{st}$，为使 T_{st} 较大，应满磁通启动，即先通入额定励磁电流，在主磁极上产生额定磁通 Φ_N，再将电枢电路接通电源，通以电枢电流，产生启动转矩 T_{st}，电动机就从静止状态加速旋转起来。

如果启动时直接将额定电压加至电枢两端，称为直接启动。由于启动初始时，电动机因机械惯性而未能旋转起来，转速为零，电枢电动势 $E_a=C_e\Phi n=0$，忽略电枢回路电感的作用时，电动机的启动电流为

$$I_{st}=\frac{U_N-E_a}{R_a}=\frac{U_N}{R_a}$$

一般电动机的电枢绕组电阻 R_a 很小，若直接加上额定电压启动，I_{st} 可达到额定电流的 10～20 倍。这样大的启动过电流将导致转向困难，使换向器表面产生强烈的火花式环火；电枢绕组产生过大的电磁力，引起绕组损坏；而且产生过大的启动转矩，对传动机构产生强烈冲击，可能损坏机械传动部件。另外，过大的启动电流将引起电网电压的波动，影响同一电网上其他电气设备的正常运行。因此，除了微型直流电机由于 R_a 较大，可以直接启动外，一般直流电机不允许直接启动。

一般直流电机的最大允许电流为$(1.5～2)I_N$，为了限制过大启动电流，由 $I_{st}=U_N/R_a$ 可以看出，可以采用两种办法：一种办法是降低电源电压；另一种办法是电枢回路串电阻。

1. 电枢电路串电阻启动

当没有可调的直流电源时，可在电枢电路中串入电阻以限制启动电流，并在启动过程中将启动电阻逐步切除。图 2.51 为他励直流电机串电阻三级启动的电路图和机械特性。

(1) 启动过程：启动时，应先加励磁电流，且使 $I_f=I_{fN}$，然后接入全部启动电阻 $R_{\Omega1}+R_{\Omega2}+R_{\Omega3}$，即 KM_1，KM_2，KM_3 全部断开，并施加额定电压 U_N，此时启动电流为

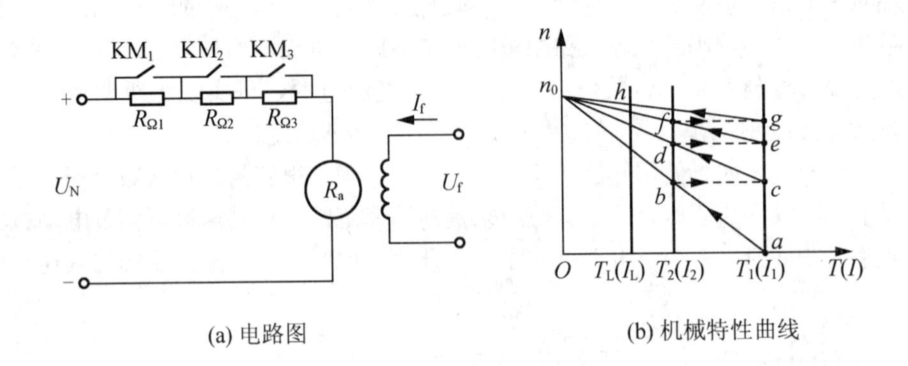

(a) 电路图　　(b) 机械特性曲线

图 2.51　他励直流电机串电阻三级启动的电路图和机械特性曲线

$$I_1=\frac{U_N}{R_a+R_{\Omega1}+R_{\Omega2}+R_{\Omega3}}=\frac{U_N}{R_3}$$

式中，$R_3=R_a+R_{\Omega1}+R_{\Omega2}+R_{\Omega3}$。

由电流 I_1 所产生的启动转矩 T_1，如图 2.51(b)中 a 点所示，由于 T_1 大于 T_L，电动机开始启动，沿 R_3 所对应的特性 abn_0 加速启动。到 b 点时，电流 I 下降，转矩 T 下降，加速度变小，如果继续加速，要延缓过渡过程。因此，为缩短启动时间，到 b 点时，令触点 KM_3 闭合，切除电阻 $R_{\Omega3}$。电阻切除后，电枢电路只有总电阻 $R_2=R_a+R_{\Omega1}+R_{\Omega2}$，机械特性变成直线 cdn_0。在切除电阻的瞬间，由于转矩来不及变化，工作点从 b 点过渡到 c 点。如果启动电阻配置恰当，则 c 点的电流与 I_1 相等，电动机产生的转矩 T_1 保证电动机又获得较大加速度，转矩迅速上升。由 c 点加速到 d 点时，再切除电阻 $R_{\Omega2}$(触点 KM_2 闭合)，电阻由 R_2 降为 $R_1=R_a+R_{\Omega1}$，特性变为 efn_0，工作点由 d 平移至 e，电动机又获得较大的加速度。当工作点由 e 上移到 f 时，将 $R_{\Omega1}$ 切除(触点 KM_1 闭合)，此时启动电阻全部切除，工作点从 f 平移至固有机械特性上的 g 点，然后沿固有机械特性 ghn_0 继续升速，直至 h 点而稳定运行，启动过程就此结束。

这种方法的启动电流可以不超过限值，启动过程中启动转矩的大小、启动速度、启动的平稳性决定于所选择的启动级数。显然，级数越多，启动转矩平均值越大，启动越快，平稳性越好。但是自动切除各级启动电阻的控制设备也就越复杂，初期投资高，维护工作量也大。为此，一般空载启动时取 $m=1\sim2$，重载启动时取 $m=3\sim4$。另外，分级启动时，使每一级的 I_1(或 T_1)与 I_2(或 T_2)大小一致，可以使电动机有较均匀的加速度，并能改善电动机的换向情况，减少转矩对传动机构与工作机械的有害冲击。

(2) 启动电阻的计算：启动级数 m 的选取应根据控制设备的要求来定，一般不超过 6 级。各级启动电阻的确定，要求各级启动的启动电流和切换电流一致。

根据以上启动要求，可得

$$E_A=E_B$$

$$n_N=1500\text{r/min}$$

$$R_a=0.225\Omega$$

$$E_C=E_D$$

$$E_E=E_F$$

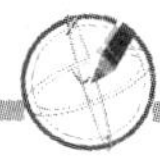

$$\frac{R'_1}{R'_2}=\frac{R'_2}{R'_3}=\frac{R'_3}{R_a}=\frac{I_{st1}}{I_{st2}}=\lambda$$

$$R'_3=\lambda R_a$$

$$R'_2=\lambda^2 R_a$$

$$R'_1=\lambda^3 R_a$$

$$R_3=R'_3-R_a=(\lambda-1)R_a$$

$$R_2=R'_2-R'_3=\lambda R_3$$

$$R_1=R'_1-R'_2=\lambda R_2$$

当启动级数为 m 时，各级启动电阻的计算如下。

$$R'_1=\lambda^m R_a$$

$$\lambda=\sqrt[m]{\frac{R'_1}{R_a}}$$

例 2.5 一台他励直流电机的参数为：

$P_N=13KW$，$U_N=220V$，$I_N=68.6A$，$n_N=1500r/min$，$R_N=0.225\Omega$

现要求三级启动，求各级的启动电阻。

解：设启动电流为

$$I_{st}=2.2I_N=2.2\times68.6\approx151(A)$$

$$R'_1=\frac{U_N}{I_{st1}}=\frac{220}{151}\approx1.46(\Omega)$$

$$\lambda=\sqrt[m]{\frac{R'_1}{R_a}}=\sqrt[3]{\frac{1.46}{0.225}}\approx1.86$$

$$I_{st2}=\frac{I_{st1}}{\lambda}=\frac{151}{1.86}\approx81>1.1I_N$$

$$R_3=R'_3-R_a=(\lambda-1)R_a=(1.86-1)\times0.225\approx0.194(\Omega)$$

$$R_2=R'_2-R'_3=\lambda R_3=1.86\times0.194\Omega\approx0.36(\Omega)$$

$$R_1=R'_1-R'_2=\lambda R_2=1.86\times0.36=0.67(\Omega)$$

2. 降压启动

启动时，降低电源电压 U，使 $I_{st}=\frac{U}{R_a}=(1.5\sim2)I_N$，且 $T_{st}=C_T\Phi_N I_{st}=(1.5\sim2)T_N$ 大于 T_L。随着转速的不断升高，电动势 E_a 也逐渐增大，电流 $I_a=(U-E_a)/R_a$ 降低，此时逐渐升高电源电压 U，直至 $U=U_N$，如图 2.52 所示，电动机稳定运行于 A 点。在启动过程中，U 与 E 的差值使电流一直保持在允许的数值范围以内，直至启动完毕。这种方法适用于直流电源可调的电动机，启动过程中能量损耗小。

（二）直流电机的正反转

直流电机的电磁转矩为

$$T=\frac{pN}{2\pi a}\Phi I_a=C_T\Phi I_a$$

由上式可知，要改变电磁转矩的方向，只需改变励磁磁通的方向或电枢电流的方向即可。

方法有两个：保持电枢绕组两端的电压极性不变，将励磁绕组反接；保持励磁绕组电压

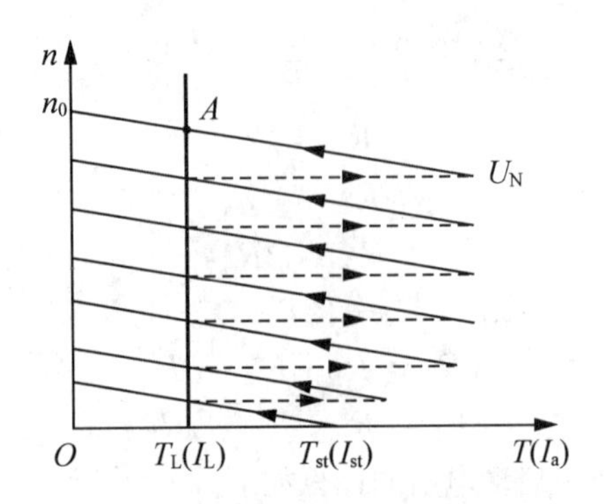

图 2.52　降压启动的机械特性曲线

极性不变，将电枢绕组反接。

（三）直流电机的制动

生产机械的制动，可以通过机械和电气两种基本方式来实现，通常这两种方法配合使用。以下重点分析直流电机的电气制动方法、特性及使用特点。

电气制动是指电动机运行时，当电磁转矩与转速的方向相反时的工作状态。因为此时的电磁转矩对运动的电动机而言，起到了制动的作用，故称为电气制动，或称为制动工作状态。由于在电气制动工作状态下，电动机将机械能转换成了电能，所以也被称为发电状态。

根据运行电路和能量传递的不同特点，可分为能耗制动、反接制动和回馈制动 3 种方式。

1. 能耗制动

1）能耗制动的实现、机械特性及其过程

图 2.53 是能耗制动的原理接线图。假设当开关 S 合向上方时，电动机处于正向电动运行状态。电动机电枢电流 $I_a=(U-E_a)/R_a$，转矩 T 与转速 n 的方向相同，电动机工作在图 2.54 所示的 A 点。制动时只需要将开关 S 合向下方，使电枢回路与电源断开，接于制动电阻 R_Z，如图 2.53 所示。

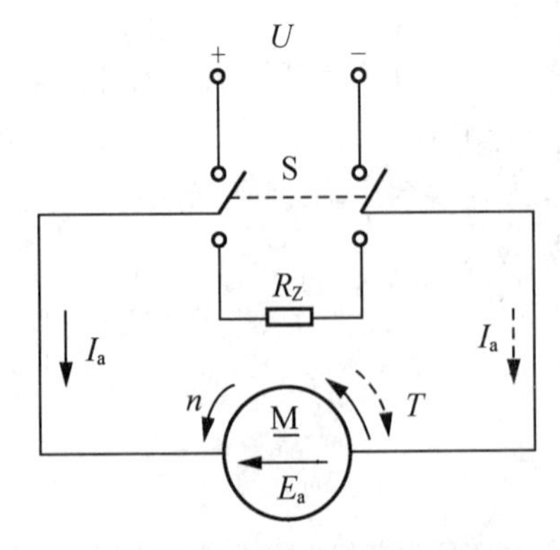

图 2.53　能耗制动的原理接线图

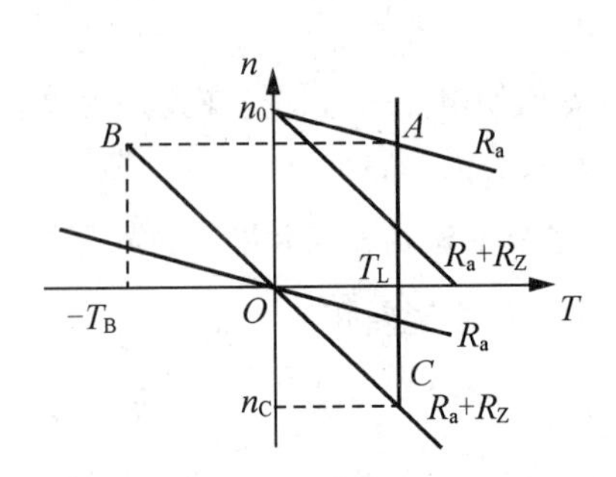

图 2.54　能耗制动的机械特性曲线

将 $U=0$，$R=R_a+R_Z$，代入他励直流电机机械特性方程式，得

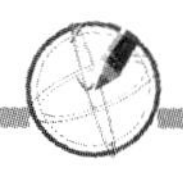

$$n=\frac{R_a+R_Z}{C_eC_T\Phi}T \tag{2.41}$$

由上式可知，$n>0$ 时，$T<0$，$n=0$ 时，$T=0$，所以机械特性位于第Ⅱ象限，并通过原点，如图 2.54 所示。R_Z 一定时，特性斜率 $\beta=(R_a+R_2)/C_eC_T\Phi=$ 常数，与电枢串联电阻 R_Z 时人为机械特性的斜率相同，两条特性曲线互相平行。如果 $R_Z=0$，特性曲线与固有机械特性曲线相平行。

电动机原来运行于固有特性的 A 点，制动瞬间由于惯性 n 不能突变，工作点由第Ⅰ象限的 A 平移至第Ⅱ象限的 B 点，在反电动势 E_a 作用下产生的电枢电流 $I_a=\frac{-E_a}{R_a+R_a}<0$，与电动状态时相反。磁通 Φ 方向未变而 I_a 反向，转矩 T 也反向。为制动转矩，因此 T 与 n 反向，电动机进入制动运行状态，再与 T_L 共同作用使电机减速，工作点沿能耗制动机械特性曲线下降。减速过程中，E 逐渐下降，I 与 T 的绝对值减小，直至 O 点，$T=0$，$n=0$。如果电动机拖动的是反抗性负载，则电动机停车，制动停车过程结束。

如果电动机拖动位能性负载，当电动机停止运转时($T=0$，$n=0$)，负载转矩 T_L 仍小于零，电动机将反向加速，转速沿图 2.53 第Ⅳ象限部分反向加速。此时 n 反向，$E_a<0$，$I_a=-E_a/(R_a+R_Z)>0$，$T<0$，这样 T 与 n 方向仍相反，还是制动状态。反电动势 E_a 随电动机转速方向加速而增加，电流 I_a 和转矩 T 也随之增大，直至 $T=T_L$ 时，系统加速度为零，电动机以转速 n_C 匀速下放重物。

制动电阻 R_Z 越小，机械特性斜率越小，制动开始瞬间的转矩和电流越大，制动越快。但制动电阻不能太小，否则制动瞬间会产生过大的冲击电流和制动转矩，远远超过电动机所允许的 I_{max} 与 T_{max}。如果将制动瞬间电流限制在允许范围内，则

$$R_Z\geqslant\frac{E_a}{I_{max}}-R_a \tag{2.42}$$

式中，E_a 为制动瞬间的反电动势。

电动机的 I_{max} 一般不允许超过 $2I_N$，制动瞬间反电动势 $E_a\approx U_N$，可由下面公式近似计算能耗制动电阻

$$R_Z\geqslant\frac{U_N}{2I_N}-R_a \tag{2.43}$$

2）能耗制动的功率关系

在能耗制动过程中，$U=0$，$P_1=UI_a=0$，电动机不从电源吸收电功率。$n>0$ 的制动状态中，$E_a>0$，$I_a<0$，$P_M=E_aI_a<0$，电动机将转轴上储存的动能转换成电能消耗在电枢回路电阻上；$n<0$ 的制动状态中，$E_a<0$，$I_a>0$，$P_M=E_aI_a<0$，电动机将转轴上储存的势能转换成电能消耗在电枢回路电阻上，因此这种制动方法称为能耗制动。

3）能耗制动的特点及适用场合

能耗制动的设备简单、运行可靠。制动过程中，电动机脱离电网，不需要吸收电功率，制动产生的冲击电流也不会冲击电网，比较经济安全。其常用于反抗性负载的准确停车，也可用于匀速下放重物。特性曲线如图 2.55 所示。

要使下放重物速度加快，机械特性斜率应增大，相应地，R_Z 应增大。

2. 反接制动

反接制动时，电压 U 与反电动势 E_a 同方向。实现反接制动有两种方法：电压反接(一

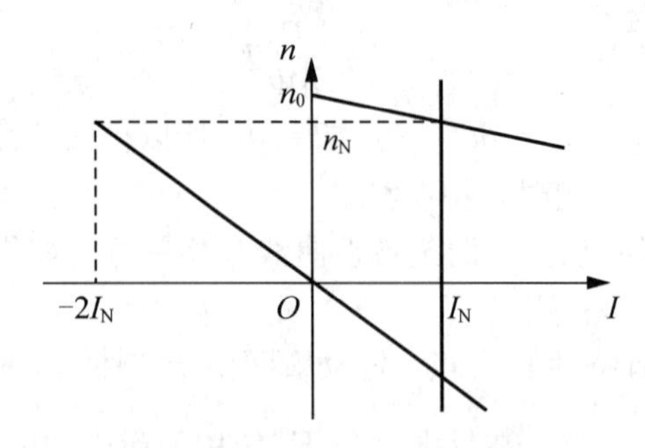

图 2.55　位能性负载能耗制动机械特性曲线

般用于反抗性负载)与转速反向(用于位能性负载)。

1）电压反接制动

(1) 电压反接制动的实现、机械特性及过程。电压反接制动的原理接线图如图 2.56 所示。当开关 S 合向上方时，电动机运行于电动状态。电动机 E_a 与 I_a 反向，T 与 n 同方向，电动机工作在图 2.57 所示的 A 点。反接制动时，只需将开关 S 合向下方，即把电源电压 U 反向接到电动机电枢两端，U 与反电动势 E_a 方向一致，此时几乎有近两倍的电源电压加到电枢回路两端。由于电枢电阻 R_a 很小，将会产生很大的反向电流，为了限制过大的电流，在电枢回路中一定要串入反接制动电阻 R_Z。

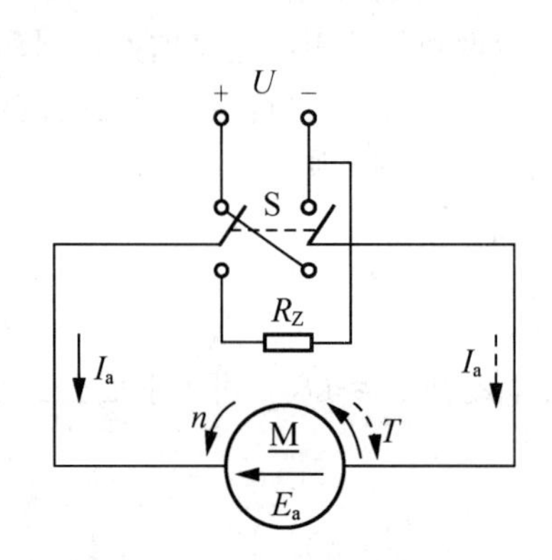

图 2.56　电压反接制动的原理接线图

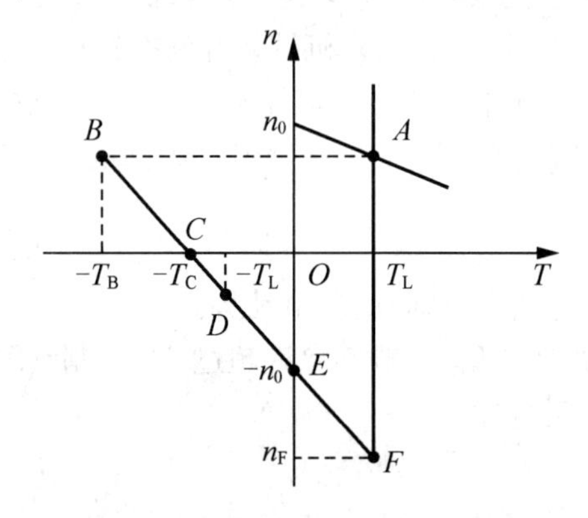

图 2.57　电压反接制动的机械特性曲线

电压反接制动时，Φ 不变，$U=-U$，$R=R_a+R_Z$，机械特性方程为

$$n=\frac{-U}{C_e\Phi}-\frac{R_a+R_Z}{C_eC_T\Phi^2}T=-n_0-\frac{R_a+R_Z}{C_eC_T\Phi^2}T \tag{2.44}$$

由上式可知，机械特性是通过 $-n_0$ 点，斜率为 $\beta=\frac{R_a+R_Z}{C_eC_T\Phi^2}$ 的直线，如图 2.57 中的直线 $BCDEF$。其中直线在第Ⅱ象限的一段 BC 为反接制动特性，在第Ⅲ象限的一段 CE 为反向电动运行特性，在第Ⅳ象限的 EF 段为回馈制动特性。机械特性的斜率决定于电枢回路电阻的大小，为使制动时最大电流不超过允许值 $2I_N$，应使反接制动电阻 R_Z 的数值取

$$R_Z\geqslant\frac{U_N+E_a}{2I_N}-R_a=\frac{U_N}{I_N}-R_a \tag{2.45}$$

式中，E_a 为制动瞬间的反电动势，制动瞬间，$E_a\approx U_N$。

由式(2.45)与式(2.43)相比可知，电压反接制动电阻比能耗制动电阻几乎大一倍。为

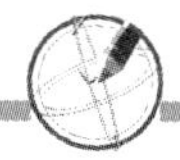

此，特性斜率也大得多。

设电动机原来拖动反抗性恒转矩负载运行于固有特性上的 A 点，如图 2.57 所示。当电源电压反接时，工作点由第一象限的 A 点平移至第二象限的 B 点。电枢电流

$$I_a=\frac{-U-E_a}{R_a+R_Z}=-\frac{U+E_a}{R_a+R_Z}<0$$

与电动状态时相反。磁通 Φ 方向未变而 I_a 反向，转矩 T 也反向，为制动转矩，因此 T 与 n 反向，电动机进入制动运行状态，再与 T_L 共同作用使电机减速，工作点沿电压反接制动机械特性曲线下降。减速过程中，E 逐渐下降，I 与 T 的绝对值减小，直至转速 $n=0$，反接制动过程结束，但此时 $T=-T_C\neq0$。如果 $T_C>T_L$，电动机会反向启动，运行于反向电动状态。到 D 点时，$T=-T_L$，电动机稳定运行。可见电动机拖动反抗性负载由电压反接制动到反向稳定运行的过程，要经过电压反接制动和反向电动两种运行状态。如果制动的目的是停车，则必须在转速 n 接近零时断开电源电压，否则在 $T_C>T_L$ 的情况下，电动机将反向启动，不能可靠停车。

如果电动机拖动位能性负载，反接制动过程与电动机拖动反抗性负载时相同。当反接制动过程结束时，$n=0$，$T=-T_C$，系统在转矩$(-T_C-T_L)$的作用下反向加速启动。而且由于位能性负载转矩 T_L 的方向不变，所以系统不可能在第Ⅲ象限稳定运行。系统加速到 $n=-n_0$，$T=0$ 时，在位能性负载转矩 T_L 的作用下，由反向电动进入 $|-n|>|-n_0|$ 的第Ⅳ象限运行。当 $|-n|>|-n_0|$ 后，转矩 $T>0$，与 n 反向，起制动作用，系统进入回馈制动状态。到 F 点，$T=T_L$ 时，转速稳定，匀速下放重物。

由于这种制动形式因电压反接而引起，故称电压反接制动。

(2) 电压反接制动的功率关系。在电压反接制动过程中，外接电源 $-U<0$，$I_a=\frac{-U-E_a}{R_a+R_Z}=-\frac{U+E_a}{R_a+R_Z}<0$，$P_1=UI_a>0$，电动机从电源吸收电功率。$n>0$ 的制动状态中，$E_a>0$，$I_a<0$，$P_M=E_aI_a<0$，电动机一方面从电源吸收电功率，同时将转轴上的机械功率转换成电功率全部消耗在电枢回路总电阻 R_a+R_Z 上。转轴上的机械能来自于储存的动能。

(3) 电压反接制动的特点及适用场合。电压反接制动，平均制动转矩值较大，制动效果好。当 $n=0$ 时，$T\neq0$，若不断开电源，有可能自动反向启动。制动过程中，系统储存的动能及从电源吸收的电能都消耗在电枢回路中，所以能量消耗大、经济效益差，适用于要求快速停车的生产机械，对于要求快速停车随后立即反向启动的生产机械更为合适。

2）转速反向反接制动

(1) 转速反向反接制动的实现、机械特性及过程。转速反向反接制动的原理接线图如图 2.58 所示，制动前，他励直流电机拖动位能性负载运行时，S 闭合，电动机产生的电磁转矩 T 与负载转矩 T_L 相等，以速度 n_A 匀速提升重物，工作点在图 2.59 所示的 A 点。当开关 S 断开时，电枢回路串入较大的电阻 R_Z，转速反向反接制动时，只是在电枢回路中串入大电阻 R_Z，其他条件不变，其机械特性为

$$n=n_0-\frac{R_a+R_Z}{C_eC_T\Phi^2}T \tag{2.46}$$

使机械特性由曲线 1 变为曲线 2，如图 2.59 所示。

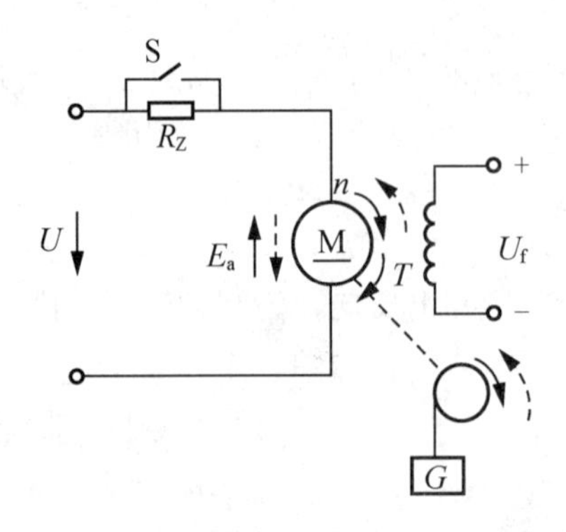

图 2.58　转速反向反接制动的原理接线图

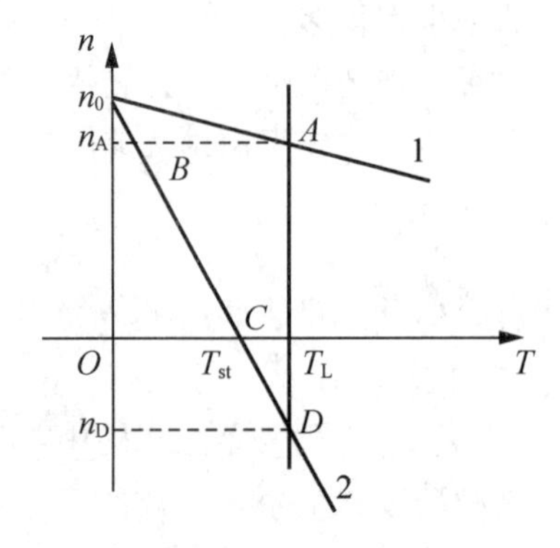

图 2.59　转速反向反接制动的机械特性曲线

在电阻 R_Z 串入的瞬间，电动机转速来不及变化，电枢电流 I_a 和转矩 T 突然变小，工作点由 A 平移到 B 点。由于 $T<T_L$，电动机减速，在 $n=n_A$ 到 $n=0$ 的减速过程中，T 与 n 的方向均未发生变化，所以曲线 2 的 BC 段仍为正向电动状态，只是提升速度越来越慢而已。在 C 点时，$n=0$，$T=T_{st}<T_L$，此时在位能负载 T_L 的作用下，电动机反向加速运行，进入第Ⅳ象限，物体开始下放，$T>0$，$n<0$，$E_a<0$，如图 2.58 中虚线箭头所示，进入转速反向的反接制动状态。到 D 点时，$T=T_L$，以速度 n_D 匀速下放重物。

因为 n 反向使 E_a 与 U 同方向，所以称为转速反向反接制动。

显然，式(2.46)与电动状态下电枢回路串电阻的人为机械特性在形式上是相同的。不同之处是电阻 R_Z 很大，使 $\Delta n>n_0$，转速为负值。电动运行部分是曲线 2 的 BC 段，转速反向制动运行部分为曲线 2 的 CD 段。

(2) 转速反向反接制动的功率关系。转速反向反接制动运行的功率关系与电压反接制动过程是一样的。$I_a>0$，$P_1=UI_a>0$，$E_a<0$，$P_M=E_aI_a<0$。不同的是电压反接制动中，电动机轴上输入的机械能来自系统储存的功能，而转速反向的反接制动中，机械能来自负载的位能。

(3) 转速反向的特点及适用场合。转速反向反接制动设备简单、操作方便。电枢回路所串电阻较大，机械特性软，能量消耗大，不经济，适用于低速下放重物。

3. 回馈制动

1) 正向回馈制动运行

他励直流电机恒转矩负载运行于固有特性上的 A 点，如图 2.60 所示。当电压降为 U_1 时，机械特性向下平移，工作点由 A 平移至 B，这时 $n>n_{01}$，$E_a>U_1$，$I_a=\dfrac{U-E_a}{R_a}<0$，$T=-T_B<0$，T 与 n 反向，进入制动运行状态。在转矩$(-T_B-T_L)$的作用下，电动机速度下降，至 C 点时，$n=n_{01}$，$T=0$，制动运行状态结束。由于负载转矩 T_L 的作用，电动机继续减速运行，直到 D 点，$T=T_L$ 时，电动机进入稳定运行状态。

在上述的制动过程中，$E_a>0$，$I_a<0$，$P_M=E_aI_a<0$，说明电动机将系统从高速向低速降速过程中释放的动能转换为了电能，进一步分析发现 $P_1=UI_a<0$，说明电功率回馈给了电网，因此这个过程称为回馈制动过程。因为该制动过程从正向电动运行开始，转向没发生变化，称之为正向回馈制动过程。

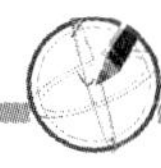

上述回馈制动过程之所以能出现 $P_1=UI_a<0$，是因为电流反向了，而电流的反向来源于 $E_a>U$，也就是 $n>n_0$。

以电车为例。电车下坡时，位能减小对电动机有加速作用，也会使电动机处于回馈制动运行状态，如图 2.61 所示，当电车在平路上行驶，摩擦转矩 T_f 是反抗性转矩，系统运行于机械特性上的 A 点。当电车下坡时，T_f 未变，但增加了位能负载转矩 T_G，其方向与摩擦转矩 T_f 相反，数值一般比 T_f 要大，所以电车下坡时负载转矩为 $-(T_G-T_f)$，与电磁转矩一起使电车加速下坡。当 $n=n_0$ 时，$T=0$，电动机在 $-(T_G-T_f)$ 的作用下继续加速下坡。直到 B 点时，以 $n_B>n_0$ 的速度稳定运行。在 $n_0 \rightarrow B$ 段，$n>n_0$，T 与 n 反向，T 为制动转矩，抑制电车的下坡速度，同时将发出的电能回馈给电网，负载转矩与电磁转矩 T 相平衡时，电车在 B 点以 n_B 恒速下坡，是一种回馈制动运行状态。

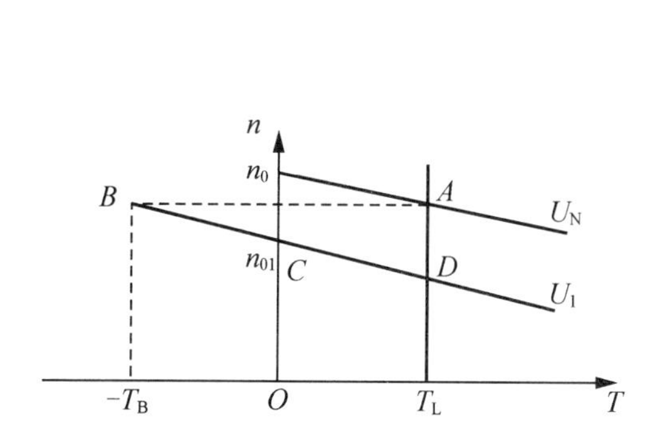

图 2.60　降压调速时的回馈制动过程

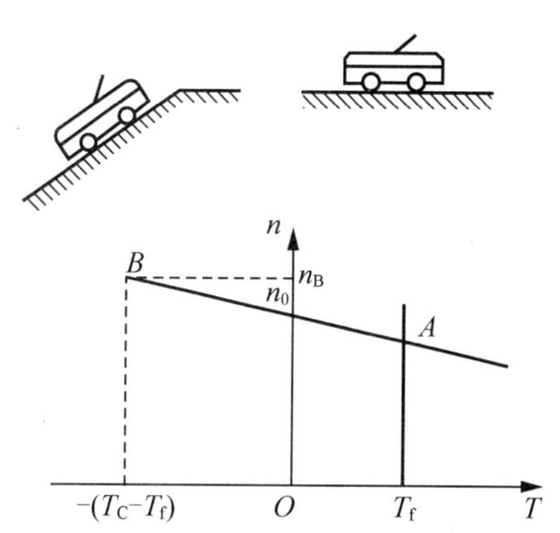

图 2.61　电车下坡时回馈自动运行

2）反向回馈制动运行

制动时，将电枢电压反向，并在电枢回路中串联一个制动电阻 R_b。制动前后的电路图如图 2.62 所示：

这时，他励直流电动机拖动位能性负载进行反接制动的机械特性。如图 2.63 所示。

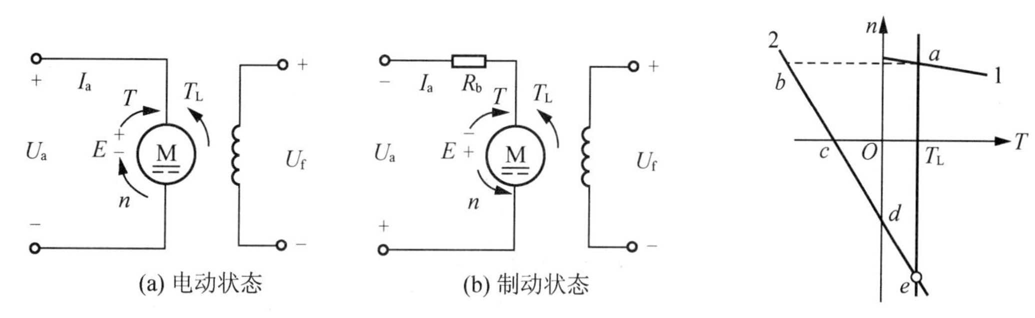

图 2.62　反向回馈制动时的电路图　　　　图 2.63　回馈制动下放重物过程

制动前，系统运行在机械特性 1 与负载特性 3 的交点 a 上。制动瞬间，工作点平移到人为特性 2 上的 b 点，T 反向，n 迅速下降。当工作点到达 c 点时，在 T 和 T_L 的共同作用下，电动机反向启动，工作点沿特性 2 继续下移。到达 d 点时，转矩等于理想空载转矩，$T=0$，但 $T_L>0$，在重物的重力作用下，系统继续反向加速，工作点继续下移。当工作点到达 e 点时，$T=T_L$，系统重新稳定运行。这时的电动机在比理想空载转速高的转速下稳定下放重物。

在上述制动过程中，bc 段电机处于电压反向反接制动过程，cd 段电机处于反向启动过程，de 段电机处于回馈制动过程，在 e 点电机处于回馈制动运行。由于这种回馈制动是在电枢电压反向后得到的，故称反向回馈制动。

反向回馈制动运行时，与图 2.62(a)的电动状态时相比，如图 2.62(b)所示，由于 n 反向，E 反向，且 $E > U_a$，I_a 方向不变，T 方向不变，但与 n 方向相反，成为制动转矩。电机处于发电状态，将系统的动能转换成电能送回电源。

回馈制动的效果也与制动电阻 R_b 的大小有关。R_b 小，则特性 2 的斜率小，转速低，下放重物慢。

由图 2.62(b)可知，回馈制动运行时，为简化分析，只取各量的绝对值，而不考虑其正负，则

$$R_a + R_b = \frac{E - U_a}{I_a} = \frac{C_E\Phi n - U_a}{\dfrac{T}{C_T\Phi}} = \frac{C_T\Phi}{T}(C_E\Phi n - U_a)$$

可见，若要以转速 n 下放负载转矩 T_L 的重物，制动电阻应为

$$R_a = \frac{C_T\Phi}{T_L - T_0}(C_E\Phi n - U_a) - R_a$$

忽略 T_0，则

$$R_a = \frac{C_T\Phi}{T_L}(C_E\Phi n - U_a) - R_a$$

采用回馈制动下放重物时，转速很高，超过了理想空载转矩，要注意转速不得超过电机允许的最高转矩（产品目录或电机手册中可以查到）。同时还要注意有上式求得的 R_b 还要满足 $R_b \geqslant \frac{U_a + E_b}{I_{amax}} - R_a$ 的要求。

四、 直流电机常见故障维修

（一）直流电机的常见故障及排除方法

直流电机和其他电动机一样，在使用前应按产品使用说明书认真检查，以避免发生故障、损坏电动机和有关设备。在使用直流电机时，应经常观察电动机的换向情况，还应注意电动机各部分是否有过热情况。

在运行中，直流电机的故障是多种多样的，产生故障的原因较为复杂，并且互相影响。当直流电机发生故障时，首先要对电动机的电源、线路、辅助设备和电动机所带负载进行仔细的检查，看它们是否正常，然后再从电动机机械方面加以检查，如检查电刷架是否有松动、电刷接触是否良好、轴承转动是否灵活等。就直流电机的内部故障来说，多数故障会从换向火花增大和运行性能异常反映出来，所以要分析故障产生的原因，就必须仔细观察换向火花的显现情况和运行时出现的其他异常情况，通过认真的分析，根据直流电机内部的基本规律和积累的经验做出判断，找到原因。直流电机的常见故障及其排除方法如表 2-3 所示。

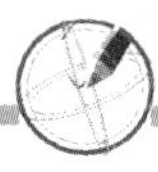

表 2-3　直流电机的常见故障及其排除方法

故障现象	故 障 原 因	排 除 方 法
电刷下火花过大	(1) 电刷与换向器接触不良； (2) 刷握松动或装置不正； (3) 电刷与刷握配合太紧； (4) 电刷压力大小不当或不匀； (5) 换向器表面不光洁、不圆或有污垢； (6) 换向片间云母凸出； (7) 电刷位置不在中性线上； (8) 电刷磨损过度，或所用牌号及尺寸不符； (9) 过载； (10) 电动机底脚松动，发生振动； (11) 换向极绕组短路； (12) 电枢绕组断路或电枢绕组与换向器脱焊； (13) 换向极绕组接反； (14) 电刷之间的电流分布不均匀； (15) 电刷分布不等分； (16) 电枢平衡未校好	(1) 研磨电刷接触面，并在轻载下运转 30～60min； (2) 紧固或纠正刷握装置； (3) 略微磨小电刷尺寸； (4) 用弹簧秤校正电刷压力，使其为 12～17kPa； (5) 清洁或研磨换向器表面； (6) 换向器刻槽、倒角、再研磨； (7) 调整刷杆座至原有记号的位置，或按感应法校得中性线位置； (8) 更换新电刷； (9) 恢复正常负载； (10) 固定底脚螺钉； (11) 检查换向极绕组，修理绝缘损坏处； (12) 查找断路部位，进行修复； (13) 检查换向极的极性，加以纠正； (14) ① 调整刷架等分； ② 按原牌号及尺寸更新电刷； (15) 校正电刷等分； (16) 重校转子动平衡；
电动机不能启动	(1) 无电源； (2) 过载； (3) 启动电流太小； (4) 电刷接触不良； (5) 励磁回路断路	(1) 检查线路是否完好，启动器连接是否准确，熔丝是否熔断； (2) 减少负载； (3) 检查所用启动器是否合适； (4) 检查刷握弹簧是否松弛或改善接触面； (5) 检查变阻器及磁场绕组是否断路，更换绕组
电动机转速不正常	(1) 电动机转速过高，且有剧烈火花； (2) 电刷不在正常位置； (3) 电枢及磁场绕组过热或烧毁； (4) 串励电动机轻载或空载运转； (5) 串励磁场绕组接反； (6) 磁场回路电阻过大	(1) 检查磁场绕组与启动器连接是否良好，是否接错，磁场绕组或调速器内部是否断路； (2) 根据所刻记号调整刷杆座位置； (3) 检查是否短路； (4) 增加负载； (5) 纠正接线； (6) 检查磁场变阻器和励磁绕组电阻，并检查接触是否良好
电枢冒烟	(1) 长时间过载； (2) 换向器或电枢短路； (3) 负载短路； (4) 电动机端电压过低； (5) 电动机直接启动或反向运转过于频繁； (6) 定、转子相擦	(1) 立即恢复正常负载； (2) 查找短路的部位，进行修复； (3) 检查线路是否有短路； (4) 恢复电压至正常值； (5) 使用适当的启动器，避免频繁的反复运转； (6) 检查相擦的原因，进行修复
磁场线圈过热	(1) 并励磁场绕组部分短路； (2) 电机转速太低； (3) 电机端电压长期超过额定值	(1) 查找短路的部位，进行修复； (2) 提高转速至额定值； (3) 恢复端电压

（二）直流电机修理后的检查和试验

直流电机拆装、修理后，必须经检查和试验后才能使用。

1. 检修项目

检修后欲投入运行的电动机，所有的紧固元器件应拧紧，转子转动应灵活。此外还应检查下列项目。

（1）检查出线是否正确，接线是否与端子的标号一致，电动机内部的接线是否有碰触转动的部件。

（2）检查换向器的表面是否光滑、光洁，不得有毛刺、裂纹、裂痕等缺陷。换向片间的云母片不得高出换向器的表面，凹下深度为1～1.5mm。

（3）检查刷握。刷握应牢固而精确地固定在刷架上，各刷握之间的距离应相等，刷距偏差不超过1mm。

（4）检查刷握的下边缘与换向器表面的距离、电刷在刷握中装配的尺寸要求、电刷与换向片的吻合接触面积。

（5）电刷压力弹簧的压力。一般电机应为12～17kPa；经常受到冲击振动的电机应为20～40kPa。一般电机内各电刷的压力与其平均值的偏差不应超过10%。

（6）检查电机气隙的不均匀度。当气隙在3mm以下时，其最大容许偏差值不应超过其算术平均值的20%；当气隙在3mm以上时，偏差不应超过算术平均值的10% 。测量时可用塞尺在电枢的圆周上检测各磁极下的气隙，每次在电机的轴向两端测量。

2. 试验项目

1）绝缘电阻测试

对500V以下的电机，用500V的绝缘电阻表分别测各绕组对地及各绕组与绕组之间的绝缘电阻，其阻值应大于0.5MΩ。

2）绕组直流电阻的测量

采用直流双臂电桥来测量，每次应重复测量3次，取其算术平均值。测得的各绕组的直流电阻值，应与制造厂商或安装时最初测量的数据进行比较，相差不得超过2%。

3）确定电刷中性线

常采用的方法有以下3种。

（1）感应法。将毫伏表或检流计接到电枢相邻的两极下的电刷上，将励磁绕组经开关接至直流低压电源上。使电枢静止不动，接通或断开励磁电源时，毫伏表将会左右摆动，移动电刷位置直到触动时指针摆动最小，这便是电刷的中性线位置。

（2）正反转发电机法。将电机接成他励发电机运行，使输出电压接近额定值。保持电机的转速和励磁电流不变，使电机正转和反转，慢慢移动电刷位置，直到正转与反转的电枢输出电压相等，此时的电刷位置就是中性线位置。

（3）正反转电动机法。对于允许可逆运行的直流电机，在外加电压和励磁电流不变的情况下，使电动机正转和反转，慢慢移动电刷位置，直到正转与反转的转速相等，此时电刷的位置就是中性线位置。

4）耐压实验

在各绕组对地之间和各绕组之间，施加频率为50Hz的正弦交流电压。施加的电压值为：对1kW以下、额定电压不超过36V的电机，加500V＋2倍额定电压，历时1min不击穿为合格；对1kW以上、额定电压在36V以上的电动机，加1000V＋2倍额定电压，历时1min不击穿为合格。

5）空载试验

应在上述各项试验都合格的条件下进行。将电机接入电源和励磁，使其在空载下运行一段时间，观察各部位，看是否有过热现象、异常噪声、异常振动或出现火花等，初步鉴定电机的接线、装配和修理的质量是否合格。

6）负载试验

一般情况可以不进行此项试验。必要时可结合生产机械来进行。负载试验的目的是考验电动机在工作条件下的输出是否稳定。对于发电机主要是检查输出电压、电流是否合格；对电动机，主要是看转矩、转速等是否合格。同时，检查负载情况下各部位的温升、噪声、振动、换向及产生的火花等是否合格。

7）超速试验

超速试验的目的是考核电动机的机械强度及承受能力。一般在空载下进行，使电动机超速达120％的额定转速，历时2min，机械结构没有损坏及没有残余变形为合格。

五、 思考与练习

1. 一台直流电机，已知额定功率 $P_N = 10kW$，额定电压 $U_N = 230V$，额定转速 $n_N = 2\,850r/min$，额定功率 $\eta_N = 0.85$。求直流电机的额定电流 I_N 和额定负载时的输入功率 P_1。

2. 直流电机是如何旋转起来的？

3. 一台直流电机为什么既可做电动机运行，也可做发电机运行？

4. 什么叫固有机械特性？什么是人为机械特性？他励直流电机的固有机械特性和各种人为机械特性有何特点？

5. 他励直流电机的额定功率 $P_N = 10kW$，额定电压 $U_N = 220V$，额定转速 $n_N = 1\,500r/min$，额定电流 $I_N = 53.4A$，$R_a = 0.4\Omega$。求他励直流电机额定运行时的转速、理想空载转速，并画出机械特性曲线。

6. 已知他励直流电机的额定电压 $U_N = 220V$，额定电流 $I_N = 207.5A$，$R_a = 0.067\Omega$。求：①电动机直接启动时的启动电流 I_{st}；②如果限制启动电流为 $1.5\,I_N$，电枢回路应串入多大的限流电阻？

7. 他励直流电机的额定功率 $P_N = 7.5kW$，额定电压 $U_N = 110V$，额定转速 $n_N = 750r/min$，额定电流 $I_N = 85.2A$，$R_a = 0.13\Omega$。采用三级启动，最大启动电流为 $2I_N$，求各级启动电阻。

8. 直流电机为什么不能直接启动？如果直接启动会出现什么后果？

9. 直流电机有哪几种调速方法？各有何特点？

10. 一台他励直流电机的额定功率 $P_N = 30kW$，额定电压 $U_N = 220V$，额定转速 $n_N = 1\,000r/min$，额定电流 $I_N = 158.5A$，$R_a = 0.1\Omega$，$T_L = 0.8T_N$。求：①电动机的转速；②当电枢回路串入0.3Ω的电阻时电动机的转速；③电压降到188V时，降压瞬间的电枢电流和降压后的转速；④将励磁磁通减弱至80％额定磁通时电动机的转速。

11. 采用能耗制动和电压反接制动进行系统停车时，为什么要在电枢回路串入制动电阻？哪一种情况下串入的电阻大？为什么？

12. 实现倒拉反接制动和回馈制动的条件各是什么？

任务三　认识交流电机

一、三相异步电动机的结构及工作原理

异步电动机(又称感应电动机)特别是鼠笼式感应电动机，由于其结构简单、制造方便、运行可靠、价格低廉和效率高等优点，在工农业生产、交通运输业、国防工业及家用电器中得到广泛应用。异步电动机的不足之处是：启动性能和调速性能不如直流电机；功率因数较低，需要从电网吸收滞后的无功功率。但随着功率因数得以自动补偿、变频调速技术的迅速发展，三相异步电动机有取代直流电机的趋势。

(一) 异步电机的基本结构

异步电机包括两个主要部分，即固定不动的定子部分和旋转的转子部分。在定子和转子之间存在空气隙，简称气隙。下面以三相异步电机为例，简要地介绍异步电机的结构。

1. 定子

异步电机的定子部分包括定子铁心和定子绕组。

定子铁心是电机主磁路的一部分，由两边都涂有绝缘漆的厚度为 0.5mm 或 0.35mm 的硅钢片冲槽叠装而成。冲了槽的硅钢片称为定子冲片。冲片叠到设计的厚度后，将它压紧固定成形构成定子铁心，如图 2.64 所示。定子槽的形状多种多样，有如图 2.65(a)所示的半闭口槽，用于小型电机中，线圈由圆形截面的导体绕成，逐匝地嵌入槽中；也有如图 2.65(b)所示的半开口槽，用于中型电机；还有如图 2.65(c)所示的开口槽，多用于大型电机，线圈为预制好的成形元件，整体地嵌入槽中。

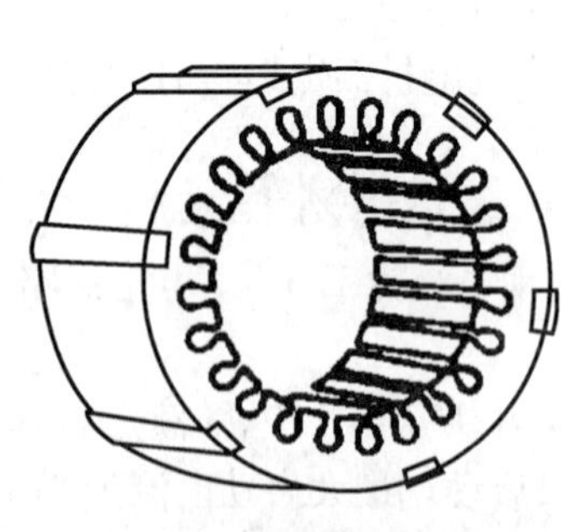

图 2.64　定子铁心

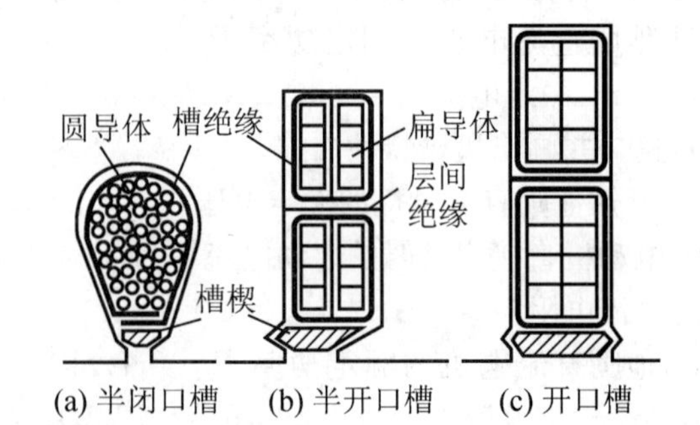

图 2.65　定子槽形

定子绕组构成了电机的电路部分，其作用为产生感应电动势，流过电流，实现机电能量的转换。定子绕组为三相对称交流绕组，联结方法将在第六章中介绍。其中用得最普遍的是双层叠绕组，容量小于 5kW 的小型电机中多采用单层交流绕组。

2. 转子

异步电机的转子也由转子铁心和转子绕组构成。与定子铁心相同，转子铁心也是主磁路

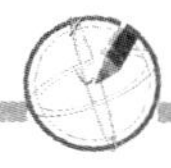

的一部分，同样由两边都涂有绝缘漆的厚度为 0.5mm 或 0.35mm 的硅钢片叠装而成。转子冲片外圆冲有许多均匀分布的槽，槽中嵌有转子绕组。转子绕组构成转子电路，其作用是感应电动势，流过电流，产生电磁转矩。异步电机的转子绕组可分为两大类：鼠笼式和绕线式。

（1）鼠笼式绕组。在转子铁心的每个槽中放置一根导条，导条的长度比铁心略长，使它能在铁心的两端都伸出一小段。然后用两个被称为端环的导电环将所有导条伸出铁心两端的部分都焊接在一起形成如图 2.66 所示的笼形，故称为鼠笼式绕组。在中小型异步电机中转子绕组大多采用铸铝转子，如图 2.67 所示。

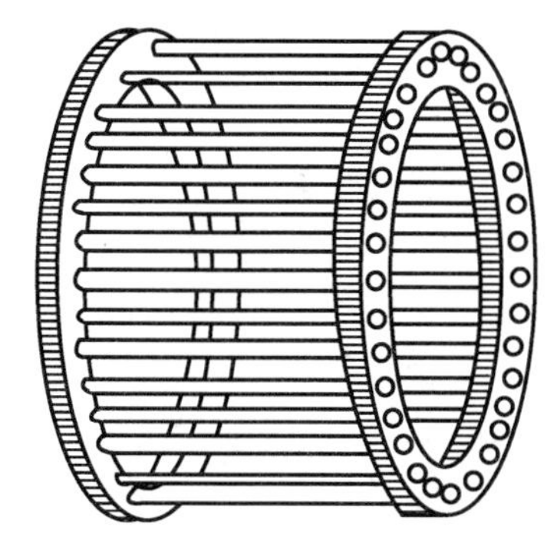

图 2.66 鼠笼式转子

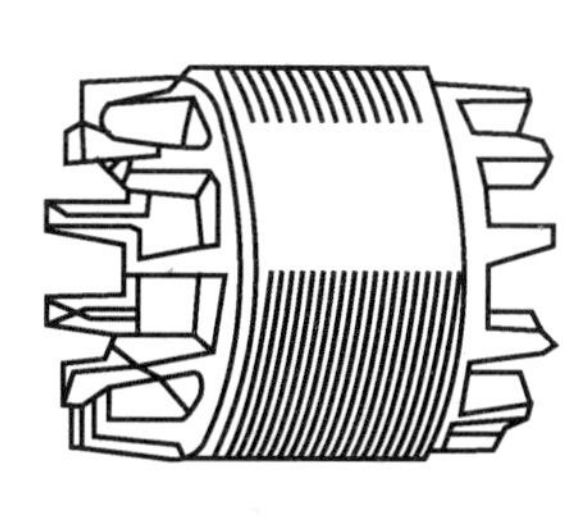

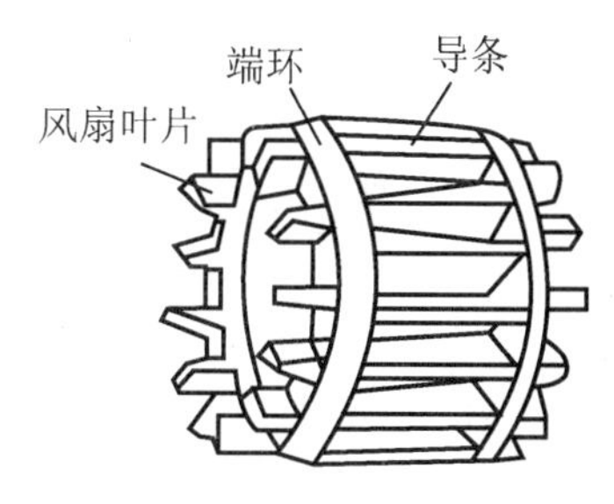

图 2.67 笼形铸铝转子

（2）绕线式转子。绕线转子异步电机的转子绕组是与定子绕组具有相同极数的三相对称绕组。将三相绕组接成Y形后，将其 3 个引出线分别接到装在同一轴上的 3 个集电环上，并由三相电刷分别与 3 个集电环相接触，如图 2.68 所示。通过电刷可以接通外部的变阻器，以改变转子的阻抗来调节电机的运行状态和特性。在电机不需要接外部的阻抗时，可用提刷装置将电刷提起以减少摩擦损耗及电刷的磨损，与此同时，将导电杆插入 3 个集电环之中使 3 个滑环短接起来。绕线转子异步电动机的总装图如图 2.69 所示。

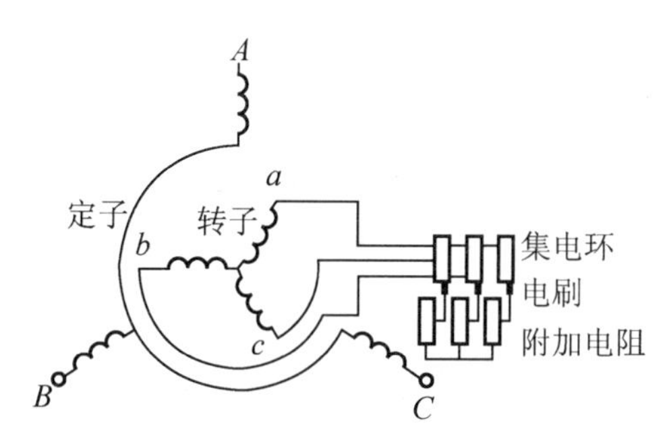

图 2.68 绕线转子异步电机转子绕组接线示意图

（3）气隙。异步电机定子和转子之间的气隙很小，一般只有 0.2～2mm。气隙的大小，对异步电机的运行性能影响很大。气隙大，由电网供给的励磁电流大，则功率因数低，为了提高电机的功率因数，气隙应尽可能小。但由于装配的要求及其他原因，气隙又不能过小。

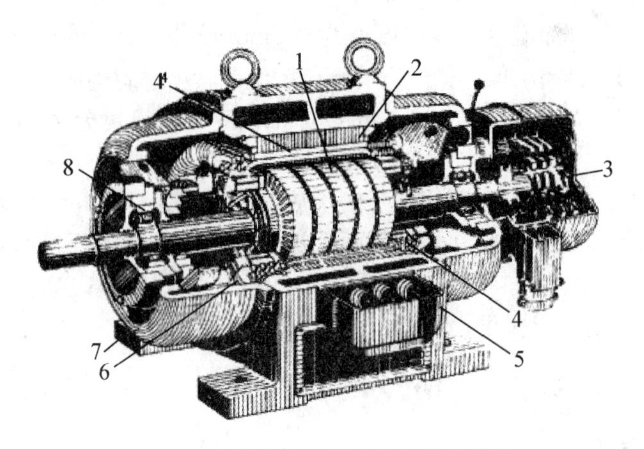

图 2.69　绕线转子异步电机的总装图

1—转子；2—定子；3—集电环；4—定子绕组；5—出线盒；6—转子绕组；7—端盖；8—轴承

(二) 异步电机的基本工作原理

1. 异步电机中电磁转矩的形成

当三相异步电动机的定子绕组接到三相对称交流电源时，定子绕组中流过三相对称电流。三相定子电流合成基波磁动势为一圆形旋转磁动势。其转速为

$$n_1=\frac{pf_1}{60} \tag{2.47}$$

此旋转磁动势将在电机中建立以同步转速旋转的磁场，这个旋转的气隙磁场用磁极 N 和 S 表示，且假设其转向为逆时针旋转，如图 2.70 所示。转子静止不动时，此旋转磁场将以同步转速切割转子绕组，在转子绕组中产生感应电动势，电动势的方向可以根据右手定则判断，如图 2.70 所示。由于转子绕组短路，故在转子绕组中将产生电流，其中电流的有功分量与电动势同相位，方向同电动势。载流导体在磁场中将受到电磁力作用，电磁力的方向由左手手则判断，如图 2.70 所示。此电磁力 f 将产生与旋转磁场方向相同的电磁转矩 T，使转子在克服了各种阻转矩之后，与旋转磁场同方向旋转。当转速上升至某一值，电磁转矩与转轴上的各种阻转矩之和相平衡时，电机将在此转速下稳定旋转。即使电动机空载，由于机械摩擦转矩和风摩转矩的存在，转子的转速也不可能达到同步转速，因为如果转子与磁场同步旋转，转子导体与磁场的相对转速为 0，感应电动势等于 0，电流、电磁转矩均等于 0。因此，异步电机稳定运行时，其转速与磁场的同步转速之间必须存在一定的转差转速，故此电机被称为异步电机。又由于其转子电流是靠电磁感应产生的，故又称为感应电机。

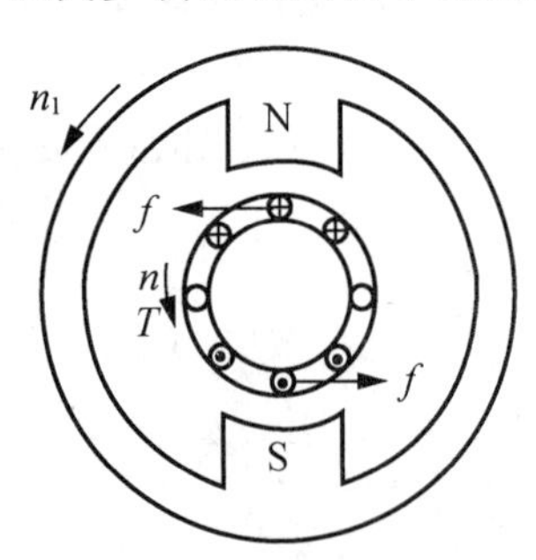

图 2.70　异步电机的工作原理

2. 转差率

如上所述，异步电机正常运行时，要使转子导体感应电动势，转子转速 n 不能等于磁场的转速 n_1，也就是必须存在转差转速或称为转差

$$\Delta n=n_1-n \tag{2.48}$$

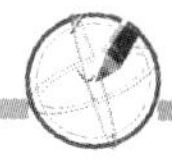

转差转速 Δn 与同步转速 n_1 之比称为异步电机的转差率，用 s 表示

$$s=\frac{n_1-n}{n_1} \tag{2.49}$$

转差率是异步电机运行中一个极其重要的参数，与电动机的负载大小及运行状态有着密切的关系。

3. 转差率与异步电机运行状态之间的关系

1）电动机状态

电动机状态($0<n<n_1$，$0<s<1$)如图 2.71(a)所示。此时转子导体切割磁场的方向，感应电动势及电流和电磁转矩的方向同上面分析。电磁转矩为驱动转矩，电机在电磁转矩的作用下克服负载转矩与磁场同方向旋转。电机从电网吸收电功率，从轴上输出机械功率，因此运行于电动机状态。

2）发电机状态

作为电动机运行的异步电机，靠其本身的电磁转矩是不可能使转速超过同步转速 n_1 的。但如果在轴上接上原动机将其转速带到 $n>n_1$，$s<0$，此时转子导体将沿相反方向切割气隙磁场，从而使导体的感应电动势的方向改变，转子电流及电磁转矩的方向也随之改变，如图 2.71(b)所示。电磁转矩变为制动转矩，此时原动机向异步电机输入机械功率。另一方面，由于转子电流改变，经磁动势平衡作用，定子电流也随之改变方向，变吸收电功率为输出电功率，故 $n>n_1$，$s<0$ 时，异步电机运行于发电机状态。

3）电磁制动状态

如果电动机所带负载的转矩很大，此时电机不仅不能带动负载，反而在负载转矩的作用下朝着相反的方向旋转。例如，在吊车起吊货物时，由于货物过重，电动机不仅不能将货物吊起来，反而由于货物的下掉而使电动机反转，转速变为负值，电磁转矩仍为制动转矩，如图 2.71(c)所示。此时电机一方面从电网吸收电功率，另一方面又从轴上吸收机械功率，故当 $n<0$，$s>1$ 时，异步电机运行于电磁制动状态。

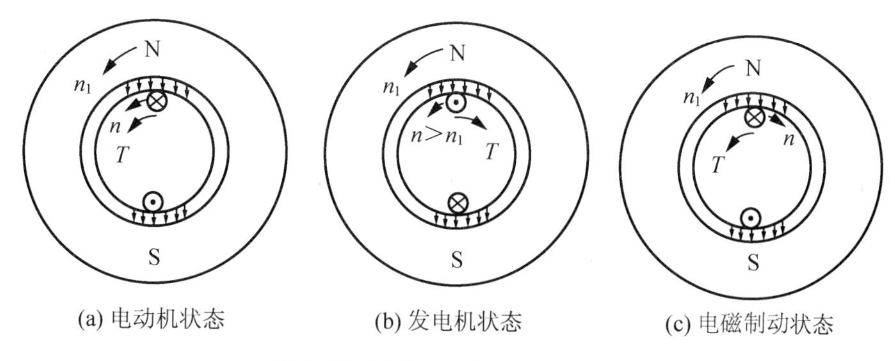

图 2.71 异步电机的 3 种运行状态

综上所述，可将转差率 s 在整个数轴上分成 3 段表示 3 种运行状态，如图 2.72 所示。

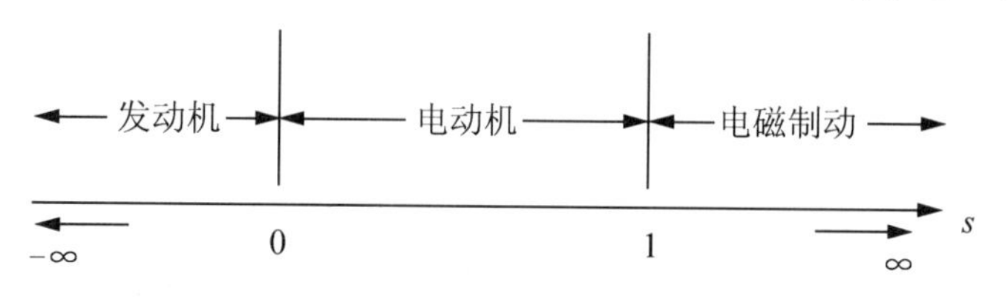

图 2.72 转差率与异步电机的运行状态

4. 三相异步电动机名牌数据

三相异步电动机的铭牌一般形式如下图 2.73 所示。

三相异步电动机			
型号：Y112M-4		编号	
4.0KW		8.8A	
380V	1440r/min	LW 82dB	
接法△	防护等级 IP44	50Hz	45kg
标准编号	工作制 SI	B级绝缘	2000年8月
中原电机厂			

图 2.73 三相异步电动机铭牌

1）型号

Y112M-4 中“Y”表示 Y 系列鼠笼异步电动机，“112”表示电机的中心高为 112mm，“M”表示中机座(L 表示长机座，S 表示短机座)，“4”表示 4 级电机。

有些电动机型号在机座代号后面还有一位数字，代表铁心号，如 Y132S2-2 型号中 S 后面的“2”表示 2 号铁心长(1 为 1 号铁心长)。

2）额定功率 P_N

电动机在额定状态下运行时，其轴上所能输出的机械功率称为额定功率。

3）额定转速 n_N

在额定状态下运行时的转速称为额定转速。

4）额定电压 U_N

额定电压是电动机在额定运行状态下，电动机定子绕组上应加的线电压值。Y 系列电动机的额定电压都是 380V。凡功率小于 3KW 的电机，其定子绕组均为星型联接，4KW 以上都是三角形联接。

5）额定电流 I_N

电动机加以额定电压，在其轴上输出额定功率时，定子从电源取用的线电流值称为额定电流。

6）防护等级

指防止人体接触电机转动部分、电机内带电体和防止固体异物进入电机内的防护等级。

防护标志 IP44 定义：

IP——特征字母，为“国际防护”的缩写；

44——4 级防固体(防止大于 1mm 固体进入电机)；4 级防水(任何方向溅水应无害影响)。

7）LW 值

LW 值指电动机的总噪声等级。LW 值越小表示电动机运行的噪声越低。噪声单位为 dB。

8）工作制

指电动机的运行方式。一般分为“连续”(代号为 S1)、“短时”(代号为 S2)、“断续”(代号为 S3)。

9）额定频率

电动机在额定运行状态下，定子绕组所接电源的频率，叫额定频率。我国规定的额定

频率为 50HZ。

10）接法

表示电动机在额定电压下，定子绕组的连接方式(星型联接和三角形联接)。当电压不变时，如将星型联接接为三角形联接，线圈的电压为原线圈的$\sqrt{3}$倍，这样电机线圈的电流过大而发热。如果把三角形联接的电机改为星型联接，电机线圈的电压为原线圈的 $1/\sqrt{3}$ 倍，电动机的输出功率就会降低。

二、 三相异步电动机的机械特性与分类

（一）三相异步电动机的机械特性

三相异步电动机的机械特性是反应电磁转矩与转速的关系特性曲线，是异步电动机控制的基础。由于异步电动机的转差率与转速有着固定关系，所以常常将电磁转矩与转差的关系称为机械特性。

三相异步电动机的机械特性是指加在定子绕组上的电压和频率为常数时，电动机转子转速 n 与电磁转矩 T 之间的关系。

1. 机械特性表达式

1）物理表达式

由于三相异步电动机的电磁转矩是由转子电流与旋转磁场相互作用而产生的，所以，电磁转矩的大小与磁通量的大小及转子电流的有功分量成正比，即

$$T = C_T \Phi_m I_2 \cos\varphi_2$$

式中，T 为电磁转矩；C_T 为电磁转矩常数，$I_2\cos\varphi_2$ 为转子电流的有功分量，Φ_m 为磁通量的最大值。

在上式中，I_2 和 $\cos\varphi_2$ 都随转差率 s 而变化，因此电磁转矩也随转差率而变化。

2）参数表达式

电磁功率为

$$P_{em} = 3I_1^2 \frac{R'_2}{s}$$

定子电流为

$$I_1 = \frac{U_1}{\sqrt{\left(R_1 + \frac{R'_2}{s}\right)^2 + (X_1 + X'_2)^2}}$$

定子角速度为

$$\Omega_1 = \frac{2\pi f_1}{p}$$

故电磁转矩为

$$T = \frac{P_{em}}{\Omega_1} = \frac{3I_1^2 \frac{R'_2}{s}}{\Omega_1}$$

代入 I_1 和 Ω_1 得

$$T = \frac{3pU_1^2 \frac{R'_2}{s}}{2\pi f_1 \left[\left(R_1 + \frac{R'_2}{s} \right) + (X_1 + X'_2)^2 \right]}$$

式中：P_{em}为电磁功率；T 为电磁转矩；Ω_1 为定子角速度；R'_2 为转子回路等效电阻；s 为转差率；R_1 、X_1 为定子回路的电阻和电抗；R'_2 、X'_2 为转子回路的电阻和电抗；P 为磁极对数；U_1 为定子绕组所加的电源电压；f_1 为交流电源的频率。

3）实用表达式

三相异步电动机机械特性的实用表达式为

$$T = \frac{2T_m}{\frac{s}{s_m} + \frac{s_m}{s}}$$

式中，T_m 为电磁转矩；s_m 为临界转差率。

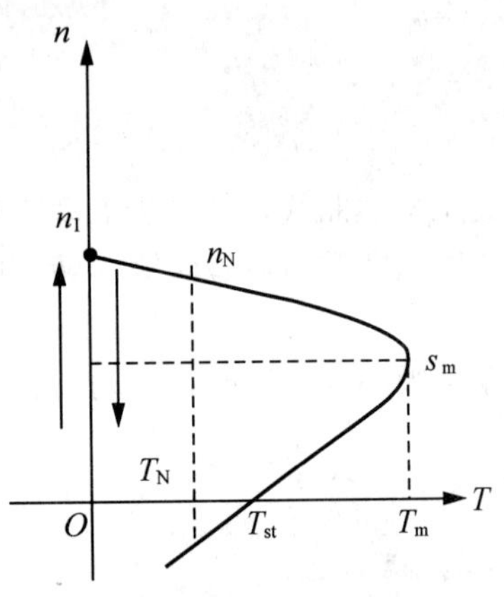

图 2.74 机械特性曲线

2. 特性曲线

三相异步电动机的机械特性曲线如图 2.74 所示。

由 3 个坐标点可画出三相异步电动机的机械特性曲线，3 个坐标点分别是(T_{st}，0)，(T_m，s_m)和(0，n_1)。

在机械曲线中，最大转矩 T_m 与额定转矩 T_N 的比值称为电动机的过载能力，用 λ_T 表示，一般三相异步电动机的过载系数 $\lambda_T=1.6\sim2.2$。起重和冶金专用笼形电动机的过载系数 $\lambda_T=2.2\sim2.8$。

T_{st}为启动转矩，表示电动机的带载启动能力，一般用 K_T 表示，一般笼形电动机 $K_T=1.0\sim2.0$。起重和冶金专用笼形电动机 $K_T=2.8\sim4.0$。

（二）机械特性分类

1. 固有特性

在三相异步电动机的特性曲线中，当定子绕组工作在额定电压、额定频率，转子绕组没有外接附加电阻时，所得到的机械特性曲线称为固有机械特性，如图 2.75 所示。

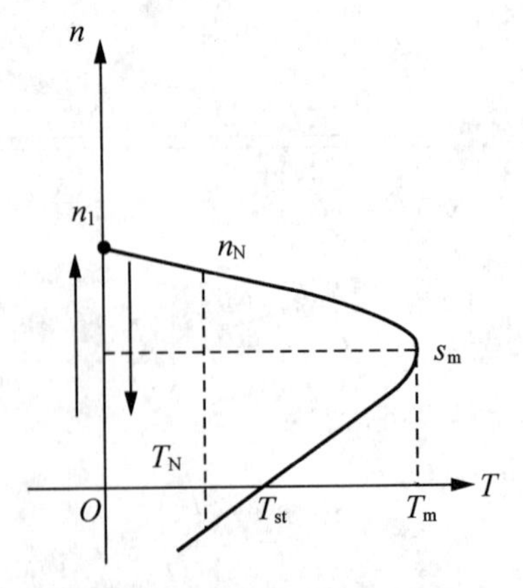

图 2.75 三相交流异步电动机的固有机械特性

2. 人为机械特性

通过人为地改变电动机的相应参数而得到的机械特性曲线称为人为机械特性曲线。

1）定子绕组降压的人为机械特性

从机械特性参数方程可知：最大电磁转矩、启动转矩与定子电压的平方成正比。而临界转差率与定子电压无关。定子绕组降压的人为机械特性如图 2.76 所示。

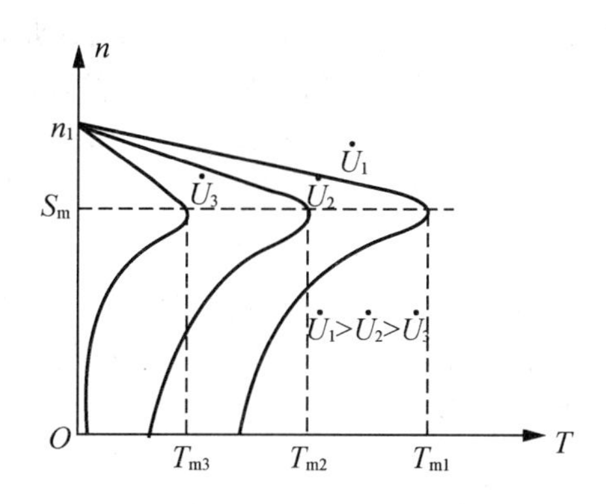

图 2.76 定子绕组降压的人为机械特性

2）转子绕组串电阻的人为机械特性

通过在绕线转子三相异步电动机转子回路串入电阻就可改变其特性，如图 2.77 所示。其特征：最大转矩不变，随着转子电阻的增加，其临界转差率增大，特性曲线变软。

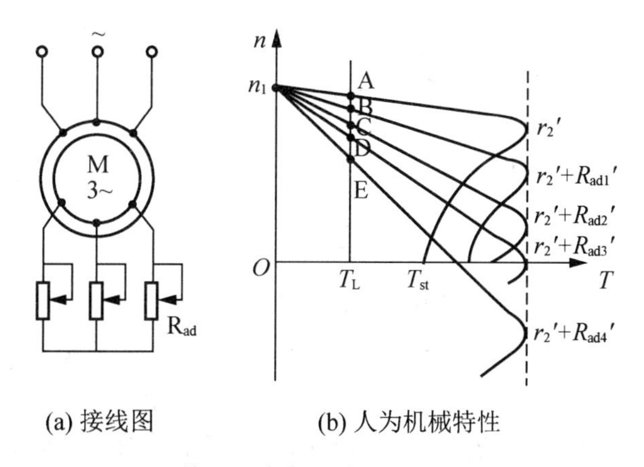

(a) 接线图　　(b) 人为机械特性

图 2.77 转子回路串入对称电阻人为机械特性

三、 三相异步电动机的启动

（一）直接启动

当异步电动机投入电网时，电动机从静止状态开始旋转，然后升速到达稳定运行的转速，这个过程称为启动过程，简称启动。和直流电机一样，对异步电动机启动的基本要求主要有：有足够大的启动转矩，启动电流限制在允许范围内。此外，启动时间要满足生产机械要求，启动设备要简单、经济、可靠。异步电动机的启动性能主要用启动电流倍数 K_I 和启动转矩倍数 K_T 等几项指标来描述。启动电流倍数 K_I 和启动转矩倍数 K_T 的定义

分别为

$$K_{\mathrm{I}}=\frac{I_{\mathrm{st}}}{I_{\mathrm{N}}} \tag{2.50}$$

$$K_{\mathrm{T}}=\frac{T_{\mathrm{st}}}{T_{\mathrm{N}}} \tag{2.51}$$

式中，I_{st}为启动电流；T_{st}为启动转矩。要满足启动要求，一般情况下 $K_{\mathrm{T}}\geqslant 1.1$。在选择电机的启动方法时，必须校核启动电流和启动转矩是否同时满足启动要求。

异步电动机在启动时，电网对异步电动机的要求与负载对它的要求往往是矛盾的。电网从减少它所承受的冲击电流出发，要求异步电动机启动电流尽可能小；但太小的启动电流所产生的启动转矩又不足以启动负载。而负载要求启动转矩尽可能大，以缩短启动时间；但大的启动转矩伴随着大的启动电流，有可能不为电网所接受。

直接启动就是用刀开关或接触器把电动机的定子绕组直接接到额定电压的电网上。直接启动的优点是操作和启动设备都很简单，缺点是启动电流很大。图 2.78 为三相异步电动机直接启动时的固有机械特性和电流特性。从图中可以发现，三相异步电动机启动时，启动电流很大，而启动转矩并不大。这是因为：在额定电压下直接启动三相异步电动机时，转子转速等于 0，根据 T 形等效电路，绕组反电动势约是定子端电压的一半，最初启动瞬间主磁通 Φ_{mst}约减少到额定值的一半；功率因数 $\cos\varphi_{2\mathrm{st}}=\dfrac{r_2}{\sqrt{r_2^2+x_2^2}}$，$r_2$ 比 x_2 小很多，根据 $T_{\mathrm{st}}=C_{\mathrm{m}}\Phi_{\mathrm{mst}}I_{2\mathrm{st}}\cos\varphi_{2\mathrm{st}}$，造成 $\cos\varphi_{2\mathrm{st}}$很低，所以启动电流很大而启动转矩并不大。

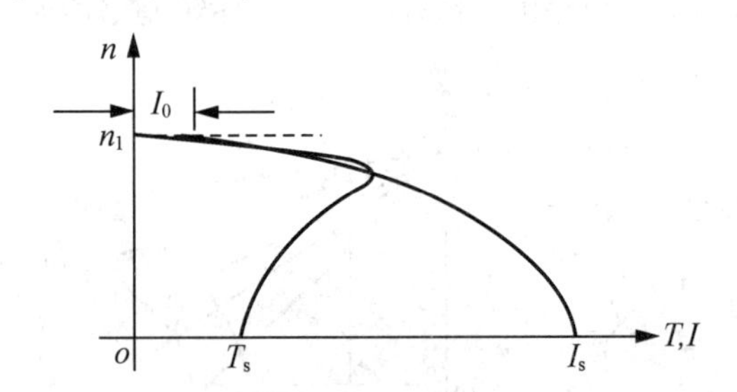

图 2.78　直接启动电流特性与固有机械特性曲线

异步电动机启动时，较大的启动电流会造成一些不良影响，主要有以下 3 个方面。

(1) 对电源和其他负载的影响。整个交流电网的容量相对于单台异步电动机来说是非常大的，但是直接供电的变压器容量却是有限的。异步电动机启动时，供电变压器提供较大的启动电流，会使供电变压器输出电压下降。如果变压器额定容量相对于电动机额定功率大得多，电动机的启动电流不会使变压器输出电压下降太多，此时对电源和其他负载的影响可以忽略不计。如果变压器的额定容量相对不够大，电动机较大的启动电流会使变压器输出电压在短时间内降幅较大而超过正常规定值。例如，短时间使电压下降大于10%或更大。电压短时间内下降会影响到接在同一台配电变压器的其他负载，如其他运行着的异步电动机可能会过载，甚至停转，照明灯会突然变暗等，显然这是不允许的。所以，当供电变压器额定容量相对于电动机额定功率不是足够大时，三相异步电动机不允许在额定电压下直接启动，需要采取措施减小启动电流。

(2) 对电动机本身的影响。电动机较大启动电流引起电压下降，对电动机本身也会有不良影响。因电压太低，会使电动机启动转矩下降很多，当负载较重时，电动机可能无法

启动。通常，异步电动机启动过程时间很短。从发热角度看，电动机本身可以承受短时间过大的电流；但是对于频繁启动的异步电动机，过大的启动电流会使电动机内部过热，导致电机温升过高。

(3) 电动机启动瞬间对负载会造成一定的机械冲击。

启动电流和启动转矩的大小为

$$\left.\begin{aligned} I_{1\mathrm{st}} &\approx I'_{2\mathrm{st}}=\frac{U_1}{\sqrt{(R_1+R'_2)^2+(X_1+X'_2)^2}} \\ T_{\mathrm{st}} &=\frac{3pU_1^2R'_2}{\sqrt{2\pi f_1[(R_1+R'_2)^2+(X_1+X'_2)^2]}} \end{aligned}\right\} \tag{2.52}$$

从上式可以看出，降低启动电流的方法有：降低电源电压；加大定子边电阻或电抗；加大转子边电阻或电抗。增大启动转矩的方法只有适当加大转子电阻，但不能过分，否则启动转矩反而可能减小。

由以上分析可知，在供电变压器容量较大、电动机容量较小时，三相异步电动机可以直接启动。通常，7.5kW 以下的小容量异步电动机都可以直接启动。

（二）三相笼形异步电动机的降压启动

当电网容量不够大而不能采用直接启动时，根据启动电流与端电压成正比的关系，可以采用降低电压的办法来减小启动电流，简称降压启动。但是，从式(2.52)中启动转矩的表达式可知，启动转矩与端电压的平方成正比，所以当定子绕组的端电压降低时，启动转矩也会减小。这说明降压启动只适用于对启动转矩要求不高的场合，如驱动离心泵、通风机等的电动机。常用的降压启动方法主要有定子串接电抗器启动、Y－△启动、自耦变压器降压启动和延边三角形启动(在此不做介绍)等。

1. 定子串接电抗器启动

三相异步电动机定子串电抗器降压启动的原理图如图 2.79 所示。电动机启动时，接触器 C_2 闭合、C_1 断开，电抗器 X 串入定子回路；启动完毕后，触点 C_1 闭合，把电抗器 X 切除，电动机进入正常运行状态。

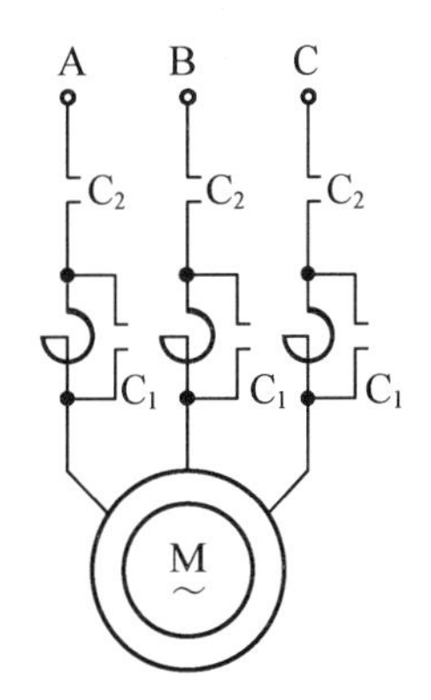

图 2.79　定子串接电抗器启动电路图

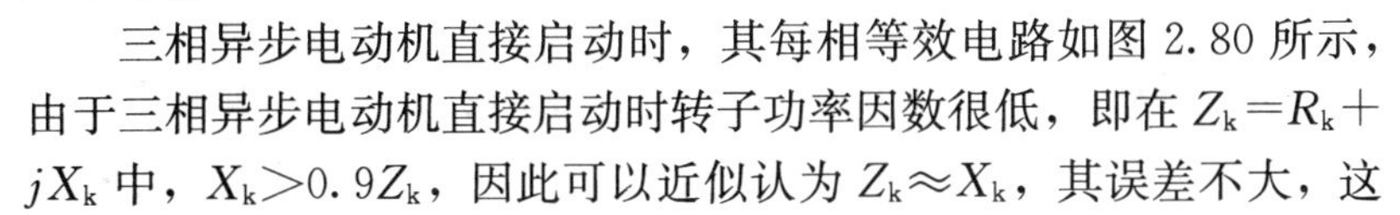

三相异步电动机直接启动时，其每相等效电路如图 2.80 所示，由于三相异步电动机直接启动时转子功率因数很低，即在 $Z_k=R_k+jX_k$ 中，$X_k>0.9Z_k$，因此可以近似认为 $Z_k\approx X_k$，其误差不大，这样就可以方便地把 Z_k 看成电抗性质，并可把它直接与 X 相加。设串电抗器时，电动机定子相电压与直接启动时相电压比值为 u，则有

$$\frac{U'_1}{U_1}=u=\frac{Z_k}{Z_k+X} \tag{2.53}$$

$$I_{1\mathrm{st}}=\frac{U'_1}{U_1}=u=\frac{Z_k}{Z_k+X} \tag{2.54}$$

$$\frac{T'_{\mathrm{st}}}{T_{\mathrm{st}}}=\left(\frac{U'_1}{U_1}\right)^2=u^2=\left(\frac{Z_k}{Z_k+X}\right)^2 \tag{2.55}$$

以上 3 式中，电流和电压均为相值，如不改变定子绕组的连接形式，同样适用于线

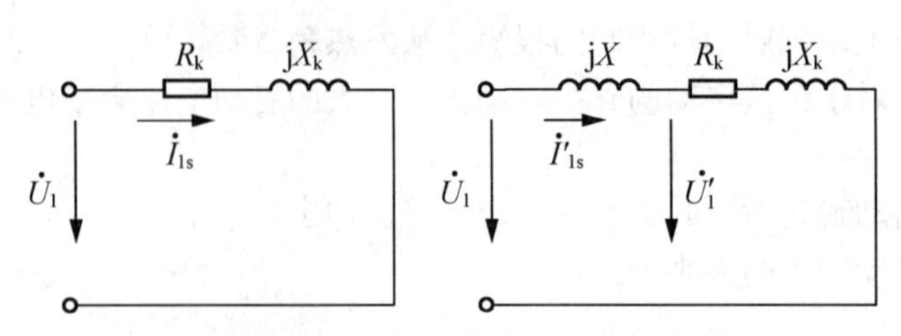

图 2.80　定子串接电抗器启动时的等效电路

值。三相异步电动机定子串接电抗器降压启动时，电动机线电压从 U_N 降到 U'，启动线电流从 I_{st} 降到 I'_{st}。这样，上面 3 式变为

$$\left.\begin{aligned}\frac{U'}{U_N}&=u=\frac{Z_k}{Z_k+X}\\\frac{I'_{st}}{I_{st}}&=u=\frac{Z_k}{Z_k+X}\\\frac{T'_{st}}{T_{st}}&=u^2=\left(\frac{Z_k}{Z_k+X}\right)^2\end{aligned}\right\}\tag{2.56}$$

显然，定子串电抗器启动降低了启动电流，但启动转矩降低得更多。因此，定子串接电抗器启动只能用于空载和轻载启动。

工程实际中，往往先给定线路允许的启动电流的大小 I'_{st}，再计算电抗 X 的大小。电抗 X 由下式确定

$$X=\frac{1-u}{u}Z_k\tag{2.57}$$

其中，短路阻抗为

$$Z_k=\frac{U_N}{\sqrt{3}I_{st}}=\frac{U_N}{\sqrt{3}K_I I_N}\quad(\text{Y连接})$$

$$Z_k=\sqrt{3}\frac{U_N}{I_{st}}=\sqrt{3}\frac{U_N}{K_I I_N}\quad(\triangle\text{连接})$$

确定了串接电抗器的数值之后，就需要设计电抗器的匝数并选择导线的线径。电抗器的匝数可以根据如下两式确定：

$$X=\omega L$$

$$L=N^2\Lambda_m$$

式中，L 为线圈的自感；N 为线圈匝数；Λ_m 为自感磁通所经磁路的磁导率。根据启动电流和电流密度可以计算出导线截面积，再查导线规格表选取导线的线径。在确定了匝数和导线的线径之后，即可绕制电抗器。

若将定子回路串接的电抗器换成电阻，即定子回路串电阻启动，也属于降压启动，能够降低启动电流。但由于外串电阻上有较大的有功功率损耗，特别对中大型异步电动机很不经济，因此这里不做讨论。

例 2.6　一台笼形三相异步电动机的有关数据为 $P_N=60\text{kW}$，$U_N=380\text{V}$，$I_N=136\text{A}$，$K_I=6.5$，$K_T=1.1$，供电变压器限制该电动机最大启动电流为 500A。

(1) 若空载启动，定子串电抗器启动，每相串入的电抗至少应是多大？

(2) 若拖动 $T_L=0.3T_N$ 恒转矩负载，可不可以采用定子串电抗器方法启动？若可以，计算每相串入的电抗值的范围。

解：(1) 直接启动的启动电流为

$$I_{st}=K_I I_N=6.5\times136=884(\mathrm{A})$$

串电抗(最小值)时的启动电流与 I_{st} 的比值为

$$u=\frac{I'_{st}}{I_{st}}=\frac{500}{884}\approx0.566$$

短路阻抗为

$$Z_k=\frac{U_N}{\sqrt{3}I_{st}}=\frac{380}{\sqrt{3}\times884}\approx0.248(\Omega)$$

根据式(2.57)，每相串入电抗的最小值为

$$X=\frac{1-u}{u}Z_k\approx\frac{(1-0.566)\times0.248}{0.566}\approx0.19(\Omega)$$

(2) 串电抗启动时，最小启动转矩为

$$T'_{st}=1.1T_L=1.1\times0.3T_N=0.33T_N$$

启动转矩与直接启动转矩的比值为

$$\frac{T'_{st}}{T_{st}}=\frac{0.33T_N}{K_T T_N}=\frac{0.33}{1.1}=0.3=u_1^2$$

串电抗器启动电流与直接启动电流的比值为

$$\frac{I'_{st1}}{I_{st}}=u_1=\sqrt{0.3}\approx0.548$$

启动电流为

$$I'_{st1}=u_1 I_{st}\approx0.548\times884\approx484.4(\mathrm{A})<500\mathrm{A}$$

因此，可以串电抗启动。每相串入的电抗最大值为

$$X_1=\frac{1-\mu_1}{\mu_1}Z_k\approx\frac{(1-0.548)\times0.248}{0.548}\approx0.205(\Omega)$$

每相串入的电抗最小值为 $X=0.19\Omega$ 时，启动转矩 $T'_s=u^2K_T T_N=0.352T_N>T'_{s1}$，因此电抗值的范围即为 0.19～0.205Ω。

2. Y－△启动

对于运行时定子绕组接成△形的三相笼形异步电动机，为了减小启动电流，可以采用Y－△降压启动方法。启动时电动机定子绕组接成Y接，启动后改接成△接，其接线如图 2.81 所示。启动开始时，接触器触点 C_1 和 C_2 闭合，电动机定子绕组接成Y接，待转速升高到一定程度后，接触器触点 C_2 断开，触点 C_3 闭合，定子绕组改成△接，电动机进入正常运行状态。

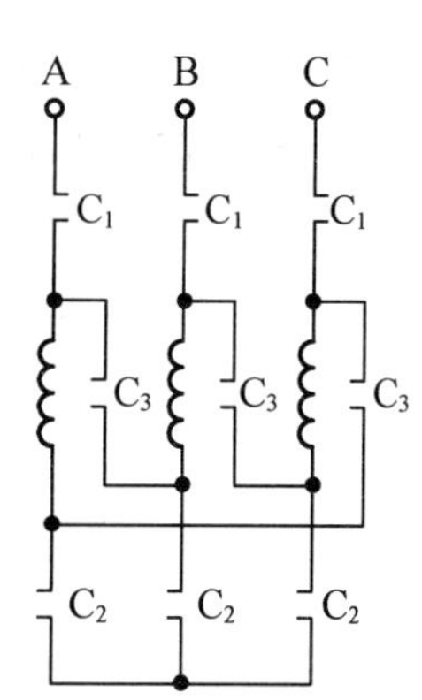

图 2.81 Y－△启动接线图

电动机直接启动时，定子绕组△接，如图 2.82(a)所示，假定此时每相启动电流为 $I_\triangle$，而电动机Y接启动时每相启动电流为 I_Y，每相启动电压为 U'_1，则有

$$\frac{I_Y}{I_\triangle}=\frac{U'_1}{U_N}=\frac{U_N/\sqrt{3}}{U_N}=\frac{1}{\sqrt{3}}$$

根据图 2.82(b)，Y接和△接时启动线电流的比值为

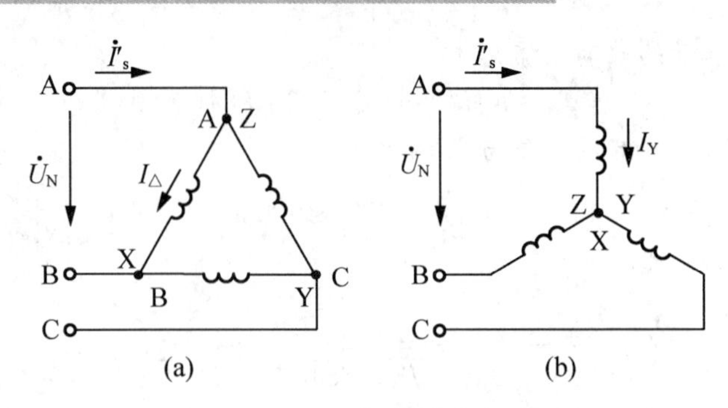

图 2.82　Y－△启动的启动电流

$$\frac{I'_s}{I_s}=\frac{\frac{1}{\sqrt{3}}I_\triangle}{\sqrt{3}I_\triangle}=\frac{1}{3} \tag{2.58}$$

上式说明，Y－△启动时，尽管相电压和相电流与直接启动时相比降低到原来的 $1/\sqrt{3}$，但是，对供电变压器造成冲击的启动电流则降低到直接启动时的 1/3。

若直接启动时启动转矩为 T_s，Y－△启动时启动转矩为 T'_s，则

$$\frac{T'_s}{T_s}=\left(\frac{U'_1}{U_1}\right)^2=\frac{1}{3} \tag{2.59}$$

式(2.58)与式(2.59)表明，启动转矩与启动电流降低的倍数一样，都是直接启动的1/3。

Y－△启动方法简单，只需一个Y－△转换开关(做成Y－△启动器)，价格便宜，在轻载启动条件下应该优先采用。为了实现Y－△启动，电动机定子绕组三相共 6 个出线端都要引出来。

3. 自耦变压器降压启动

三相笼形异步电动机采用自耦变压器降压启动，其原理图如图 2.83 所示。启动时，触点 C_1 闭合，定子绕组通过自耦变压器接到三相电源上，待电动机的转速升高到一定程度后，触点 C_1 断开而触点 C_2 闭合，自耦变压器切除，电动机定子绕组直接接到三相电源上，电动机进入正常运行状态。

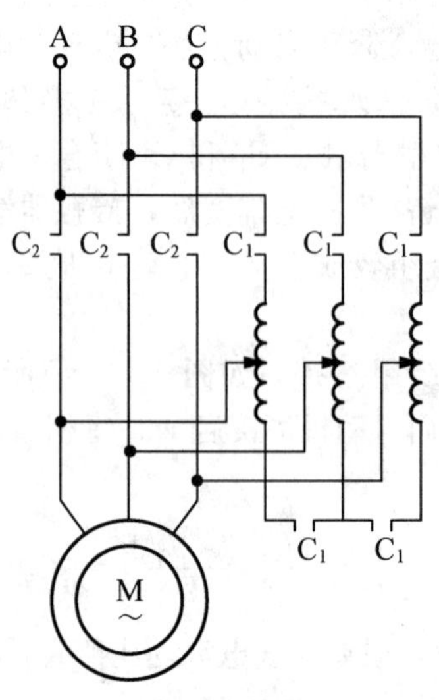

图 2.83　自耦变压器降压启动原理图

自耦变压器启动器，又称启动补偿器或自耦减压启动器。自耦变压器连接时，高压边接电源，低压边接电动机，其一相电路如图 2.84 所示。

降压启动与直接启动相比，供电变压器提供启动电流的关系为

$$\frac{I_s'}{I_s}=\left(\frac{N_2}{N_1}\right)^2 \qquad (2.60)$$

自耦变压器降压启动时电机的启动转矩 T_s' 与直接启动时启动转矩 T_s 之间的关系为

$$\frac{T_s'}{T_s}=\left(\frac{U'}{U_N}\right)^2=\left(\frac{N_2}{N_1}\right)^2 \qquad (2.61)$$

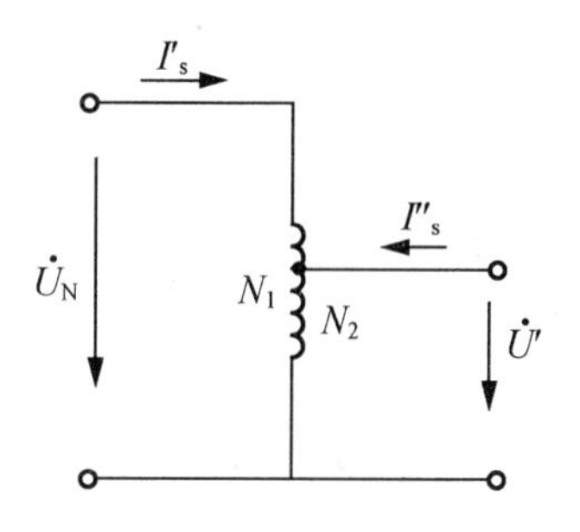

图 2.84 自耦变压器降压启动的一相电路

式(2.60)和式(2.61)表明，采用自耦变压器降压启动时，与直接启动相比较，电压降低到原来的 $\frac{N_2}{N_1}$，启动电流与启动转矩降低到原来的 $\left(\frac{N_2}{N_1}\right)^2$。

实际上，启动用的自耦变压器备有几个抽头供选用。例如，QJ2 型有 3 个抽头，分别为 55%(即 $N_2/N_1=55\%$)、64%、73%(出厂时接在 73%抽头上)；QJ3 型也有 3 个抽头，分别为 40%、60%、80%(出厂时接在 60%抽头上)。

自耦变压器降压启动与定子串电抗启动相比，当限定的启动电流相同时，启动转矩损失的较少；与Y—△启动相比，有几种抽头供选用，比较灵活，并且 N_2/N_1 较大时，可以拖动较大的负载启动。但是自耦变压器体积大、价格高，也不能带重负载启动。自耦变压器降压启动在较大容量笼形异步电动机中被广泛应用。

例 2.7 有一台笼形三相异步电动机 $P_N=28\text{kW}$，△接，$U_N=380\text{V}$，$I_N=58\text{A}$，$\cos\varphi_N=0.88$，$n_N=1455\text{r/min}$，启动电流倍数 $K_I=6$，启动转矩倍数 $K_T=1.1$，过载倍数 $\lambda=2.3$，供电变压器要求启动电流≤150A，负载启动转矩为 73.5N·m。请选择一个合适的降压启动方法，写出必要的计算数据(若采用自耦变压器降压启动，抽头有 55%、64%、73%这 3 种，需算出用哪个抽头；若采用定子串电抗启动，需算出电抗的具体数值；能用时，不用其他方法)。

解：电动机额定转矩

$$T_N=9550\frac{P_N}{n_N}=9550\times\frac{28}{1455}\approx183.78(\text{N}\cdot\text{m})$$

正常启动要求启动转矩不小于 T_{s1}，而

$$T_{s1}=1.1T_L=1.1\times73.5=80.85(\text{N}\cdot\text{m})$$

(1) 校核是否能够采用Y—△启动方法。Y—△启动时的启动电流为

$$I_s'=\frac{1}{3}I_s=\frac{1}{3}\times6\times58=116(\text{A})$$

$$I_s'<I_{s1}=150\text{A}$$

Y—△启动时的启动转矩为

$$T_s'=\frac{1}{3}T_s\approx\frac{1}{3}\times1.1\times183.78\approx67.39(\text{N}\cdot\text{m})$$

$T_s'<T_{s1}$，故不能采用Y—△启动。

(2) 校核是否能够采用串电抗启动方法。限定的最大启动电流 $I_{s1}=150\text{A}$，则串电抗启动最大启动转矩为

$$T_s''=\left(\frac{I_{s1}}{I_s}\right)^2 T_s=\left(\frac{150}{6\times 58}\right)^2\times 1.1\times 183.78\approx 37.6(\text{N}\cdot\text{m})$$

$T_s'<T_{s1}$，故不能采用串电抗降压启动。

(3) 校核是否能够采用自耦变压器降压启动方法。抽头为55%时，启动电流与启动转矩分别为

$$I_{s1}'=0.55^2 I_s=0.55^2\times 6\times 58=105.27(\text{A})<I_{s1}$$

$$I_{s1}'=0.55^2 T_s=0.55^2\times 1.1\times 183.78\approx 61.15(\text{N}\cdot\text{m})<T_{s1}$$

故不能采用。

抽头为64%时，启动电流与启动转矩分别为

$$I_{s2}'=0.64^2 I_s=0.64^2\times 6\times 58\approx 142.5(\text{A})<I_{s1}$$

$$T_{s2}'=0.64^2 T_s=0.64^2\times 1.1\times 183.78\approx 82.80(\text{N}\cdot\text{m})<T_{s1}$$

可以采用64%的抽头。

抽头为73%时，启动电流为

$$I_{s3}'=0.73^2 I_s=0.73^2\times 6\times 58\approx 185.45(\text{A})<I_{s1}$$

不能采用，启动转矩不必计算。

(三) 三相绕线式异步电动机转子串电阻启动

对于大、中型容量电动机，当需要重载启动时，不仅要限制启动电流，而且要有足够大的启动转矩。为此选用三相绕线转子异步电动机，并在其转子回路中串入三相对称电阻或频敏变阻器来改善启动性能。

图2.85为绕线转子异步电动机转子串电阻启动原理图和启动特性图。启动时，合上电源开关Q，三个接触器的触头KM1、KM2、KM3都处于断开状态，电动机转子串入全部电阻 $R_{st1}+R_{st1}+R_{st1}$ 启动，对应于人为机械特性曲线0上的 a 点，电动机转速沿曲线0上升，T_{st1} 下降，到达 b 点，接触器KM1触头闭合，将电阻1R切除，电动机切换到人为

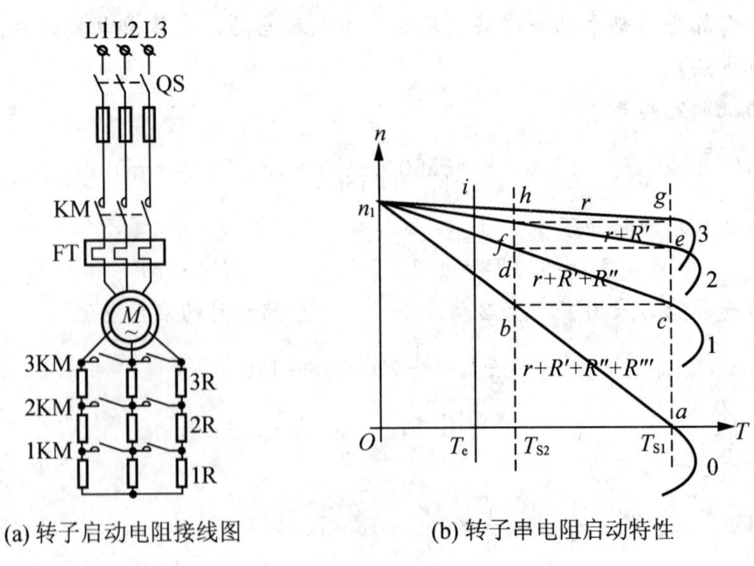

(a) 转子启动电阻接线图　　(b) 转子串电阻启动特性

图2.85　绕线转子异步电动机转子串电阻启动

机械特性曲线 1 上的 c 点，并沿特性曲线 1 上升，这样，逐段切除转子电阻，电动机启动转矩始终在 T_{st1} 和 T_{st2} 之间变化，直至在固有机械特性曲线的 h 点，电动机稳定运行。为保证启动过程平衡快速，一般 $T_{st1}=$（1.5～2）T_N，$T_{st2}=$（1.1～1.2）T_N。

四、 三相异步电动机的调速

从前面的章节已经知道，直流电机具有良好的调速性能。但是，直流电机价格高、结构复杂、容易出现故障，且难以满足大容量、高转速、高电压的要求。与此相反，三相异步电动机具有结构简单、价格低廉、运行可靠、维护方便等特点。近 20 年来，随着电力电子技术、微电子技术、检测技术、计算机技术及自动控制技术的飞速发展，交流调速技术日趋完善。常规直流调速场合均能改为交流调速，大容量、高转速、高电压及环境十分恶劣的场所，更需要使用交流调速，因此交流调速大有取代直流调速的趋势。

根据异步电动机的转速表达式

$$n=n_1(1-s)=\frac{60f_1}{p}(1-s) \tag{2.62}$$

可以看出，三相异步电动机的调速方法很多，主要包括以下两种。

（1）改变转差率 s 调速：包括改变电动机定子电源电压、绕线转子异步电动机转子回路串电阻、利用转差离合器、串级调速双馈调速(适用于绕线转子异步电动机)等。

（2）改变旋转磁场的同步转速调速：包括改变定子绕组的极对数(适用于笼形异步电动机)和改变供电电源频率。

（一）调速的技术指标

1. 调速范围

调速范围是指电动机在额定负载时(电动机的电枢电流保持在额定值不变)，允许达到的最高转速与最低转速之比，即

$$D=\frac{n_{max}}{n_{min}}$$

2. 调速的平滑性

通常用电动机的两个相邻调速级的转速之比来衡量调速的平滑性。

$$k=\frac{n_i}{n_{i-1}}$$

式中，k 为平滑系数，k 越小，平滑性越好，当为无级调速时，$k=1$；n_i 为上一级调速转速；n_{i-1} 为相邻下一级调速转速。

3. 调速的稳定性

调速的稳定性是指负载转矩发生变化时，电动机的转速随之变化的程度，工程上通常用静差度来衡量。它是指电动机运行于某一机械特性上时由空载增至满载时的转速降对理想空载转速之比，即

$$\sigma\%=\frac{\Delta n_N}{n_1}\times100\%=\frac{n_1-n_N}{n_1}\times100\%$$

4. 调速的经济性

调速的经济性主要由调速设备的投资，电动机运行时的能量损耗来决定。

5. 调速时电动机的允许输出

它指电动机得到充分利用的情况下，在调速过程中所能输出的功率和转矩。

(二) 变极调速

改变极对数，就可改变三相异步电动机同步转速，从而达到调速的目的。变极常用的方法是通过改变定子绕组的接法，从而改变绕组电流的方向，达到改变极对数的目的。

变极电动机多采用笼形电机，转子极数会随着定子极数的改变而改变。如图 2.86 所示，此时，两组绕组为正向串联，磁极对数 $p=2(2p=4)$。

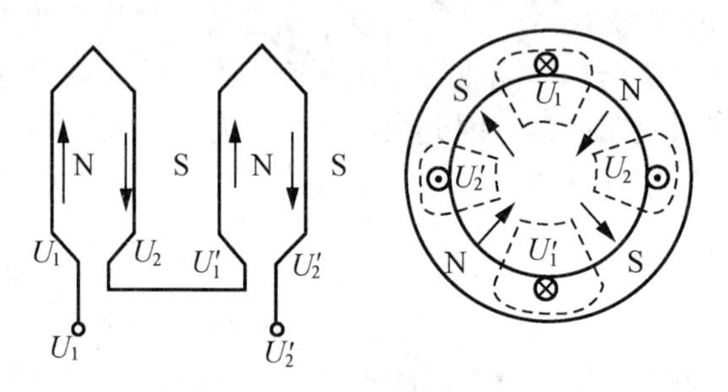

图 2.86　两组绕组为正向串联时变极调速原理图

当将两组绕组接成如图 2.87 所示的反向并联时，此时磁极对数 $p=1(2p=2)$。

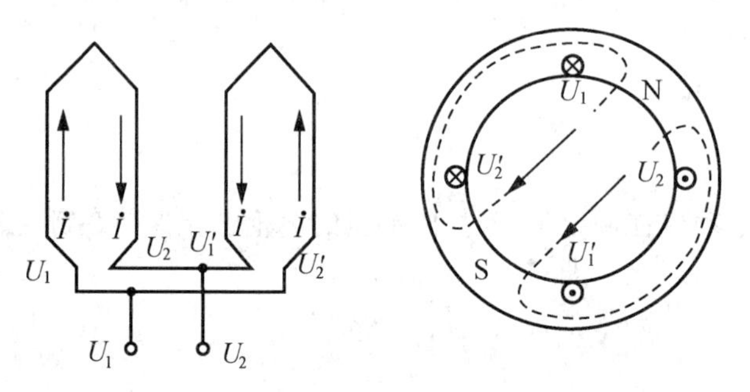

图 2.87　两组绕组为反向并联时变极调速原理图

仅改变绕组的接线方式，电动机的磁极对数就相应发生了变化，从而使电动机的转速发生改变。

(三) 常用的变极调速方法

1. Y—YY 变极调速方式

三相定子绕组接成Y时，相当于各相绕组中的两个线圈正向串联，此方向表示绕组中电流的方向。如图 2.88 所示。这种接法极数减少一半，转速增加一倍，功率增加一倍，接近恒转矩调速，适宜带起重葫芦、运输传送带等恒转矩负载。

2. △—YY 变极调速方式

三相定子绕组接成△时，各相定子绕组中的两个线圈正向串联，此时磁极对数较多，为低速挡；当三相定子绕组接成YY时，相当于各相定子绕组中的两个线圈反向串联，磁极对数减少一半，为高速挡。这两种接线方式如图 2.89 所示。

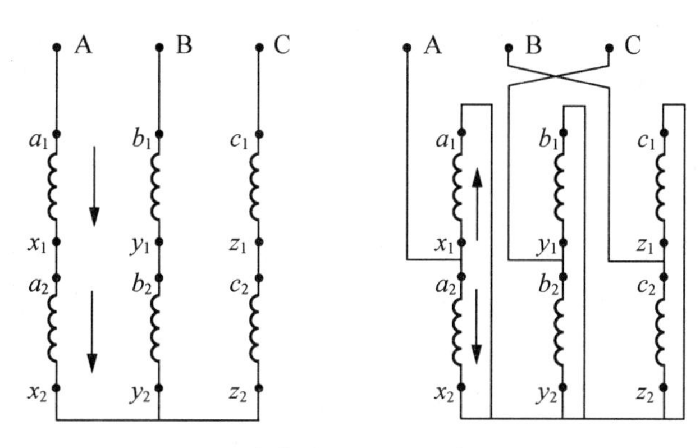

图 2.88 异步电动机Y－YY变极调速接线

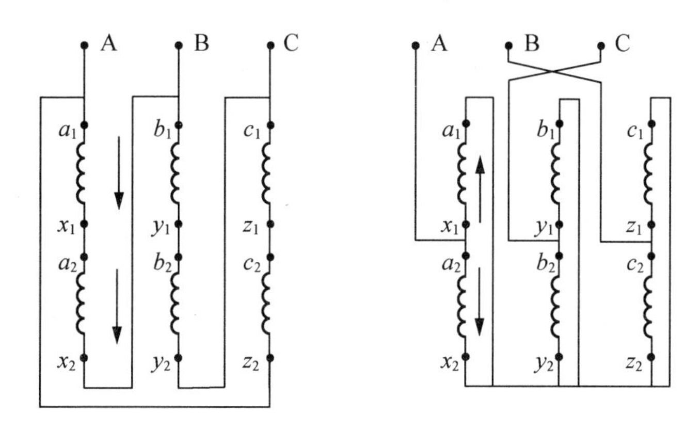

图 2.89 异步电动机△－YY变极调速接线

（四）变频调速

改变三相异步电动机电源频率 f_1，可以改变旋转磁通势的同步转速，从而达到调速的目的。如果电源频率连续可调，可以平滑调节电动机的转速。

额定频率称为基频，变频调速时可以从基频向上调，也可以从基频向下调，下面分别进行分析。

忽略定子漏阻抗压降，三相异步电动机每相电压

$$U_1 \approx E_1 = 4.44 f_1 W_1 k_{W1} \Phi_m \tag{2.63}$$

如果保持电源电压为额定值，降低电源频率，则随着 f_1 的下降，气隙每极磁通 Φ_m 增加。电动机磁路本来就刚进入饱和状态，Φ_m 增加，磁路过饱和，励磁电流会急剧增加，电机的功率因数下降，负载能力减小，甚至导致无法正常运行。因此，降低电源频率时，必须同时降低电源电压。降低电源电压 U_1 有两种控制方法。

1. 保持 E_1/f_1＝常数

降低电源频率 f_1 的同时，保持 E_1/f_1＝常数，则 Φ_m＝常数，是恒磁通控制方式。当改变频率 f_1 时，若保持 E_1/f_1＝常数，最大转矩 T_m＝常数，与频率无关，并且最大转矩对应的转速落降相等，也就是不同频率的各条机械特性曲线是近似平行的，机械特性的硬度相同。

这种调速方法与他励直流电机降低电源电压调速相似，机械特性较硬，在一定的静差

率要求下，调速范围宽，而且稳定性好。由于频率可以连续调节，因此变频调速为无级调速，平滑性好。另外，电动机在正常负载运行时，转差率 s 较小，因此转差功率 P_s 较小，效率较高。

2. 保持 U_1/f_1 =常数

当降低电源频率 f_1 时，保持 U_1/f_1 =常数，则气隙每极磁通 $\Phi_m \approx$ 常数。U_1/f_1 =常数时的机械特性不如保持 E_1/f_1 =常数时的机械特性，特别是当低频低速时，机械特性变坏了。

升高频率向上调速时，升高电源电压是不允许的，只能保持电压 U_N 不变，频率越高，磁通 Φ_m 越低，因此是一种弱磁升速的方法，类似他励直流电机弱磁调速。

（五）变转差率S调速

三相交流异步电动机的变转差率调速包括绕线转子异步电动机的转子串电阻调速、串级调速和三相交流异步电动机的定子调压调速等。

1. 定子调压调速

该调速方法主要用于笼型异步电动机。由于最大转矩和启动转矩与电压的平方成正比，如当电压降到额定电压的 50%时，最大转矩和启动转矩则降到了降压之前的 25%。所以这种调速方式的启动能力与带负载能力都是较低的，其调速的机械特性曲线如图 2.90 所示。

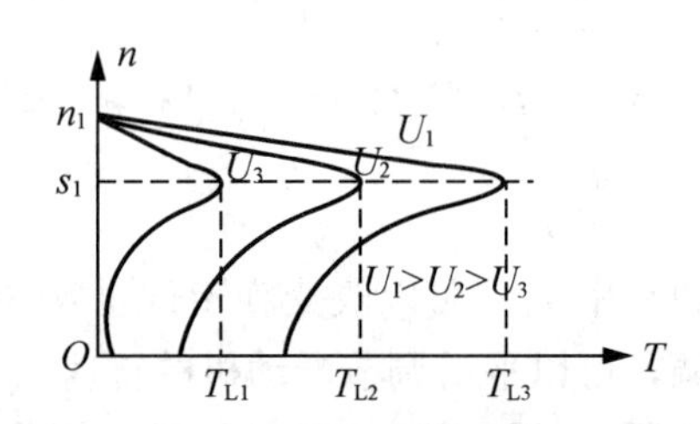

图 2.90 定子调压调速机械特性曲线

由以上调速机械特性曲线可知，随着加在定子绕组上电压的降低，最大转矩、启动转矩都会减小，电动机的带负载能力因此渐弱，所以调压调速适用于转矩随转速降低而减小的负载(如通风机负载)。

2. 绕线转子异步电动机转子串电阻调速

绕线转子异步电动机的转子回路串接对称电阻调速时的机械特性曲线如图 2.91 所示，由机械特性曲线可知，当负载转矩一定时，转子串入附加电阻时，n_1、T_m 不变，但 s_m 增大，机械特性曲线的斜率增大，工作点的转差率随着转子串接电阻阻值的增大而增大，电动机的转速随转子串接电阻值的增大而减小。

绕线转子异步电动机转子串接附加电阻的阻值与转差率的关系如下：

$$\frac{R_2}{s_a}=\frac{R_2+R}{s_b}$$

$$R=\left(\frac{s_b}{s_a}-1\right)R_2$$

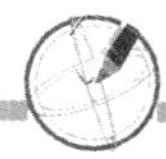

式中，R_2 为转子回路电阻，s_a 为电动机固有特性时的转差率，s_b 为电动机转子串入电阻 R 后的转差率，R 为转子回路串联电阻。

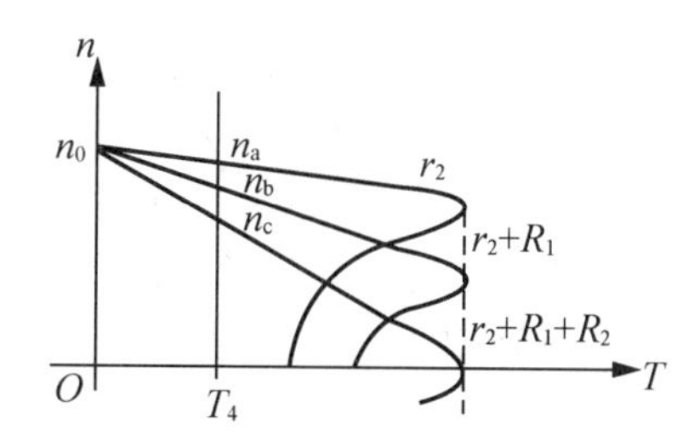

图 2.91　绕线转子异步电动机转子串电阻调速机械特性曲线

3. 串级调速

串级调速就是指在转子回路串接与转子电动势同频率的附加电动势，通过改变附加电动势的幅值或相位来实现调速的方式。

串级调速完全克服了转子串电阻调速的缺点，它具有高效率、无级平滑调速及低速时机械特性较硬等优点。

串级调速原理图如图 2.92 所示。

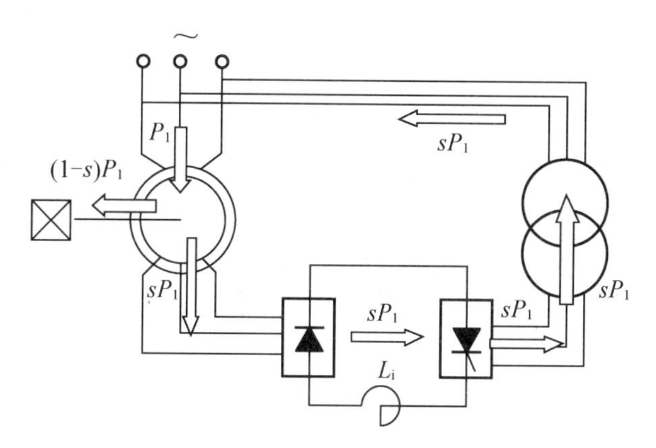

图 2.92　串级调速原理图

当调节串接在转子回路中附加电动势的幅值或相位时，转子回路的电流发生了变化，从而改变了电动机的电磁转矩，最终使电动机的转速发生变化。

因为输入功率 P_1 基本不变，当要降低转速时，则将较大的转差功率 sP_1 通过晶闸管逆变回送电网，使输出机械功率降低，从而使转速下降。

当要升高转速时，则将回送的转差功率 Sp_1 减小，使输出机械功率变大，转速增加。

若通过转子变流器将电功率从转子输入，则可使转速超过同步速度，实现超同步调速。

五、　三相异步电动机的反转与制动

三相异步电动机的制动是指在运行过程中其产生的电磁转矩与转速的方向相反的运行状态。根据能量传送关系可分为能耗制动、反接制动和回馈制动三种。

（一）能耗制动

所谓能耗制动就是将正常运行的电动机的定子绕组的三相交流电源切断，同时给定子绕组的任意两相通入直流电，此时定子中的旋转磁场消失，由直流电产生了恒定磁场。由于转子在惯性作用下继续转动，转子导体切割恒定磁场，产生转子感应电动势，从而产生感应电流；同时，转子中的感应电流又与磁场相互作用，产生与转速方向相反的电磁转矩，即制动转矩。因此，转子转速迅速下降，当转速下降至零时，转子中的感应电动势和感应电流均为零，制动过程结束。制动期间，转子的动能转变为电能消耗在转子回路的电阻上，所以称这种制动为能耗制动。能耗制动的原理如图 2.93 所示。

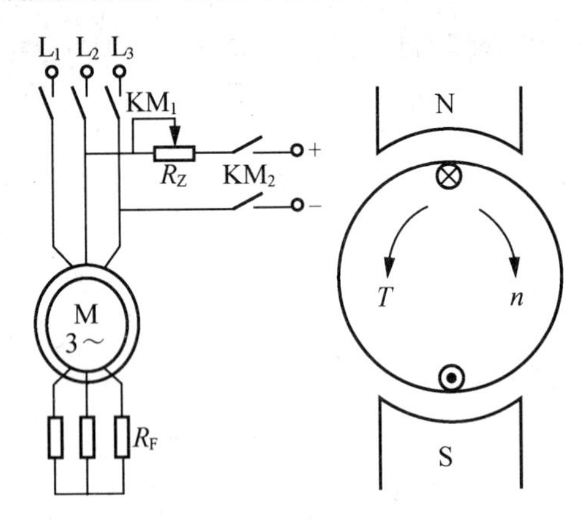

图 2.93　能耗制动原理图

能耗制动的工作过程如图 2.94 所示。设电动机原来工作在固有机械特性曲线上的 A 点，制动瞬间，因转速不能突变，工作点由 A 点过渡到能耗制动机械特性曲线上(曲线 1)的 B 点，在制动转矩的作用下，电动机开始减速，工作点沿曲线 1 变化，直到原点($n=0$，$T=0$)，制动结束。若电动机负载为位能性负载，则当电动机转速为零时，就要实现停车，必须立即采用机械制动的方法将电动机轴刹住，否则电动机将在位能性负载的作用下反转，机械特性曲线将进入第Ⅳ象限。

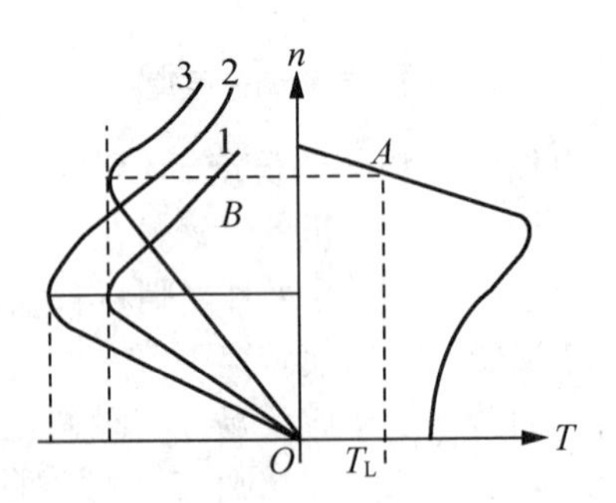

图 2.94　能耗制动的工作过程

为了限制制动电流，在转子回路中串入了制动电阻 R_B，制动电阻的选择要适当，不能太大，否则制动效果不好，也不能太小，否则制动电流又太小，影响电动机的可靠性。

能耗制动广泛应用于要求平稳准确停车的场合，也应用于起重机一类位能性负载的机械上，用来限制重物的下降速度，以使重物稳定下放。

（二）反接制动

反接制动又可分为电源反接制动和倒拉反接制动。

1. 电源反接制动

电源反接是通过改变运行中的电机的相序相实现的，即将定子绕组的任意两相对调。如图 2.95 所示，设三相异步电动机正向运转，将正向开关 KM1 断开，接通 KM2，由于改变了相序，旋转磁场的方向与转子旋转方向相反，所以电机进入反接制动运行状态。

电源反接制动过程分析：具体工作过程如图 2.96 所示，设电动机初始工作于固有机械特性曲线的 a 点，通过控制电路改变电动机的任意两相电源相序时，因电动机的转速不能突变，工作点由 a 点过渡到反接制动机械特性曲线上的 b 点，这时电动机在制动转矩的作用下运行，其转速迅速下降，工作点从 b 移动到 c 点，到达 c 点时，电动机转速为零，制动结束。

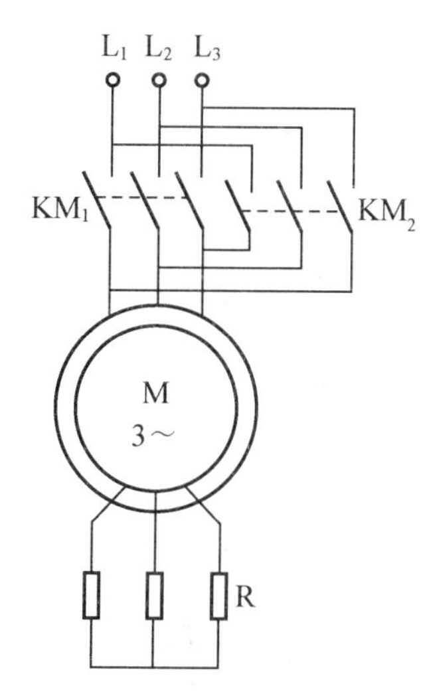

图 2.95　电源反接制动接线图

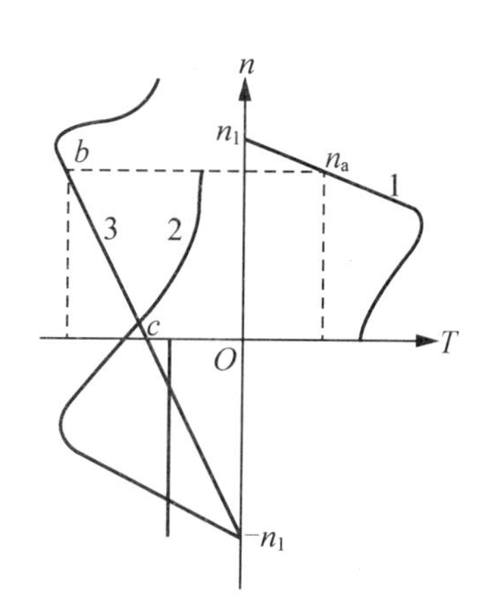

图 2.96　电源反接制动工作过程

对于绕线转子异步电动机，为了限制制动电流并增大制动转矩，通常在定子绕组任意两相对调的同时，在转子回路中串接制动电阻 R_B，此时的机械特性曲线如图 2.96 中的曲线 3 所示。

对于电源反接制动而言，当转速为零时(图中 c 点)，应立即切断电源，否则电动机将会反向启动，工作点由第Ⅱ象限进入第Ⅲ象限，从而使电动机反向运行。如果电动机的负载为位能性负载时，则电动机将在位能性负载的拖动下，反向加速进入第Ⅳ象限，高速下放重物。

电源反接制动制动迅速，效果好，但能耗较大，不能实现准确停车。

2. 倒拉反接制动

这种反接制动适用于绕线转子三相异步电动机拖动位能性负载的情况，它能够使重物获得稳定的下放速度。倒拉反接制动的原理图如图 2.97 所示。

制动过程分析：图 2.98 为电动机工作特性曲线，设电动机初始工作于固有机械特性曲线上的 a 点，并提升重物，当转子回路串入电阻 R_B 时，其机械特性变软，工作点由 a 点过渡到人为机械特性曲线上的 b 点；此时电动机的提升转矩 T 小于负载转矩 T_L，所以提升速度减小，工作点由 b 点下移到 c 点；此时电动机的转速降至零，但因对应的电磁转矩 T 仍小于负载转矩 T_L，重物将拉着电动机倒转，从而使工作点进入第Ⅳ象限，当到达 d 点时，电动机的电磁转矩 T 等于负载转矩 T_L，此时，电动机将以稳定的速度下放重物。这时的负载转矩成为拖动性转矩，拉着电动机倒转，电磁转矩起制动作用。

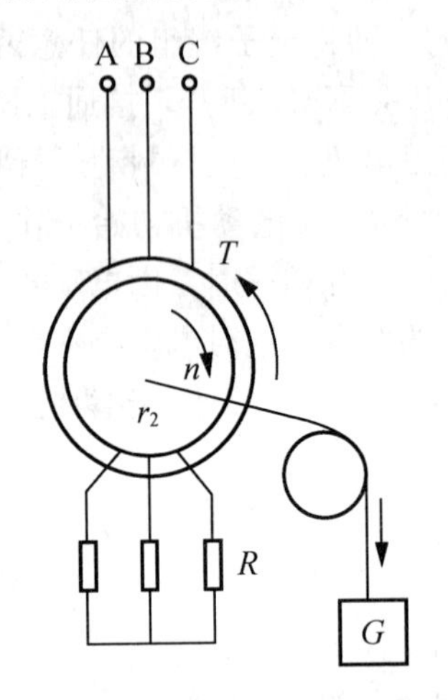

图 2.97　倒拉反接制动原理图

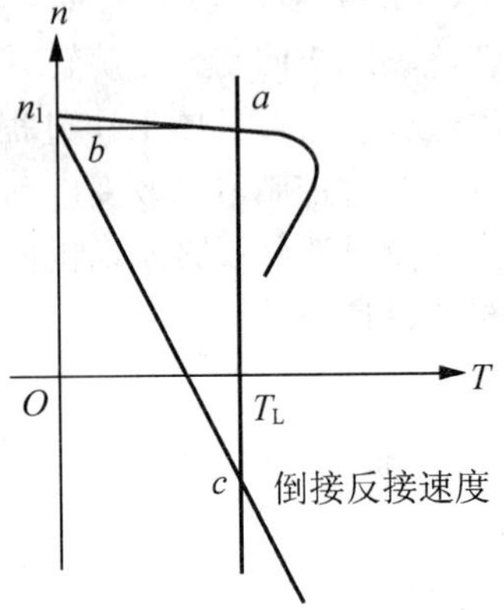

图 2.98　倒拉反接制动电动机工作特性曲线

由图 2.98 可知，要实现倒拉反接制动，在转子回路必须串入足够大的电阻，使工作点进入第Ⅳ象限。采用这种制动方式的目的主要就是要限制重物的下放速度。

（三）回馈制动

三相交流异步电动机在电动状态运行时，由于某种原因，使得电动机的转速超过了同步转速，这时电动机便处于回馈制动状态。回馈制动分为下放重物时的回馈制动和变级或变频调速过程中的回馈制动。

对于下放重物时的回馈制动，电动机下放重物时的回馈制动原理图如图 2.99 所示。

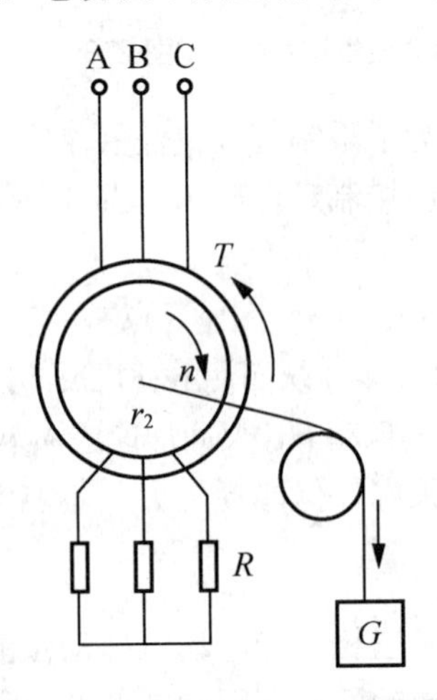

图 2.99　下放重物时的回馈制动原理图

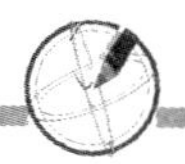

六、 三相异步电动机常见故障检修

对电动机进行定期保养、维护和检修，能保证电力拖动系统可靠、正常的工作，能保证电气设备工作的可靠性。掌握三相交流异步电动机常见故障并及时排除电动机故障是学好电动机拖动的重要部分。

1. 维修时限

维修时限通常是一年进行一次。

2. 维修内容

(1) 检查电动机各部件有无机械损伤，按损伤程度做出相应的修理方案。

(2) 对拆开的电机和启动设备，进行清理，清除所有的油泥、污垢。清理过程中应注意观察绕组的绝缘状况。若绝缘呈现暗褐色，说明绝缘已老化，对这种绝缘要特别注意不要碰撞使它脱落。若发现脱落就进行修复和刷漆。

(3) 拆下轴承，浸入柴油或汽油中清洗一遍。清洗后的轴承应转动灵活，不松动。若轴承表面粗糙，说明油脂不合格；若轴承表面发蓝，则表明已经退火。根据检查结果，对油脂或轴承进行更换，并消除故障原因(清除油中砂、铁屑等杂物)。新轴承安装时，加油应从一侧加入。油脂占轴承内容积的 1/3～2/3 即可。

(4) 检查定子、转子有无变形和磨损，若观察到有磨损处和发亮点，说明可能存在定子、转子铁心擦损，应使用锉刀或刮刀把亮点刮低。

(5) 用绝缘电阻表测定子绕组有无短路与绝缘损坏，根据故障程度做相应处理。

(6) 对各项检查修复后，对电机进行装配。

(7) 装配完毕的电动机，应进行必要的测试，各项指标符合要求后，就可启动试运行并进行观察。

(8) 各项运行记录都表明达到了技术要求，方可带负载投入使用。

定期小修是对电机的一般清理与检查，应经常进行。基本内容包括以下几点。

(1) 清擦电动机外壳，除却运行中积累的污垢。

(2) 测量电动机绝缘电阻，测量后应注意重新接好线，拧紧接线头螺钉。

(3) 检查电动机与接地是否坚固。

(4) 检查电动机盖、地角螺钉是否坚固。

(5) 检查与负载机械之间的传动装置是否良好。

(6) 拆下端盖，检查润滑介质是否变脏、干涸，应及时加油、换油。

(7) 检查电动机的附属启动和保护设备是否完好。

七、 思考与练习

1. 三相交流异步电动机是由哪几个部分组成的？各部分的作用是什么？

2. 什么是异步电动机的转差率？如何根据转差率来判断三相交流异步电动机的运行状态？

3. 一台六极三相交流异步电动机接于频率为 50Hz 的三相对称电源上，其 $s=0.05$，求此时电动机转子的转速。

4. 已知一台三相交流异步电动机的额定参数为：$P_N=4.5\text{kW}$，Y/△ 联结，380/

220V，$\cos\varphi_N = 0.8$，$\eta_N = 0.88$，$n_N = 1\ 450$r/min。试求：

(1) 接线方式为Y联结及△联结时的额定电流。

(2) 同步转速 n_1 及定子磁极对数 p。

(3) 带额定负载时的转差率。

5. 一台三相交流异步电动机的 $f_N = 50$Hz，$n_N = 960$r/min，该异步电动机的磁极对数和额定转差率是多少？另有一台四极三相交流异步电动机，其 $s_N = 0.03$，那么它的额定转速是多少？

6. 三相绕线转子异步电动机转子回路串接适应的电阻时，为什么启动电流减少，而启动转矩增大？如果串接电抗，会有同样的结果吗？为什么？

7. 一台三相笼形异步电动机，已知：$P_N = 55$kW，$K_T = 2$，定子绕组接线为△联结，电源容量为1000kV·A，若满载启动，试问可以采用哪种启动方法？并通过计算说明。

8. 三相笼形异步电动机采用定子绕组串电阻或电抗减压启动时，当定子电压降到额定电压的 $1/K$ 时，启动电流和启动转矩降到额定时的多少倍？

9. 什么是三相异步电动机的Y-△减压启动？它与直接启动相比，启动转矩和启动电流有什么变化？

10. 一台三相笼形异步电动机的参数如下：$P_N = 11$kW，$U_N = 380$V，$f_N = 50$Hz，$n_N = 1\ 480$r/min，$\lambda_T = 2.2$。若采用变频调速，当负载转矩为 $0.8T_N$ 时，要使电动机转速为 1 000r/min，则 f_1 和 U_1 应为多少？

11. 为使三相交流异步电动机快速停车，可采用哪几种制动方法？如何改变制动的强弱？

任务四　认识控制电机

一、 常用控制电机的认知

（一）控制电机的用途和类别

在科学技术高速发展的今天，控制电机已是构成开环控制、闭环控制、同步联结和机电模拟解算装置等系统的基础器件，广泛应用于各个部门，如化工、炼油、钢铁、造船、原子能反应堆、数控机床、自动化仪表和仪器、电影设置、电视机、电子计算机外设等民用设备，或雷达天线自动定位，飞机自动驾驶仪、导航仪、激光和红外线技术，导弹和火箭的制导，自动火炮射击控制，舰艇驾驶盘和转向盘的控制等军事设备。

这些系统能处理包括直线位移、角位移、速度、加速度、温度、湿度、流量、压力、液面高低、密度、浓度、硬度等多种物理量。

现以自动控制系统的一个重要分支——按预定要求控制物体位置的伺服系统为例来说明控制电机的种类和用途。图 2.100 为两种伺服系统的示意框图。其中图 2.100(a)为经济型数控机床常用的步进电动机开环伺服系统，计算机数控装置给出位移指令脉冲，驱动电路将脉冲放大，以驱动步进电动机按命令脉冲转动，并带动工作台按要求进行位移。

图 2.100(b)为高档数控机床使用的全闭环位置伺服控制系统，该系统由数控装置给

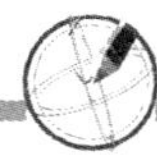

出加工所要求的位移指令值，在机床工作台上装有直线位置传感器进行实际位置检测，在伺服电动机轴上还装有速度传感器完成实际速度检测。该系统的位置比较电路要进行位置指令值和实际位置反馈值之间的偏差运算，根据偏差情况计算出所需速度，所需速度还要和实际速度检测值进行比较，用一系列综合运算结果实时地通过伺服驱动器去推动伺服电动机旋转，实现工作台的精确移动。

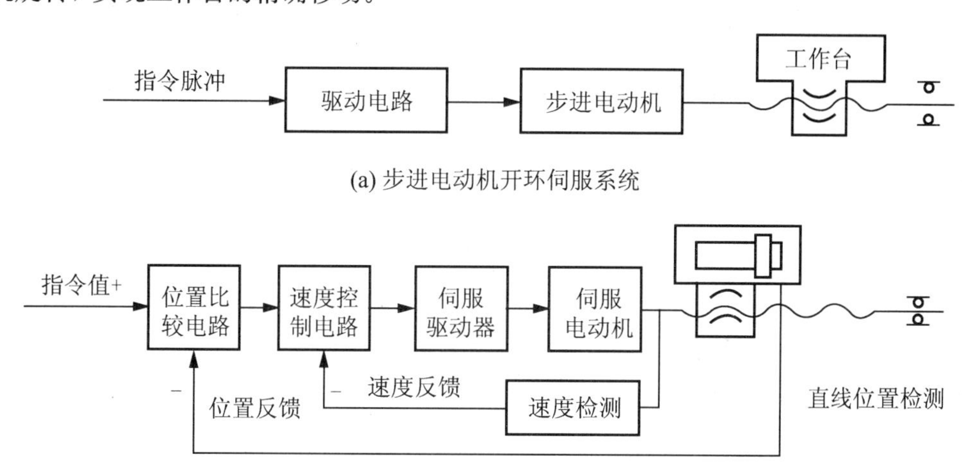

(a) 步进电动机开环伺服系统

(b) 全闭环位置伺服控制系统

图 2.100 两种伺服系统的示意框图

控制电机的种类很多，若按电流分类，可分为直流和交流两种；按用途分类，直流控制电机又可分为直流伺服电动机、直流测速发电机和直流力矩电动机等；交流控制电机可分为交流伺服电动机、交流测速发电机、步进电动机、微型同步电动机等。

各种控制电机的用途和功能尽管不同，但它们基本上可分为信号器件和功率器件两大类。

1. 作为信号器件用的控制电机

1）交直流测速发电机

测速发电机的输出电压与转速精确地保持正比关系，在系统中主要用于转速检测或速度反馈，也可以作为微分、积分的计算器件。

2）自整角机

自整角机的基本用途是传输角度数据，一般由两个以上器件对接使用，输出电压信号时是信号器件，输出转矩时是功率器件。作为信号器件时，输出电压是两个器件转子角差的正弦函数。作为功率器件时，输出转矩也近似为两个器件转子角差的正弦函数。自整角机在随动系统中可作为自整步器件或角度的传输，变换并接收器件。

3）旋转变压器

普通旋转变压器都做成一对磁极，其输出电压是转子转角的正弦、余弦或其他函数，主要用于坐标变换、三角运算，也可以作为角度数据传输和移相器件使用。多极旋转变压器是在普通旋转变压器的基础上发展起来的一种精度可达角秒级的器件，在高精度解算装置和多通道系统中用作解算、检测器件或实现数模传递。

2. 作为功率器件用的控制电机

1）交流和直流伺服电动机

交直流伺服电动机在系统中作执行器件，其转速和转向取决于控制电压的大小和极性（或相位），机械特性近于线性，即转速随转矩的增加近似线性下降，比普通电动机的控制精度高。使用时，电动机通常经齿轮减速后带动负载，所以又称为执行电动机。

2）电机扩大机

电机扩大机可以利用较小的功率输入来控制较大的功率输出，在系统中作为功率放大器件。电机扩大机的控制绕组上所加的电压一般不高，励磁电流不大，而输出电动势较高，电流较大，这就是功率放大。电机扩大机的放大倍数可达 1 000～10 000 倍，也可作为自动调节系统中的调节器件。

3）步进电动机

步进电动机是一种将脉冲信号转为相应的角位移或线位移的机电器件。它由专门的电源供给脉冲信号电压，当输入一个电脉冲信号时，它就前进一步，输出角位移量或线位移量与输入脉冲数成正比，而转速与脉冲频率成正比。步进电动机在经济型数控系统中作为执行器件得到广泛应用。

4）微型同步电动机

微型同步电动机具有转速恒定、结构简单、应用方便等特点，应用在自动控制系统和其他需要恒定转速的仪器上。

5）磁滞电动机

磁滞电动机具有恒速特性，也可在异步状态下运行，主要用于驱动功率较小的、要求转速平稳和启动频繁的同步驱动装置。

6）单相串励电动机

单相串励电动机是交直流两用的，多数情况下使用交流电源。由于它具有较大的启动转矩和软的机械特性，因而广泛应用在电动工具中，如手电钻就采用这种电动机。

7）电磁调速电动机

电磁调速电动机是采用电磁转差离合器调速的异步电动机。这种电动机可以在较大的范围内进行无级平滑调速，是交流无级调速设备中最简单、实用的一种，在纺织、印染、造纸等轻工业机械中得到广泛应用。

（二）对控制电机的要求及其发展概况

1. 对控制电机的要求

控制电机是在普通旋转电机的基础上发展起来的，其基本原理与普通旋转电机并无本质区别。不过，普通电机的主要任务是完成能量的转换，对它们的要求主要着重于提高效率等经济指标及启动和调速等性能。而控制电机的主要任务是完成控制信号的传递和转换，因此，现代控制系统对它的基本要求是高精确度、高灵敏度和高可靠性。

高精确度是指控制电机的实际特性与理想特性的差异应越小越好。对功率器件来说，是指其特性的线性度和不灵敏区；对信号器件来说，则主要指静态误差、动态误差、环境温度、电源频率和电源电压的变化所引起的漂移。这些特性都直接影响整个系统的精确度。高灵敏度是指控制电机的输出量应能迅速跟上输入信号的变化，即对输入信号能做出

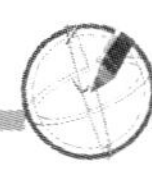

快速响应。目前，自动控制系统中的控制指令是经常变化的，有时极为迅速，因而控制电机，特别是功率器件能否对输入信号做出快速响应，会严重影响整个系统的工作。表征快速响应的主要指标有灵敏度和机电时间常数等。

高可靠性是指控制电机对不同的使用环境应有广泛的适应性，在较差的环境中能非常可靠地工作。

2. 控制电机的发展概况

控制电机属于电机制造工业中一个新机种，它的历史虽短但发展迅速。控制电机的品种繁多，用途各异，据不完全统计，已达 3000 种是普通电机所不可比拟的。在国外，从 20 世纪 30 年代开始，控制电机随着工业自动化、科学技术和军事装备的发展而迅速发展，其使用领域也日益扩大。到了 20 世纪 40 年代以后，已逐步形成自整角机、旋转变压器、交直流伺服电动机、交直流测速发电机等一些基本系列。

20 世纪 60 年代以后，由于电子技术、航天等科学技术的发展和自动控制系统的不断完善，对控制电机的精度和可靠性提出了更高的要求，控制电机的品种也日益增多，在原有的基础上又生产出多极自整角机、多极旋转变压器、感应同步器、无接触自整角机、无接触旋转变压器、永磁式直流力矩电动机、无刷直流伺服电动机、空心杯转子永磁式直流伺服电动机、印制绕组直流伺服电动机等新机种。

目前在自动化系统中，常用数字计算机进行控制，而在它的输出设备中又要将数字信号转换成角位移或线位移，即实现数/模转换。步进电动机的工作特性完全适合这种要求，因此得到较快发展。在数字计算机输入设备中，为了进行模/数转换，出现了多相自整角机和多相旋转变压器。

新原理、新技术、新材料的发展，使电机在很多方面突破了传统的观念，，研制出一些新原理、新结构的电机，如霍尔效应的自整角机及旋转变压器、霍尔无刷直流测速发电机、压电直线步进电动机、利用“介质极化”研制出的驻极体电机、利用“磁性体的自旋再排列”研制出的光电机，此外，还有电介质电动机、静电电动机、集成电路电动机等。

控制电机的进一步发展已经不限于一般的电磁理论，而将与其他学科相互结合，相互促进，成为一门多种学科相互渗透的边缘学科。研究特种电机的原理、结构与应用，在 21 世纪自动化技术、计算机技术的开发和应用中前景广阔。

二、 步进电动机的应用

步进电动机是一种用电脉冲信号进行控制、将电脉冲信号转换成机械角位移或线位移的电动机。每输入一个脉冲信号，转子就转动一个角度或前进一步，其输出的角位移或线位移与输入的脉冲数成正比，转速与脉冲频率成正比。因此，步进电动机又称脉冲电动机。

步进电动机作为数字量执行器件，除用于各种数控机床外，在平面绘图机、自动记录仪表、航空航天系统和数/模转换装置等，也得到广泛应用。

步进电动机的结构形式和分类方法较多，按其运动形式分为旋转型和直线型，通常使用的旋转型步进电动机又可以按励磁方式分为反应式(磁阻式)、永磁式和感应式三种，其中反应式步进电动机是我国目前使用最广泛的一种，它具有调速范围大、动态性能好，能快速启动、制动、反转的特性，主要用于计算机的磁盘驱动器、绘图仪及调速性能和定位要求不是非常精确的简易数控机床等的位置控制；按相数分为单相、两相、三相和多相等形式，对于反应式步进电动机，没有单相和两相的形式。下面以三相反应式步进电动机为例，介绍其结构和工作原理。

工作机械对步进电动机的基本要求是：

(1) 调速范围宽，尽量提高最高转速以提高劳动生产率；

(2) 动态性能好，能迅速启动、正反转、停转；

(3) 加工精度要求高时，即要求步进电动机步距小、步距精度高、不丢步或越步；

(4) 输出转矩大，可直接带动负载。

(一) 基本结构

反应式步进电动机的定子相数一般为 2～6 个，定子磁极数为定子相数的两倍，其结构如图 2.101 所示。图 2.101 中，步进电动机的定子、转子均由硅钢片叠压而成；定子上有均匀分布的 6 个磁极，磁极上绕有控制绕组，两个相对的磁极组成一相，三相绕组接成星形联结；转子铁心上没有绕组，转子具有均匀分布的若干个齿，且转子宽度等于定子极靴宽度。

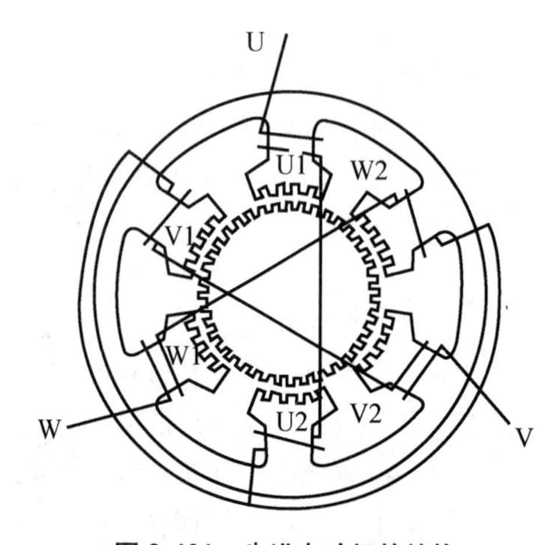

图 2.101 步进电动机的结构

(二) 工作原理

1. 单三拍控制步进电动机的工作原理

图 2.102 为三相反应式步进电动机单三拍控制方式时的工作原理图。单三拍控制中的“单”是指每次只有一相控制绕组通电，通电顺序为 U→V→W→U 或按 U→W→V→U 顺序。“三拍”指经过 3 次切换控制绕组的电脉冲为一个循环。

当 U 相控制绕组通入电脉冲时，U1、U2 就成为电磁铁的 N、S 极。由于磁路磁通要沿磁阻最小的路径来闭合，故将使转子齿 1、3 和定子磁极 U1、U2 对齐，即形成 U1、U2 轴线方向的磁通 Φ_U，如图 2.102(a)所示。U 相电脉冲结束，接着 V 相通入电脉冲，基于上述原因，转子齿 2、4 与定子磁极 V1、V2 对齐，如图 2.102(b)所示，转子沿逆时针方向转过 30°。V 相脉冲结束，随后 W 相控制绕组通入电脉冲，使转子齿 3、1 和定子磁极 W1、W2 对齐，转子又沿空间逆时针方向转过 30°，如图 2.102(c)所示。

从以上分析可知，如果按照 U→V→W→U 的顺序通入电脉冲，转子逆时针方向一步

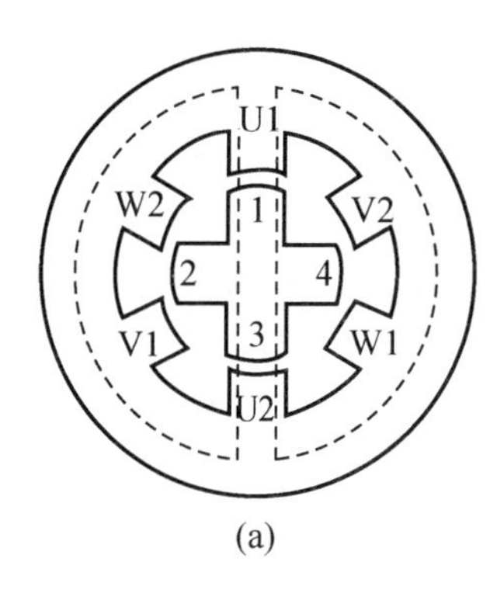

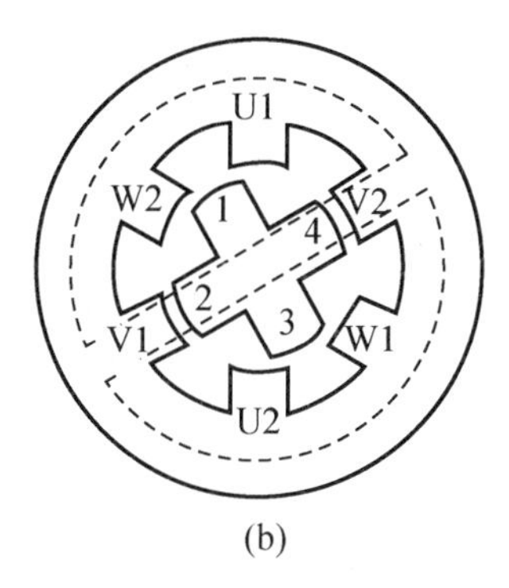

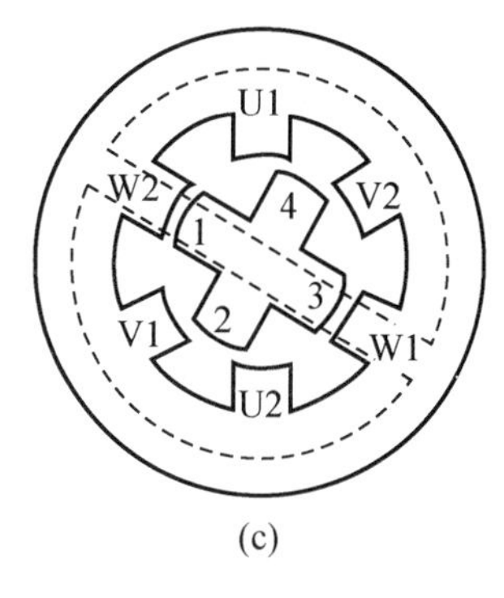

图 2.102 三相反应式步进电动机单三拍控制方式时的工作原理

一步转动，每步转过 30°，该角度称为步距角。电动机的转速取决于电脉冲的频率，频率越高，转速越高。若按 U→W→V→U 顺序通入电脉冲，则电动机反向旋转。三相控制绕组的通电顺序及频率大小，通常由电子逻辑电路来实现。

上述单三拍通电方式，是在一相绕组断电瞬间另一绕组刚开始通电，容易造成失步。而且由于单一控制绕组吸引转子，也容易使转子在平衡位置附近产生振荡，所以运行稳定性较差，较少使用。

2. 三相六拍控制方式步进电动机的工作原理

三相六拍控制方式中三相控制绕组的通电顺序按 U→UV→V→VW→W→WU→U 进行，即先给 U 相控制绕组通电，而后 U、V 两相控制绕组同时通电；然后断电 U 相控制绕组，由 V 相控制绕组单独通电；再使 V、W 两相控制绕组同时通电，依此进行下去，如图 2.103 所示。每转换一次，步进电动机沿逆时针方向转过 15°，即步距角为 15°，若改变通电顺序，步进电动机将沿顺时针方向旋转。该控制方式下，定子三相绕组经 6 次换接过程完成一次循环，故称为“六拍”控制。此种控制方式因转换时始终有一相绕组通电，故工作比较稳定。

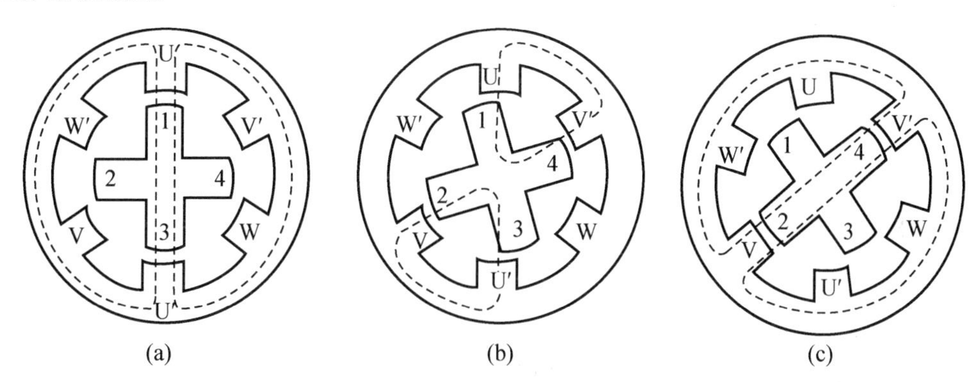

图 2.103 三相六拍控制方式时步进电动机的工作原理

3. 双三拍控制方式步进电动机的工作原理

双三拍控制方式中三相控制绕组的通电顺序按 UV→VW→WU→UV 进行。在双三拍通电方式下步进电动机的转子位置与六拍通电方式时两相绕组通电时的情况一样。因此按双三拍通电方式运行时，它的步距角和单三拍控制方式相同，仍然是 30°。见图 2.104 所示。

图 2.104 双三拍控制方式工作原理

由以上分析可知，若步进电动机定子有三相绕组 6 个磁极，极距为 360°/6=60°，转子齿数为 $z_r=4$，齿距角为 360°/4=90°。当采用三拍控制时，每一拍转过 30°，即 1/3 齿距角；当采用六拍控制方式时，每一拍转过 15°，即 1/6 齿距角。因此，步进电动机的步距角 θ 与运行拍数 m 和转子齿数 z_r 有关，具体关系如下：

$$\theta=\frac{360°}{z_r m}=\frac{2\pi}{z_r m}$$

若脉冲频率为 f(Hz)，步距角 θ 的单位为弧度(rad)，则当连续通入控制脉冲时，步进电动机的转速 n 为

$$n=\frac{\theta f}{2\pi}\times 60=\frac{60f}{z_r m}$$

所以，步进电动机的转速与脉冲频率 f 成正比，并与频率同步。

由以上两个表达式可知，电动机的运行拍数 m、转子齿数 z_r 越多，相应脉冲电源越复杂，造价也就越高。所以步进电动机一般是做到六相。

实际应用中，为了保证加工精度，一般步进电动机的步距角不是 30°也不是 15°，而是 3°或者 1.5°。为此将转子做成许多齿(比如 40 个)，并在定子每个磁极上还做几个小齿，如图 2.101 所示。

(三) 型号表示

1. 反应式步进电动机型号的表示

型号为 110BF3 的电动机的含义如下。

110：电动机的外径(单位为 mm)。

BF：反应式步进电动机。

3：定子绕组为三相。

2. 混合式步进电动机型号的表示

型号为 55BYG4 步进电动机的含义如下。

55：电动机的外径为 55mm。

BYG：为混合式步进电动机。

4：励磁绕组的相数为四相。

三、伺服电动机的应用

伺服电动机在自动控制系统中用作执行元器件，又称执行电动机，即将接收到的控制

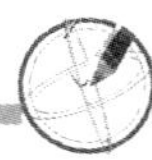

电压信号转换为转轴的角位移或角速度输出。改变控制信号的极性和大小，便可改变伺服电动机的转向和转速。

自动控制系统对伺服电动机的性能要求概括如下。

1. 无自传现象

在控制信号来到之前，伺服电动机转子静止不动；控制信号来到之后，转子迅速转动；当控制信号消失时，伺服电动机转子应立即停止转动。控制信号为零时，电动机继续转动的现象称为“自传”现象，消除自传是自控系统正常工作的必要条件。

2. 空载始动电压低

电动机空载时，转子不论在任何位置，从静止状态开始启动至连续运转的最小控制电压称为始动电压。始动电压越小，表示电动机的灵敏度越高。

3. 机械特性和调节特性的线性度好

机械特性和调节特性的线性度好指能在宽广的范围内平滑稳定地调速。

4. 快速响应性好

快速响应性好即机电时间常数小，因而伺服电动机都要求转动惯量小。

常用的伺服电动机有两大类，以直流电源工作的称为直流伺服电动机；以交流电源工作的称为交流伺服电动机。

（一）直流伺服电动机

1. 基本结构

直流伺服电动机的结构与普通小型他励直流电机相同，由定子和转子两部分组成。定子的作用是建立磁场，励磁方式可分为他励式和永磁式。永磁式直流伺服电动机不需要励磁绕组和励磁电源，结构简单，特别适用于小功率的场合。转子铁心与普通电动机一样，用硅钢片冲制叠压而成，在表面上开有槽，用来嵌放电枢绕组，经换向器和电刷与外电路相连。

2. 工作原理

当将直流电压通入直流伺服电动机时，其转速就由所加的信号控制电压决定。若信号电压加在电枢绕组两端，称为电枢控制直流伺服电动机；若信号电压加在励磁绕组两端，则称为磁场控制直流伺服电动机。后者控制性能不如前者，所以很少使用。具体电枢控制直流伺服电动机接线原理图如图 2.105 所示。

直流伺服电动机的机械特性方程式为

$$n=\frac{U}{C_e\Phi}-\frac{R_a}{C_eC_T\Phi^2}T=n_0-\beta T$$

控制电压 U_C 为不同值时，机械特性为一族平行直线，如图 2.106 所示，在 U_C 一定的情况下，转矩 T 大时转速低，转矩的增加与转速的下降成正比，在负载转矩一定，磁通不变时，控制电压 U_C 高，转速也高，控制电压 U_C 的增加与转速 n 的增加成正比；控制电压 U_C 为 0 时，转速 $n=0$，电动机停转。要改变电动机转向，可以改变控制电压 U_C 的

极性。由此可见，直流伺服电动机是具有可控性的。

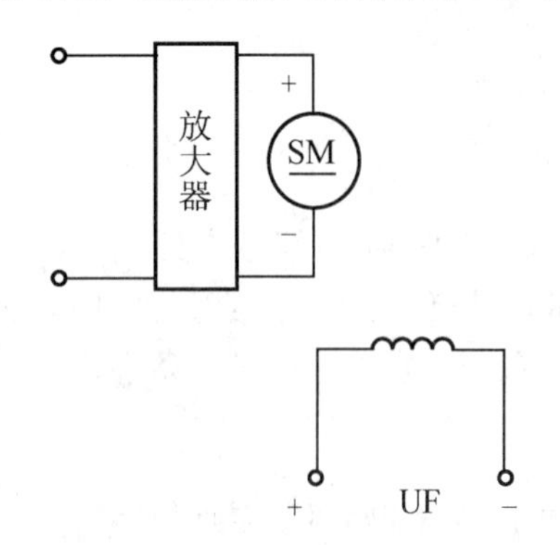

图 2.105　电枢控制直流伺服电动机接线原理图

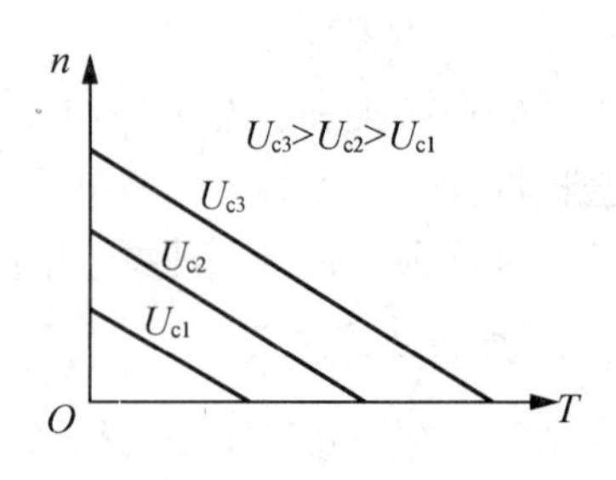

图 2.106　机械特性曲线

直流伺服电动机的优点是具有线性的机械特性、启动转矩大及调速范围广，缺点是电刷与换向器之间的火花会产生大的电磁干扰，需要定期更换电刷，维护换向器。

3. 型号参数

以 JSF-60-40-30-DF-100 为例来介绍直流伺服电动机的型号参数。

JSF：无刷直流伺服电动机。

60：电动机的外径，单位为 mm。

40：额定功率，以 10W 为单位，即额定功率为 400W。

30：额定转速，以 100r/min 为单位，即额定转速为 3000r/min。

D：额定电压，A 指 24V；B 指 36V；C 指 48V；D 指 72V。

F：装配选项，K 指键槽；F 指扁平轴；S 指光轴；G 指减速机；P 指特殊制作。

100：编码器分辨率。

（二）交流伺服电动机

1. 基本结构

交流伺服直流电机的基本结构结构是一个两相异步电动机，如图 2.107 所示。交流伺服电动机的定子结构有凸极式和隐极式两种。定子上装有两相绕组：励磁绕组 F 和控制绕组 C（它们可以有相同或者不同的匝数），两个绕组在空间上相差 90°，励磁绕组与交流电源 U_F 相连接，控制绕组两端输入控制信号 U_C。交流伺服电动机中除了具有与一般异步电动机同样的定子外，还有一个内定子。内定子上一般不放绕组，仅作为此路的一部分（相当于笼型转子铁心）。

交流伺服电动机的转子分为两种，分别为笼形转子和杯形转子。为了减少转子的转动惯量，笼形转子一般做得细而长。杯形转子装在内外定子之间的转轴上，它可以在内外定子间的气隙中自由旋转，当杯形转子内感应的涡流与气隙磁场相互作用时，将产生电磁转矩。当前主要应用的是笼型转子的交流伺服电动机。

2. 工作原理

交流伺服电动机的工作原理与具有启动绕组的单相异步电动机相似。如图 2.108 所示。在没有控制信号时，定子内只有励磁绕组产生的脉振磁场。此时，电动机的电磁转矩

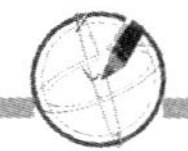

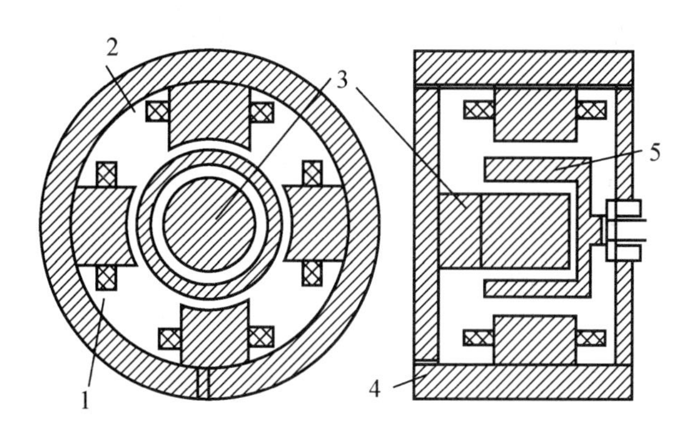

图 2.107　交流杯形伺服电动机

1—励磁绕组；2—控制绕组；3—内定子；4—外定子；5—转子

等于零，转子不动。当控制绕组中加入控制信号时，就会在气隙中产生一个旋转磁场，并产生电磁转矩，使转子沿旋转磁场的方向转动。

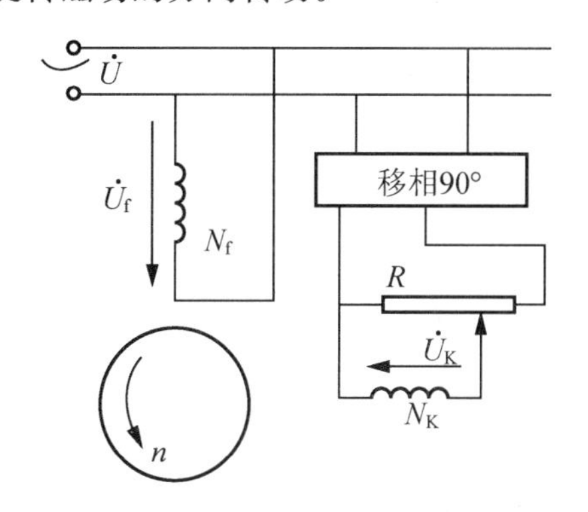

图 2.108　交流伺服电动机的基本结构

3. 型号参数

以 SM100-050-30LFB 为例来介绍交流伺服电动机的型号参数。

SM：电动机为正弦交流信号驱动的永磁同步交流伺服电动机。

100：电动机的外径(mm)。

050：电动机的额定转矩(N·m)，其值为三位数乘以 0.1。

30：电动机的额定转速(r/min)，其值为两位数乘以 100。

L 或 H：电动机的适配驱动器的工作电压，如 L-AC220V 和 H-AC380V。

F、F1 或 R1：表示反馈元器件的规格，F 指复合式增量编码器；F_1 指省线式增量编码器；R_1 指对极旋转变压器。

B：电动类型为基本型。

4. 控制方式

(1) 幅值控制，通过改变控制电压的幅值来改变电动机速度。而控制电压与励磁电压的相位差始终保持在 90°。当控制电压的幅值增加时，转速也增大。

(2) 相位控制，保持控制电压的幅值不变，改变控制电压的相位，电动机的速度也相应改变。当控制电压与励磁电压的相位差增大时，转速也增大。

（3）幅-相控制，同时改变幅值与相位来达到改变转速的目的。

四、 测速发电机简介

① 测速发电机是一种测速器件，它将输入的机械转速转换为电压信号输出。在自动控制及计算装置中，测速发电机可以作为检测器件、阻尼器件、计算器件和角加速信号器件。

② 测速发电机广泛用于各种速度或位置控制系统。在自动控制系统中作为检测速度的器件，以调节电动机转速或通过反馈来提高系统稳定性和精度；在解算装置中可作为微分、积分器件，也可作为加速或延迟信号或用来测量各种运动机械在摆动或转动及直线运动时的速度。测速发电机分为直流和交流两种。

（一）直流测速发电机

1. 基本结构

直流测速发电机有永磁式和电磁式两种。其结构与直流电机相近。见图 2.109 和图 2.110 所示。永磁式采用高性能永久磁钢励磁，受温度变化的影响较小，输出变化小，斜率高，线性误差小。这种发电机在 20 世纪 80 年代因新型永磁材料的出现而发展较快。电磁式采用他励式，不仅复杂且因励磁受电源、环境等因素的影响，输出电压变化较大，用得不多。

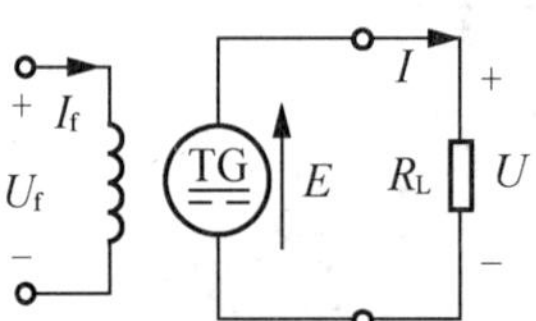

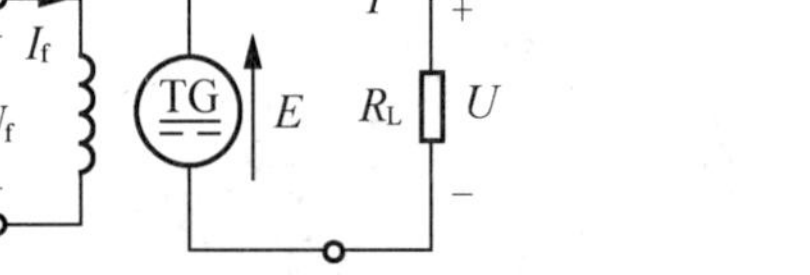

图 2.109　他励式直流测速发电机

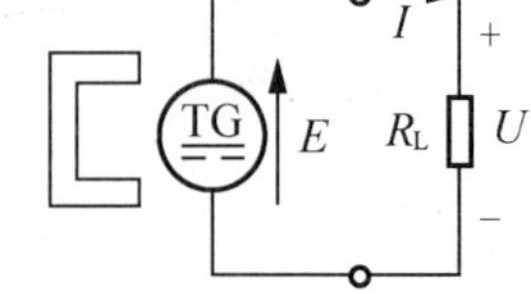

图 2.110　永磁式直流测速发电机

用永磁材料制成的直流测速发电机还分有限转角测速发电机和直线测速发电机。它们分别用于测量旋转或直线运动速度，其性能要求与直流测速发电机相近，但结构有些差别。

2. 工作原理及特性

直流测速发电机的工作原理与一般直流发电机相同，他励式直流测速发电机的原理如图 2.111 所示。

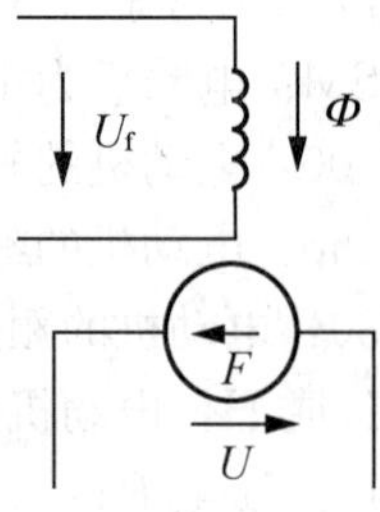

图 2.111　直流测速发电机工作原理

在励磁绕组上加上直流电压 U_f，产生恒定磁场，电枢在被测机械拖动下旋转，电枢绕组切割磁场产生感应电动势。

当测速发电机空载时

$$U = E = C_e \Phi n$$

当测速发电机接上负载时输出电压为

$$U = E - R_a I$$

$$U = C_e \Phi n - R_a \frac{U}{R_L}$$

$$U=\frac{R_L}{R_L+R_a}E=\frac{R_L}{R_L+R_a}C_e\Phi n$$

由上式可知，直流测速发电机的输出电压与转速成正比，转子转向的改变将引起输出电压极性的改变。直流测速发电机应用举例见图 2.112 所示。

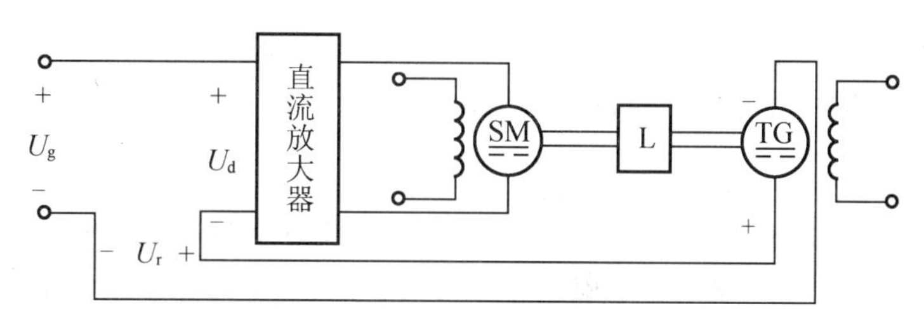

图 2.112 直流测速发电机应用举例

直流测速发电机的输出特性是指电枢回路总电阻、负载电阻、磁通均不变时，直流测速发电机输出电压与转速的关系，其输出特性曲线如图 2.113 所示。空载时，$R_L\to\infty$，$U=E$，输出特性 $U=f(n)$的关系为一条直线。带上负载后，R_L 越小，输出特性的斜率越小。在 R_L 较小或者转速过高时，Ia 较大，电枢电流的去磁作用使输出电压下降，从而破坏了输出特性的线性关系。另外，由于环境温度的变化、电刷与换向器接触电阻的变化、涡流及磁滞等因素也会影响输出特性的线性关系。

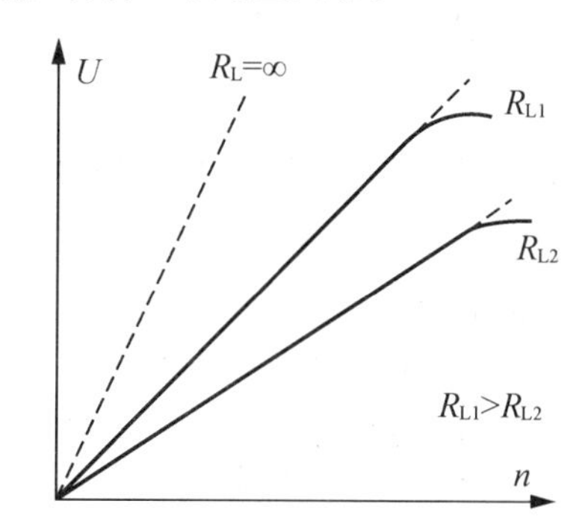

图 2.113 直流测速发电机输出特性曲线

（二）交流测速发电机

1. 基本结构

交流测速发电机可分为同步测速发电机和异步测速发电机两类。异步测速发电机可以分为空心杯转子异步测速发电机和笼式转子异步测速发电机两种。

同步测速发电机是以永久磁铁作为转子的交流发电机。由于输出电压和频率随转速同时变化，又不能判别旋转方向，使用不便，在自动控制系统中用得很少，主要供转速的直接测量用。

笼式转子异步测速发电机与交流伺服电动机相似，因输出的线性度较差，仅用于要求不高的场合。

在自动控制系统中，目前应用的交流测速发电机主要是空心杯转子异步测速发电机，其结构与空心杯转子交流伺服电动机相似，主要由内定子、外定子及在它们之间的气隙中转动的杯形转子所组成。励磁绕组、输出绕组嵌在定子上，彼此在空间相差 90°。杯形转子是由非磁性材料制成。当转子不转时，励磁后由杯形转子电流产生的磁场与输出绕组轴线垂直，输出绕组不感应电动势；当转子转动时，由杯形转子产生的磁场与输出绕组轴线重合，在输出绕组中感应的电动势大小正比于杯形转子的转速，而频率和励磁电压频率相同，与转速无关。反转时输出电压相位也相反。杯形转子是传递信号的关键，其质量好坏对性能起很大作用。由于它的技术性能比其他类型交流测速发电机优越，结构不很复杂，同时噪声低，无干扰且体积小，是目前应用最为广泛的一种交流测速发电机。

2. 工作原理

当测速发电机的励磁绕组外加电压时，便有电流流过绕组，在发电机气隙中沿励磁绕组轴线产生交流变频率为 $f1$ 的脉动磁通 Φd。交流测速发电机工作原理如图 2.114 所示。

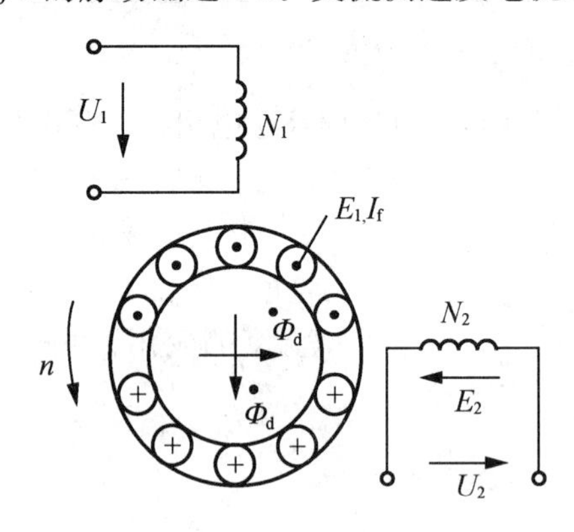

图 2.114　交流测速发电机工作原理

异步测速发电机类似一台变压器。励磁绕组相当于变压器的一次绕组，转子导体相当于变压器的二次绕组。当转子静止不动时，由于磁通的方向与输出绕组的轴线垂直，输出绕组中不会产生感应电动势，也就没有输出电压。当转子转动时，转子导体切割磁通产生感应电流，产生磁通，此磁通在空间上是固定的，与输出绕组的轴线相重合，在输出绕组中感应出频率相同的输出电压，由于转子中感应电流的大小与转子的转速成正比，所以输出电压与转子的转速成正比。转子反转时，输出电压的相位也相反。只要用一只电压表便能测出转速的大小和方向。

空心杯转子交流异步测速发电机，具有结构简单，工作可靠等优点，是目前较为理想的测速元件。交流测速发电机应用举例如图 2.115 所示。

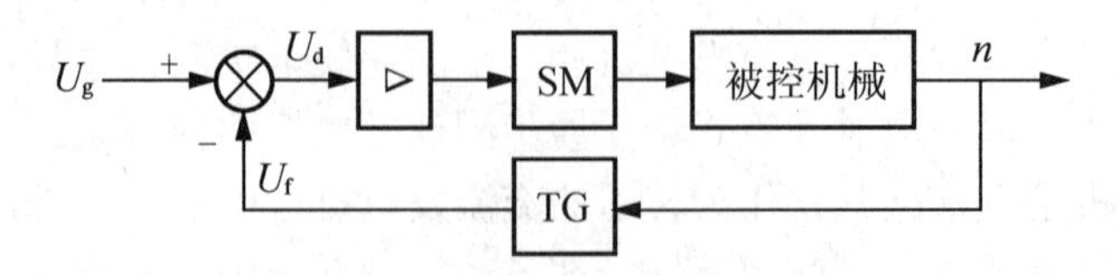

图 2.115　交流测速发电机应用举例

五、直线电动机简介

（一）工作原理

直线电动机是一种将电能直接转换成直线运动机械能，而不需要任何中间转换机构的

传动装置。它可以看成是一台旋转电动机按径向剖开，并展成平面而成。

由定子演变而来的一侧称为初级，由转子演变而来的一侧称为次级。在实际应用时，将初级和次级制造成不同的长度，以保证在所需行程范围内初级与次级之间的耦合保持不变。直线电动机可以是短初级长次级，也可以是长初级短次级。考虑到制造成本、运行费用，以直线感应电动机为例：当初级绕组通入交流电源时，便在气隙中产生行波磁场，次级在行波磁场切割下，将感应出电动势并产生电流，该电流与气隙中的磁场相作用就产生电磁推力。如果初级固定，则次级在推力作用下做直线运动；反之，则初级做直线运动。一个直线电动机应用系统不仅要有性能良好的直线电动机，还必须具有能在安全可靠的条件下实现技术与经济要求的控制系统。随着自动控制技术与微计算机技术的发展，直线电动机的控制方法越来越多。

对直线电动机控制技术的研究基本上可以分为 3 个方面：一是传统控制技术；二是现代控制技术；三是智能控制技术。传统的控制技术(如 PID 反馈控制、解耦控制等)在交流伺服系统中得到了广泛的应用。其中 PID 控制蕴涵动态控制过程中的过去、现在和未来的信息，具有较强的鲁棒性，是交流伺服电动机驱动系统中最基本的控制方式。为了提高控制效果，往往采用解耦控制和矢量控制技术。在对象模型确定、不变化且是线性的，操作条件、运行环境是确定不变的条件下，采用传统控制技术是简单有效的。但是在高精度微进给的高性能场合，就必须考虑对象结构与参数的变化。各种非线性的影响、运行环境的改变及环境干扰等时变和不确定因数，都会影响控制效果。因此，现代控制技术在直线伺服电动机控制的研究中引起了很大的重视。常用控制方法有自适应控制、滑模变结构控制、鲁棒控制及智能控制。目前主要是将模糊逻辑、神经网络与 PID、H∞控制等现有的成熟的控制方法相结合，取长补短，以获得更好的控制性能。

(二) 应用结构

直线电动机可以认为是旋转电机在结构方面的一种变形，它可以看作是一台旋转电机沿其径向剖开，然后拉平演变而成。随着自动控制技术和微型计算机的高速发展，对各类自动控制系统的定位精度提出了更高的要求，在这种情况下，传统的旋转电机再加上一套变换机构组成的直线运动驱动装置，已经远不能满足现代控制系统的要求，为此，世界许多国家都在研究、发展和应用直线电动机，使得直线电动机的应用领域越来越广。

直线电动机与旋转电机相比，主要有如下几个特点：一是结构简单，由于直线电动机不需要把旋转运动变成直线运动的附加装置，因而使得系统本身的结构大为简化，重量和体积大大下降；二是定位精度高，在需要直线运动的地方，直线电动机可以实现直接传动，因而可以消除中间环节所带来的各种定位误差，故定位精度高，如采用微机控制，还可以大大地提高整个系统的定位精度；三是反应速度快、灵敏度高，随动性好。直线电动机容易做到其动子用磁悬浮支撑，因而使得动子和定子之间始终保持一定的气隙而不接触，这就消除了定、动子间的接触摩擦阻力，因而大大地提高了系统的灵敏度、快速性和随动性；四是工作安全可靠、寿命长。直线电动机可以实现无接触传递力，机械摩擦损耗几乎为零，所以故障少，免维修，因而工作安全可靠、寿命长。

直线电动机主要应用于 3 个方面：一是应用于自动控制系统，这类应用场合比较多；二是作为长期连续运行的驱动电机；三是应用在需要短时间、短距离内提供巨大的直线运动能的装置中。

(1) 高速磁悬浮列车。磁悬浮列车是直线电动机实际应用的最典型的例子，美、英、日、法、德、加拿大等国都在研制直线悬浮列车，其中，日本进展最快。

(2) 直线电动机驱动的电梯。世界上第一台使用直线电动机驱动的电梯是1990年4月安装于日本东京都关岛区的万世大楼，该电梯载重600kg，速度为105m/min，提升高度为22.9m。由于直线电动机驱动的电梯没有曳引机组，因而建筑物顶的机房可省略。如果建筑物的高度增至1000m左右，就必须使用无钢丝绳电梯，这种电梯采用高温超导技术的直线电动机驱动，线圈装在井道中，轿厢外装有高性能永磁材料，就如磁悬浮列车一样，采用无线电波或光控技术控制。

(3) 超高速电动机。在旋转超过某一极限时，采用滚动轴承的电动机就会产生烧结、损坏现象，国外研制了一种直线悬浮电动机(电磁轴承)，采用悬浮技术使电动机的动子悬浮在空中，消除了动子和定子之间的机械接触和摩擦阻力，其转速可达25000～100000r/min以上，因而在高速电动机和高速主轴部件上得到广泛的应用。例如，日本安川公司研制的多工序自动数控车床用5轴可控式电磁高速主轴采用两个径向电磁轴承和一个轴向推力电磁轴承，可在任意方向上承受机床的负载。在轴的中间，除配有高速电动机以外，还配有与多工序自动数控车床相适应的工具自动交换机构。

(三) 类型

1. 圆柱形

圆柱形动磁体直线电动机动子是圆柱形结构，沿固定着磁场的圆柱体运动。这种电动机最初应用于商业场合，但是不能使用于要求节省空间的平板式和U形槽式直线电动机的场合。圆柱形动磁体直线电动机的磁路与动磁执行器相似，区别在于线圈可以复制以增加行程。典型的线圈绕组是三相组成的，使用霍尔装置实现无刷换相。推力线圈是圆柱形的，沿磁棒上下运动。这种结构不适合对磁通泄漏敏感的应用。必须小心操作保证手指不卡在磁棒和有吸引力的侧面之间。

管状直线电动机设计的一个潜在的问题出现在，当行程增加，由于电动机是完全圆柱的而且沿着磁棒上下运动，唯一的支撑点在两端。保证磁棒的径向偏差不至于导致磁体接触推力线圈的长度总会有限制。

2. U形槽式

U形槽式直线电动机有两个介于金属板之间且都对着线圈动子的平行磁轨。动子由导轨系统支撑在两磁轨中间。动子是非钢的，意味着无吸力且在磁轨和推力线圈之间无干扰力产生。非钢线圈装配惯量小，允许非常高的加速度。线圈一般是三相的，无刷换相。可以用空气冷却法冷却电动机来获得性能的增强。也有采用水冷方式的，这种设计可以较好地减少磁通泄露，因为磁体面对面安装在U形导槽里。这种设计也最小化了强大的磁力吸引带来的伤害。

这种设计的磁轨允许组合以增加行程长度，只局限于线缆管理系统可操作的长度、编码器的长度和机械构造的大而平的结构。

3. 平板

有3种类型的平板式直线电动机(均为无刷)：无槽无铁心、无槽有铁心和有槽有铁心。选择时需要根据对应用要求的理解。

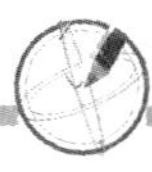

无槽无铁心平板电动机是一系列 coils 安装在一个铝板上。由于 FOCER 没有铁心，电动机没有吸力和接头效应(与 U 形槽式电动机同)。该设计在某些应用中有助于延长轴承寿命。动子可以从上面或侧面安装以适合大多数应用。这种电动机对要求控制速度平稳的应用是理想的，如扫描应用，但是平板磁轨设计产生的推力输出最低。通常，平板磁轨具有高的磁通泄露，所以需要谨慎操作以防操作者受它们之间和其他被吸材料之间的磁力吸引而受到伤害。

无槽有铁心：无槽有铁心平板电动机结构上和无槽无铁心电机相似。除了铁心安装在钢叠片结构然后再安装到铝背板上，铁叠片结构用在指引磁场和增加推力。磁轨和动子之间产生的吸力和电动机产生的推力成正比，迭片结构导致接头力产生。把动子安装到磁轨上时必须小心，以免它们之间的吸力造成伤害。无槽有铁心比无槽无铁心电动机有更大的推力。

有槽有铁心：这种类型的直线电动机，铁心线圈被放进一个钢结构里以产生铁心线圈单元。铁心有效增强电动机的推力输出通过聚焦线圈产生的磁场。铁心电枢和磁轨之间强大的吸引力可以被预先用作气浮轴承系统的预加载荷。这些力会增加轴承的磨损，磁铁的相位差可减少接头力。

六、 自整角机简介

自整角机是利用自整步特性将转角变为交流电压或由交流电压变为转角的感应式微型电机，在伺服系统中被用作测量角度的位移传感器。

（一）分类

自整角机按用途分为力矩式和控制式(变压器式)两种。力矩式用于同步指示系统；控制式用作测角器件。

1. 力矩式自整角机

大多数力矩式自整角机采用两极凸极式结构，只在频率较高、尺寸较大时才采用隐极式结构。定、转子铁心上分别装嵌单相激磁绕组和三相整步绕组。三相整步绕组为分布式星形接线，各相轴心线在空间相差 120°。转子绕组通过集电环和电刷引出接线的为接触式自整角机；通过电磁耦合方法引出接线的为无接触式自整角机，后者无接触摩擦和无线电干扰，但结构复杂，性能指标和利用率低。用两台相同型号的力矩式自整角机可组成角度同步指示系统。其中一台为发送机，另一台为接收机。二者用同一电源激磁。整步绕组各相对应相接。

2. 控制式自整角机

控制式自整角机结构与力矩式自整角机相似。为了提高输入阻抗，所用激磁绕组匝数较多。控制式自整角机(自整角变压器)多采用隐极式结构，并在转子上装设高精度的正弦绕组。两台控制式自整角机与力矩式自整角机相似，可组成角度测量系统，也可以有差动工作方式。由于生产工艺方面的原因，自整角机有零位和角度等方面的误差。

（二）应用

自整角机还可用以实现角度信号的远距离传输、变换、接收和指示。两台或多台电机通过电路的联系，使机械上互不相连的两根或多根转轴自动地保持相同的转角变化，或同步旋转。电机的这种性能称为自整步特性。在伺服系统中，产生信号一方所用的自整角机称为发送机，接收信号一方所用自整角机称为接收机。自整角机广泛应用于冶金、航海等位置，方位同步指示系统和火炮、雷达等伺服系统中。

七、 思考与练习

1. 交流伺服电动机在结构上与三相异步电动机有什么不同？其控制方式有哪些？

2. 直流伺服电动机有哪几种控制方式？

3. 反应式步进电动机的步距角如何计算？

4. 影响步进电动机性能的因素有哪些？

5. 已知一步进电动机的转子齿数为 z_r，通电脉冲的频率为 f，运行的拍数为 m，步距角用 θ 表示，电动机的转速用 n 表示，试写出步进电动机步距角 θ 和转速 n 的表达式。

模块三

三相异步电动机的电气控制

知识目标	1. 能根据控制要求，选配合适型号的低压电器 2. 能根据控制要求，熟练画出典型控制电路原理图，并进行装配 3. 掌握常用控制电路的安装、调试及维修方法 4. 能熟练运用所学知识读懂电气图样
能力目标	1. 熟悉常用低压电器的结构、工作原理、型号规格、符号、使用方法及其在控制电路中的作用 2. 掌握电气控制电路国家统一的绘图原则和标准 3. 掌握电动机基本控制电路的工作原理及安装接线方法

任务一　常用低压电器的选用、拆装与维修

一、 低压电器的基础知识

用于接通和断开电路或对电路和电气设备进行保护、控制和调节的电工器件称为电器。工作在交流 1200V 或直流 1500V 及以下电路中的电器称为低压电器。

低压电器常用于低压供电配电系统和机电设备自动控制系统中，用于实现电路的保护、控制、检测和转换等，如各种刀开关、按钮、继电器、接触器等。

（一）低压电器的分类

1. 按用途分类

低压电器按其在电路中所处的地位和作用分为配电电器和控制电器两大类。

1）配电电器

配电电器主要用于供配电系统中实行对电能的输送、分配和保护，如熔断器、断路器、开关及保护继电器等。对这类电器的主要技术要求是分断能力强，限流效果好，动稳定性及热稳定性能好。

2）控制电器

控制电器主要用于生产设备自动控制系统中对设备进行控制、检测和保护，如接触器、控制继电器、主令电器、电磁阀等。对这类电器的主要技术要求是有一定的通断能力，操作频率高，电气和机械寿命要长。

2. 按触点的动力来源分类

1）手动电器

手动电器是指通过人力驱动使触点动作的电器，如刀开关、按钮、转换开关等。

2）自动电器

自动电器是指通过非人力驱动使触点动作的电器，如接触器、继电器、热继电器等。

（二）低压电器的主要性能参数

1. 额定电压

额定电压是指低压电器在规定条件下长期工作时，能保证电器正常工作的电压值，其通常是指主触点的额定电压。有电磁机构的控制电器还规定了吸引线圈的额定电压。

2. 额定电流

额定电流是指电器在具体的使用条件下，能保证电器正常工作时的电流值。

3. 通断能力

通断能力是指低压电器在规定的条件下，能可靠接通和分断的最大电流。通断能力与电器的额定电压、负载性质、灭弧方式等有很大关系。

4. 电气寿命

电气寿命是指低压电器在规定条件下，在不需要维修或更换零件时的负载操作循环

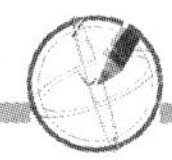

次数。

5. 机械寿命

机械寿命是指低压电器在需要维修或更换机械零件前所能承受的负载操作次数。

设计电器时，要求其电气寿命为机械寿命的20％～50％。

二、 开关电器的应用

低压开关电器主要用于隔离、转换及接通和断开电路，常用作机床电路的电源开关，或用于局部照明电路的控制及小容量电动机的启动、停止和正反转等。

常用的低压开关电器包括刀开关、转换开关和漏电保护开关等。

(一) 刀开关

刀开关是一种手动配电电器，用于不频繁接通或分断额定电流以下的负载，也可用来隔离电源，以确保检修安全。刀开关也称开启式负荷开关。

1. 结构与型号

图3.1(a)所示为开启式刀开关的结构，其主要由手柄、动触点、静触点和底板构成。图3.1(b)所示为装设有熔丝的刀开关，它具有短路保护的功能。

刀开关的型号含义和电气符号分别如图3.1(c)、图3.1(d)所示。

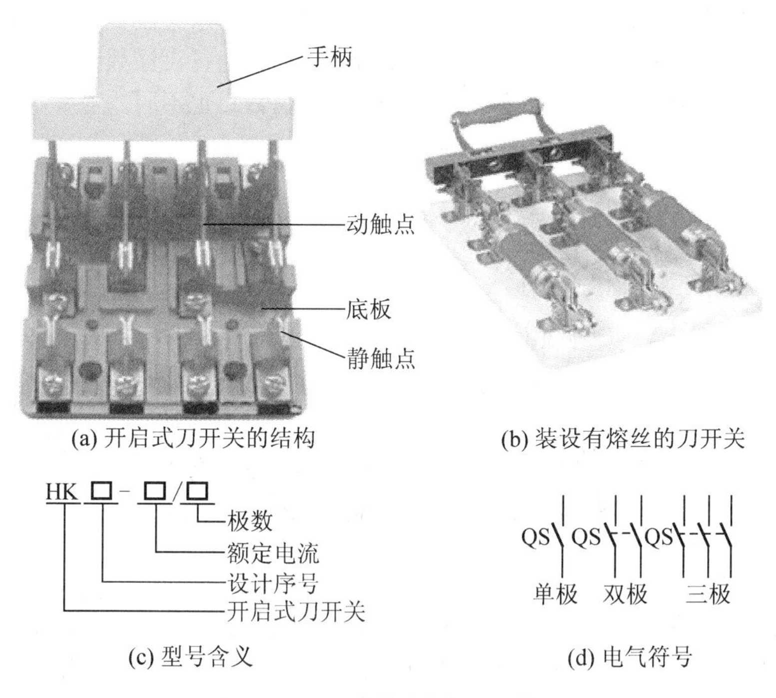

图3.1　刀开关的结构与图形符号

2. 主要技术参数与选择

刀开关种类很多，有两极(额定电压250V)和三极(额定电压380V)的刀开关，额定电流有10～100A不等，其中60A及以下的刀开关才用来控制电动机的接通或分断。正常情况下，刀开关一般能接通和分断其额定电流，因此，对于普通负载可根据负载的额定电流来选择刀开关的额定电流。

（1）当用于照明电路时，可选用额定电压220V或250V，额定电流等于或大于电路最大工作电流的双极开关。

（2）当用于电动机的直接启动时，可选用额定电压为380V或500V，额定电流等于或大于电动机额定电流3倍的三极开关。

开启式刀开关必须垂直安装在控制屏或开关板上，不能倒装，上方接线端接电源，下方接线端接负载，即接通状态时手柄朝上，否则有可能在分断状态时闸刀开关松动落下，造成误接通。

（二）转换开关

转换开关主要在电气设备中作为电源引入开关，也可作为电压表、电流表的换相开关，还可作为小容量电动机的启动、制动、调速及正反向转换的控制开关。

万能转换开关主要由操作机构、面板、手柄及数个触点座等部件组成，并用螺栓组装成为一个整体。触点座可有1～10层，每层均可装3对触点，并由其中的凸轮进行控制，如图3.2(a)所示。由于每层凸轮可做成不同的形状，因此当手柄转到不同位置时，通过凸轮的作用，可使各对触点按需要的规律接通和分断。

万能转换开关的电气符号如图3.2(b)所示，水平方向的数字1～3表示触点编号，垂直方向的数字及文字“左”、“0”、“右”表示手柄的操作位置(挡位)，虚线表示手柄操作的联动线。在不同的操作位置，各对触点的通、断状态的表示方法如下：在触点的下方与虚线相交位置有黑色圆点，表示在对应操作位置时触点接通；没涂黑色圆点，表示在该操作位置不通。开关具体型号不同，触点数目和操作挡位数目也不同。

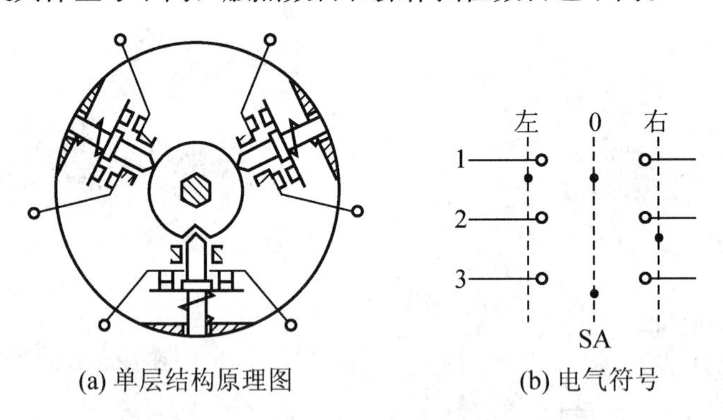

(a) 单层结构原理图　　(b) 电气符号

图3.2　万能转换开关结构原理图和电气符号

（三）漏电保护开关

漏电保护开关(脱扣器)是一种常用的漏电保护装置。它既能控制电路的通与断，又能在其控制电路或设备发生漏电或接地故障时迅速自动掉闸，进行保护。断路器与漏电保护开关两部分合并起来就构成一个完整的漏电断路器，具有过载、短路、漏电保护等功能。

漏电断路器的外形如图3.3所示。

漏电保护开关按动作方式可分为电压动作型和电流动作型；按动作机构可分为开关式和继电器式；按极数和线数可分为单极二线、二极、二极三线等。

漏电保护开关的选择如下。

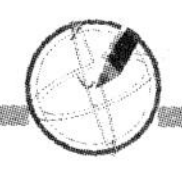

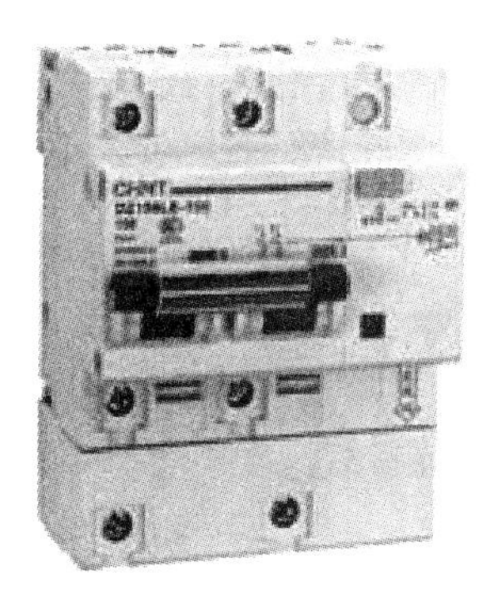

DZ158LE-100漏电断路器

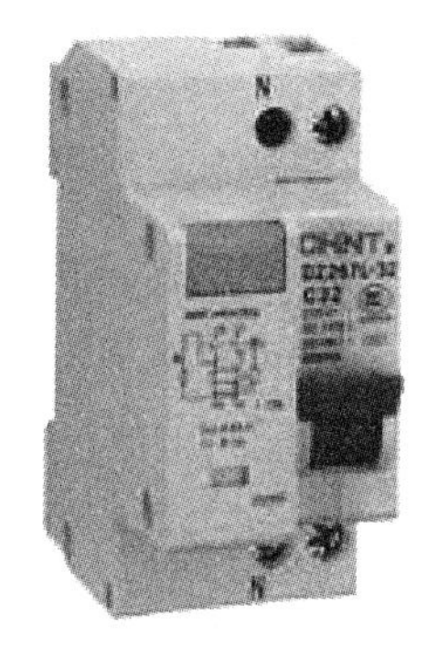

DZ267L-32漏电断路器

DZ47LE-32漏电断路器

图 3.3　漏电断路器的外形

(1) 当保护单相线路(设备)时，选用单极二线或二极漏电保护开关。

(2) 当保护三相线路(设备)时，选用三极漏电保护开关。

(3) 当既有三相又有单相时，选用三极四线或四极漏电保护开关。

三、 主令电器的应用

主令电器是指在电气自动控制系统中用来发出信号指令的电器。它的信号指令将通过继电器、接触器和其他电气的动作，接通和断开被控电路，以实现对电动机和其他生产机械的远距离控制。常用的主令电器有按钮、行程开关、接近开关等。

(一) 按钮

按钮是一种短时接通或断开小电流电路的电器，它不直接控制主电路的通断，而是在控制电路中发出手动“指令”去控制接触器、继电器等电器，再由它们去控制主电路，故称为主令电器。

按钮由按钮帽、复位弹簧、桥式触点、外壳等组成。它通常制成具有动合触点和动断触点的复合式结构，其外形与结构如图 3.4 所示。

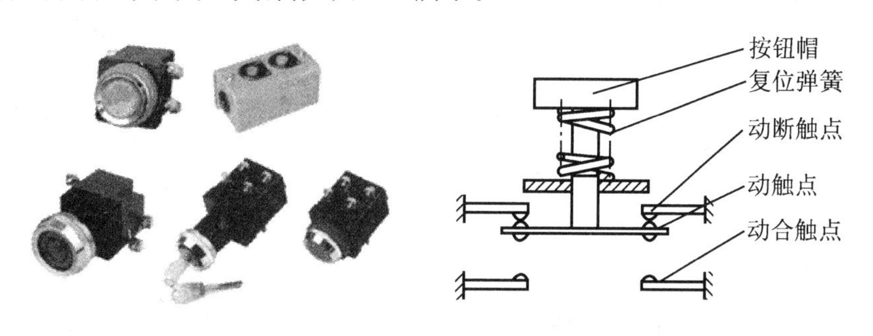

(a) 按钮的外形　　(b) 按钮的结构

图 3.4　按钮的外形与结构

常见按钮有 LA 系列和 LAY1 系列。LA 系列按钮的额定电压为交流 500V、直流 440V，额定电流为 5A；LAY1 系列按钮的额定电压为交流 380V、直流 220V，额定电流为 5A。按钮帽有红、绿、黄、白等颜色，一般红色用作停止按钮，绿色用作启动按钮。

按钮的型号含义和电气符号如图 3.5 所示。

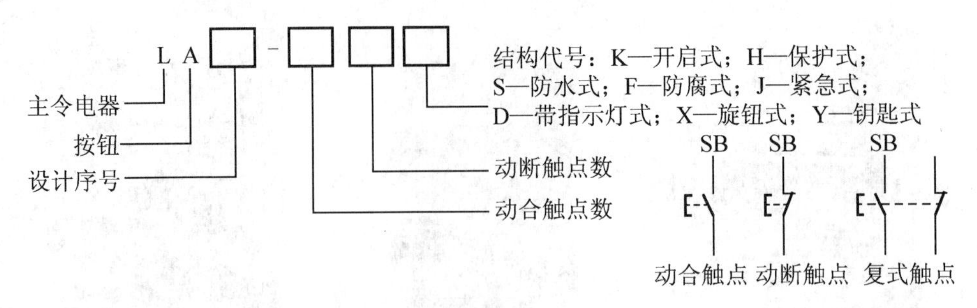

(a) 型号含义　　(b) 电气符号

图 3.5　按钮的型号含义和电气符号

（二）行程开关

行程开关又称限位开关，用于控制机械设备的行程及进行终端限位保护。

根据结构形式的不同，行程开关可分为直动式、单滚轮式和双滚轮式 3 种，如图 3.6(a)所示。行程开关由触头系统、操作机构和外壳组成。如图 3.6(b)所示，当生产机械的部件碰撞滚轮时，动触点向左运动，动合触点闭合，动断触点断开。当生产机械离开滚轮时，在弹簧的作用下，动触点往右运动，动合触点恢复常开，动断触点恢复常闭。

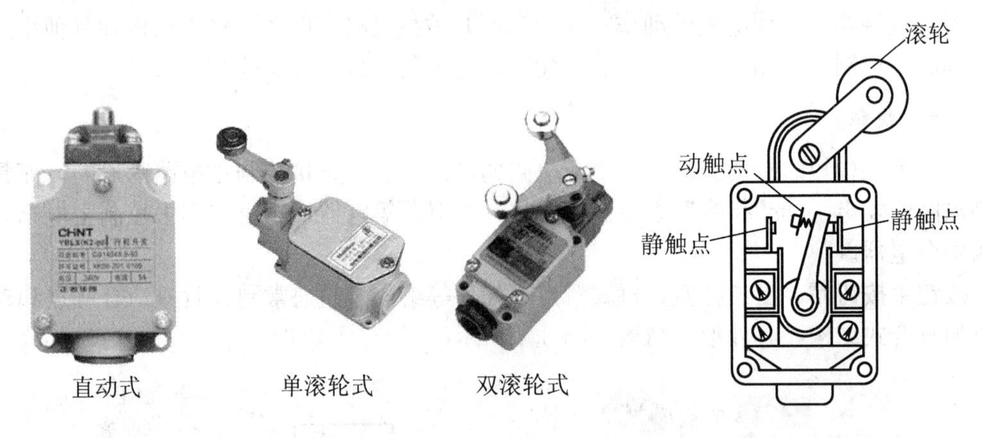

(a) 常见行程开关的外形　　(b) 行程开关的结构示意图

图 3.6　行程开关

行程开关的型号含义和电气符号如图 3.7 所示。

（三）接近开关

接近开关是一种无接触式物体检测装置，又称无触点行程开关，它除可以完成行程控制和限位保护外，还可以用于检测零件尺寸和测速等。

当有物体移向接近开关并接近到一定距离时，接近开关的感应头才有“感知”，使其输出一个电信号，其动合触点闭合，动断触点断开。通常把这个距离称为检出距离。

按工作原理不同，可将接近开关分为电感式、电容式、霍尔式、超声波式、光电式、磁性接近开关等；按输出形式不同，又可将其分为两线制和三线制，三线制接近开关又分为 NPN 输出型和 PNP 输出型两种。常见接近开关的外形和电气符号如图 3.8 所示。

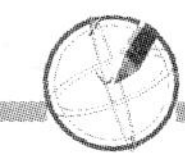

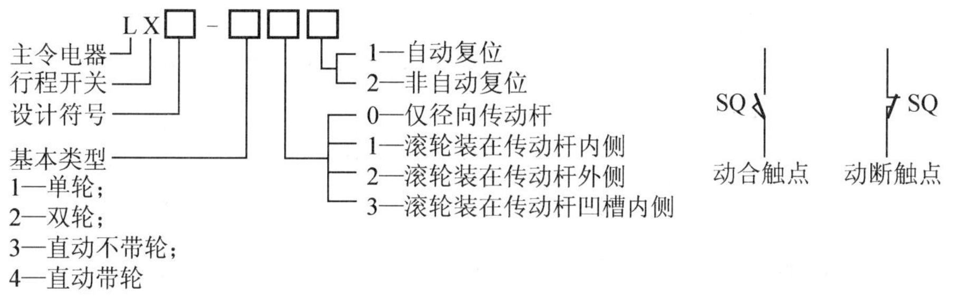

(a) 型号含义　　　　(b) 电气符号

图 3.7　行程开关的型号含义和电气符号

(a) 外形　　　　(b) 电气符号

图 3.8　常见接近开关的外形和电气符号

对于不同材质的检测体和不同的检测距离，应选用不同类型的接近开关，以使其在系统中具有较高的性价比，为此在选型中应遵循以下原则。

（1）当检测体为金属材料时，应选用电感式接近开关。

（2）当检测体为非金属材料，如木材、纸张、塑料等时，应选用电容式接近开关。

（3）当金属体和非金属要进行远距离检测和控制时，应选用光电式接近开关或超声波式接近开关。

（4）当检测体为金属时，若检测灵敏度要求不高，则可选用价格低廉的磁性接近开关或霍尔式接近开关。

四、保护电器的应用

为了保护电动机和电气设备不受故障的影响而损坏，采用了一些具有保护作用的电器——保护电器。常用的保护电器有熔断器、热继电器和低压断路器等。

（一）熔断器

熔断器是一种当电流超过规定值一定时间后，以它本身产生的热量使熔体熔化而分断电路的保护电器。通常将熔断器串接于被保护电路中，其能在电路发生短路或严重过电流时快速自动熔断，从而切断电路电源，起到保护作用。

1. 结构与分类

熔断器由熔断管(或座)、熔断体及外加填料等部分组成，其外形如图 3.9 所示。

（1）熔断管：由硬质纤维或瓷质绝缘材料制成的封闭或半封闭式管状外壳，熔断体装于其内，有利于熔断体熔断时熄灭电弧。

（2）熔断体：由金属材料制成不同的形状，如丝状、带状、片状或笼状等。

（3）填料：广泛应用的填料是石英砂，其主要有两个作用，即作为灭弧介质和帮助熔

(a) NT系列刀形触点熔断器

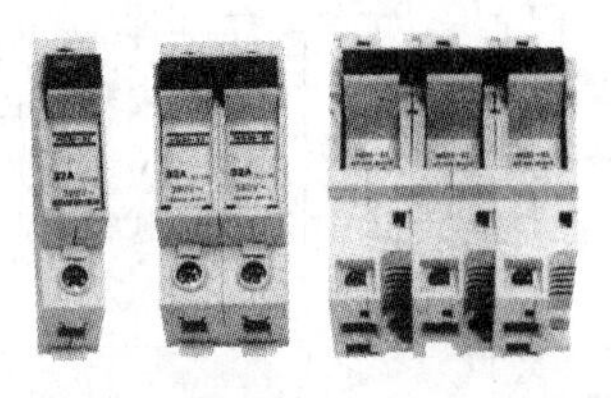

(b) RT系列圆筒帽形熔断器

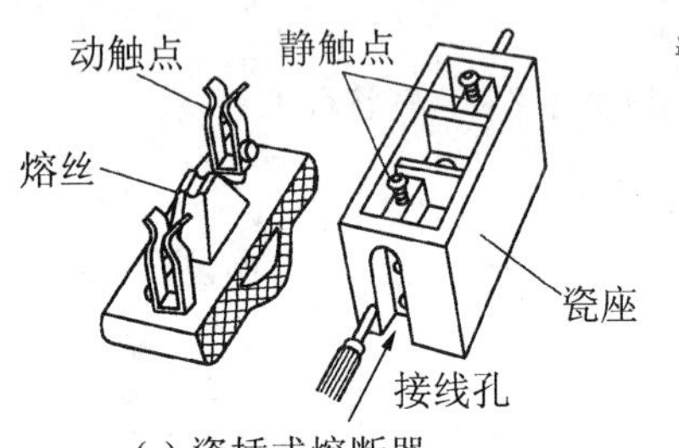

(c) 瓷插式熔断器

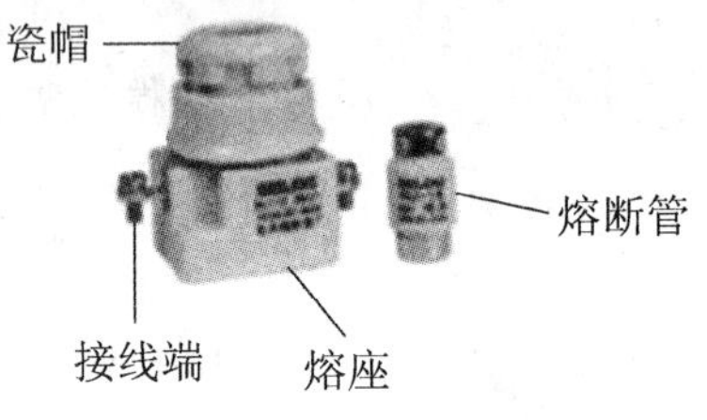

(d) 螺旋式熔断器

图 3.9　熔断器的外形

断体散热，从而有助于提高熔断器的限流能力和分断能力。

熔断器按结构形式可分为瓷插式、螺旋式、无填料封闭管式、有填料封闭管式、快速式等类别。熔断器的型号含义和电气符号如图 3.10 所示。

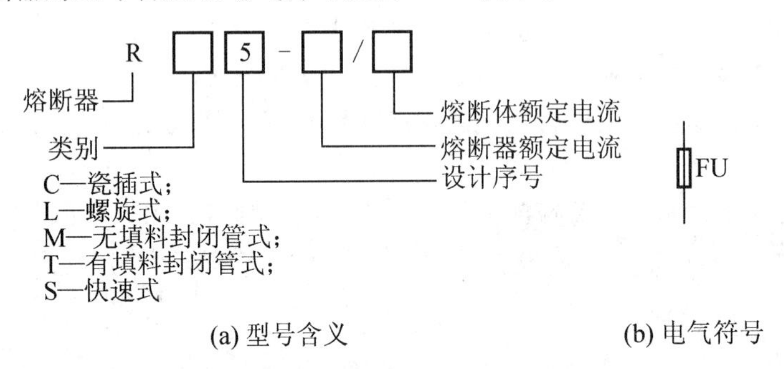

(a) 型号含义　　(b) 电气符号

图 3.10　熔断器的型号含义和电气符号

2. 主要技术参数

(1) 熔断器额定电流：保证熔断器能长期安全工作的额定电流。

(2) 熔断体额定电流：在正常工作时熔断体不熔断的工作电流。

3. 选择

熔断器的额定电压要大于或等于电路的额定电压，熔断器的额定电流要依据负载情况而选择。

(1) 电阻性负载或照明电路。这类负载启动过程很短，运行电流较平稳，一般按负载额定电流的 1～1.1 倍选用熔断体的额定电流，进而选定熔断器的额定电流。

(2) 电动机控制电路。这类负载的启动电流为额定电流的 4～7 倍，对于单台电动机，一般选择熔断体的额定电流为电动机额定电流的 1.5～2.5 倍；对于多台电动机，熔断体

的额定电流应大于或等于其中最大容量电动机的额定电流的 1.5～2.5 倍，再加上其余电动机的额定电流之和。

(3) 为防止发生越级熔断，上、下级(供电干线、支线)熔断器间应有良好的协调配合，为此，应使上一级(供电干线)熔断器的熔断体额定电流比下一级(供电支线)大 1 个或 2 个级差。

(二) 热继电器

热继电器是利用电流热效应工作的保护电器，主要用于对电动机过载、断相、电流不平衡运行等发热状态的保护。热继电器外形如图 3.11(a)所示。

1. 结构与工作原理

目前使用的热继电器有两相和三相两种类型。图 3.11(b)所示为两相热继电器的结构，它主要由热元件、双金属片和触点组成。热元件由发热电阻丝做成；双金属片由两种热膨胀系数不同的金属辗压而成，当双金属片受热时，会出现弯曲变形。

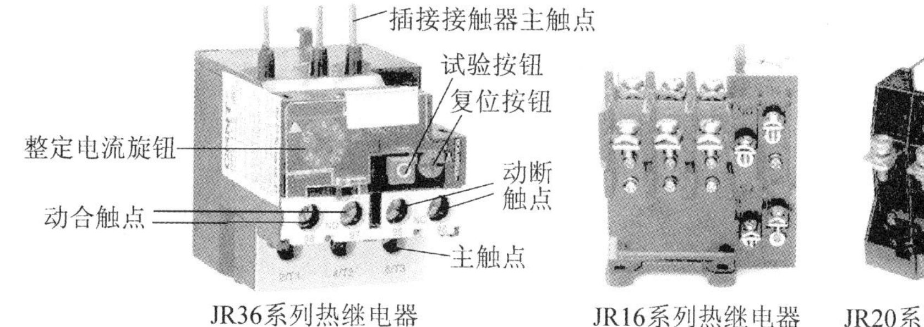

(a) 热继电外形

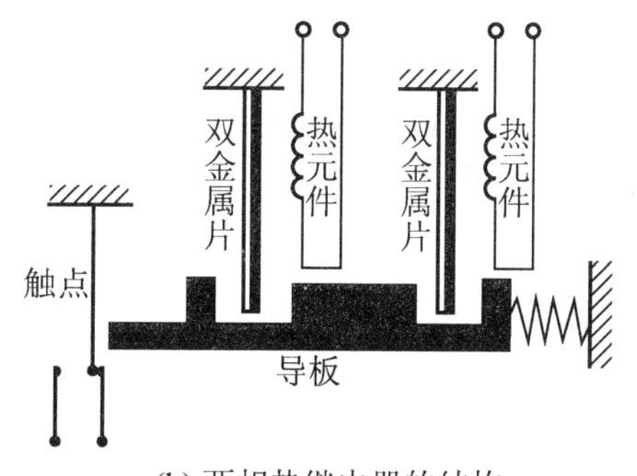

(b) 两相热继电器的结构

图 3.11　热继电器

使用时，把热元件串接于电动机的主电路中，而动断触点串接于电动机的控制电路中。当电动机过载时，流过热元件的电流增大，双金属片弯曲位移增大，推动导板使动断触点断开，从而切断电动机控制电路，以起保护作用。热继电器由于热惯性，当电路短路时不能立即动作使电路立即断开，因此不能做短路保护。同理，在电动机启动或短时过载时，热继电器也不会动作，这可避免电动机不必要的停车。每一种电流等级的热元件，都有一定的电流调节范围，一般应调节到与电动机额定电流相等，以便更好地起到过载保护作用。

热继电器的型号含义和电气符号如图 3.12 所示。

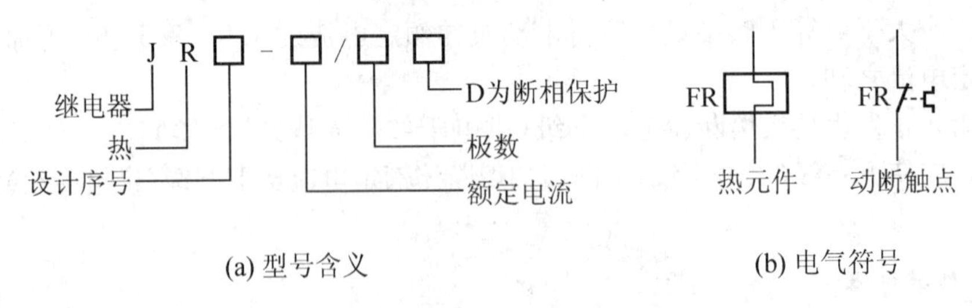

(a) 型号含义　　(b) 电气符号

图 3.12　热继电器的型号含义和电气符号

2. 选择

(1) 热继电器的类型选择。一般情况，可选择两相或普通三相结构的热继电器，但对于三角形接法的电动机，应选用三相带断相保护装置的热继电器。

(2) 热继电器的额定电流选择。热继电器的额定电流应略大于电动机的额定电流。

(3) 热继电器的整定电流选择。热继电器的整定电流是指热继电器长期不动作的最大电流，超过此值即动作。一般将热继电器的整定电流调整到等于电动机的额定电流即可；对启动时间较长、拖动冲击性负载或不允许停车的电动机，热继电器的整定电流应调整到电动机额定电流的 1.1～1.15 倍。

(三) 低压断路器

低压断路器(也称自动空气开关)是一种既可以接通和分断正常负荷电流和过负荷电流，又可以接通和分断短路电流的开关电器。低压断路器在电路中除起控制作用外，还具有过负荷、短路、过载、欠电压、漏电保护等功能。低压断路器既可以手动直接操作，也可以电动操作，还可以远方遥控操作。

1. 结构与工作原理

低压断路器(也称自动空气开关)主要由触头、灭弧装置、操动机构、保护装置等组成。低压断路器的保护装置由各种脱扣器来实现，其脱扣器形式有过电流脱扣器、热脱扣器、欠电压脱扣器、分励脱扣器等。

低压断路器的外形及结构分别如图 3.13(a)、图 3.13(b)所示。低压断路器的主触点 1 依靠操动机构手动或电动合闸，主触点闭合后，自由脱扣机构(2 和 3)将主触点锁在合闸位置上。低压断路器的型号含义和电器符号分别如图 3.13(c)、图 3.13(d)所示。

(1) 过电流脱扣器。过电流脱扣器 12 的线圈与被保护电路串联，当电路正常工作时，衔铁 11 不能被电磁铁吸合；当线路中出现短路故障时，衔铁被电磁铁吸合，通过传动机构推动自由脱扣机构释放主触头。主触头在分闸弹簧的作用下分开，切断电路起到短路保护作用。

(2) 热脱扣器。热脱扣器 9 与被保护电路串联，当出现过载现象时，线路中电流增大，双金属片弯曲，通过传动机构推动自由脱扣机构释放主触头，主触头在分闸弹簧的作用下分开，切断电路起到过载保护的作用。

(3) 欠电压脱扣器。欠电压脱扣器 8 并联在断路器的电源测，当电源侧停电或电源电压过低时，衔铁释放，通过传动机构推动自由脱扣机构使断路器掉闸，起到欠电压及零压保护的作用。

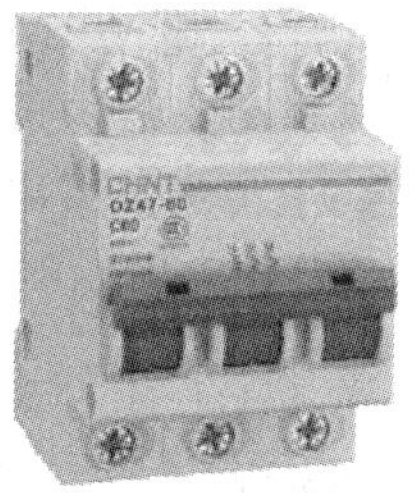

DZ47系列断路器　DZ108系列断路器　DW15系列断路器　NW17系列断路器

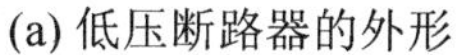

(a) 低压断路器的外形

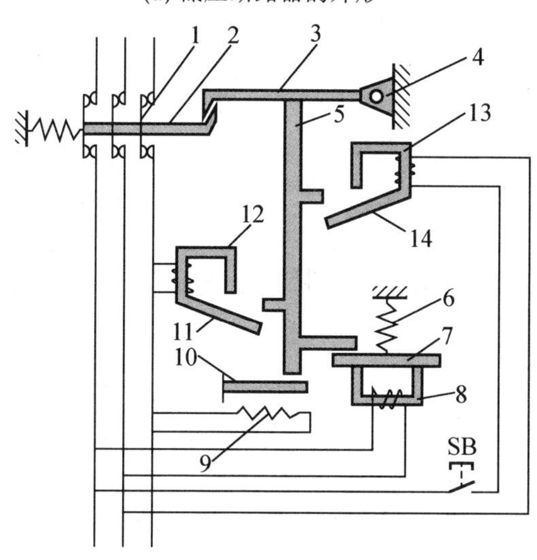

(b) 低压断路器的结构

1—主触点；2、3—自由脱扣机构；4—轴；5—杠杆；6—弹簧；7、11、14—衔铁
8—欠电压脱扣器；9—热脱扣器；10—双金属片；12—过电流脱扣器；13—分励脱扣器

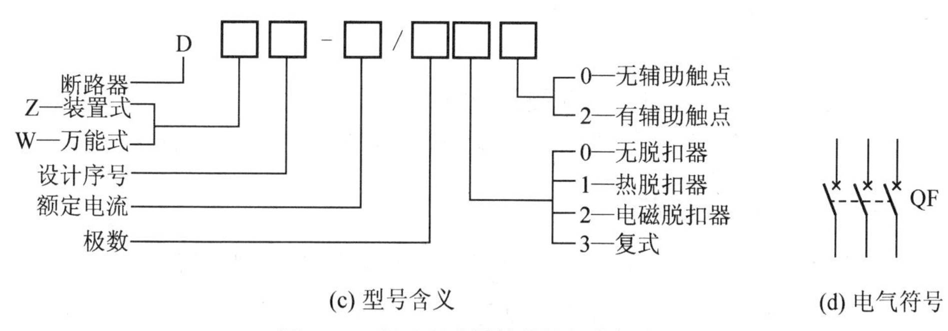

(c) 型号含义　　(d) 电气符号

图 3.13　低压断路器的结构与电气符号

(4) 分励脱扣器。分励脱扣器 13 用于远距离操作低压断路器分闸控制，它的电磁线圈并联在低压断路器的电源侧。当需要进行分闸操作时，按动常开按钮 SB 使分励脱扣器的电磁铁得电吸动衔铁，通过传动机构推动自由脱扣机构，使低压断路器掉闸。

当在一台低压断路器上同时装有两种或两种以上脱扣器时，则称这台低压断路器装有复式脱扣器。

2. 分类

低压断路器的分类方式很多，按极数分为单极式、二极式、三极式和四极式；按灭弧介质分为空气式和真空式(目前国产多为空气式)；按操作方式分为手动操作、电动操作和弹簧储能机械操作；按安装方式分为固定式、插入式、抽屉式、嵌入式等；按结构形式分为DW15、DW16、CW系列万能式(又称框架式)和DZ5系列、DZ15系列、DZ20系列、DZ25系列塑壳式低压断路器。低压断路器的容量范围很大，最小为4A，最大可达5 000A。

3. 主要技术参数

(1) 额定电压。低压断路器的额定电压是指与通断能力及使用类别相关的电压值。针对多相电路而言，它是指相间的电压值。

(2) 额定电流。

① 低压断路器壳架等级额定电流。低压断路器壳架等级额定电流用尺寸和结构相同的框架或塑料外壳中能装入的最大脱扣器额定电流表示。

② 低压断路器额定电流。低压断路器额定电流是指在规定条件下低压断路器可长期通过的电流，又称为脱扣器额定电流。针对带可调式脱扣器的低压断路器而言，它是指可长期通过的最大电流。

(3) 额定短路分断能力。额定短路分断能力是指低压断路器在额定频率和功率因数等规定条件下，能够分断的最大短路电流值。

4. 选择

(1) 低压断路器的额定电压和额定电流应大于或等于被保护线路的正常工作电压和负载电流。

(2) 热脱扣器的整定电流应等于所控制负载的额定电流。

(3) 过电流脱扣器的瞬时脱扣整定电流应大于负载正常工作时可能出现的峰值电流。用于控制电动机的低压断路器，其瞬时脱扣整定电流为

$$I_Z = KI_{st}$$

式中，K——安全系数，可取1.5～1.7；

I_{st}——电动机的启动电流。

(4) 欠电压脱扣器额定电压应等于被保护线路的额定电压。

(5) 低压断路器的极限分断能力应大于线路的最大短路电流的有效值。

五、 接触器的选用与维修

接触器是用来频繁地接通和分断交直流主回路和大容量控制电路的低压控制电器。其主要控制对象是电动机，能实现远距离控制，配合继电器可以实现定时操作、联锁控制及各种定量控制和失压及欠电压保护。接触器是电力拖动自动控制系统中应用最广泛的电器。

1. 结构与工作原理

接触器按流过其主触点的电流的性质分为直流接触器和交流接触器。如图3.14(c)所示，交流接触器主要由电磁机构、触头系统、灭弧装置及其他部分组成。

(1) 电磁机构。电磁机构包括线圈、铁心和衔铁，是接触器的重要组成部分，依靠它带动触点实现闭合与断开。为了消除衔铁在铁心上的振动和噪声，铁心用硅钢片叠压而成，上面设有短路环。

(2) 触头系统。触头是接触器的执行部分，包括主触点和辅助触点。主触点的作用是

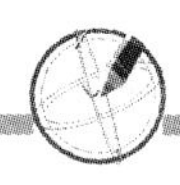

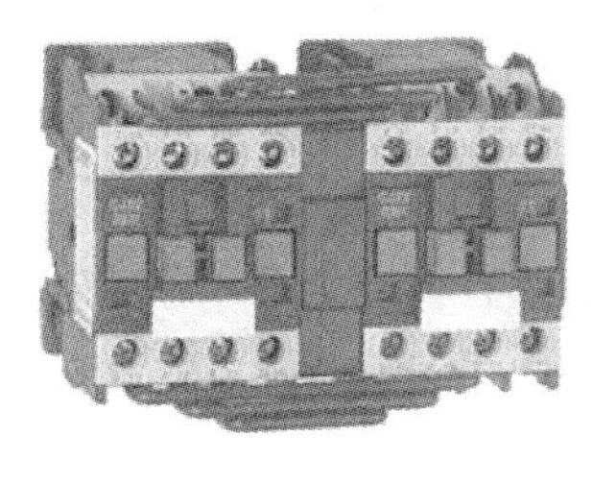

CJX1系列接触器

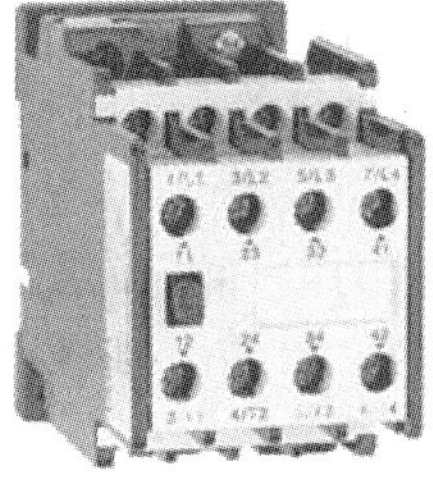

CJ20系列接触器

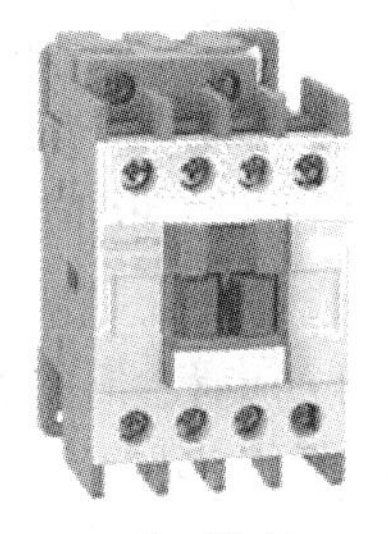

NC8系列接触器

家用接触器

(a) 接触器外形

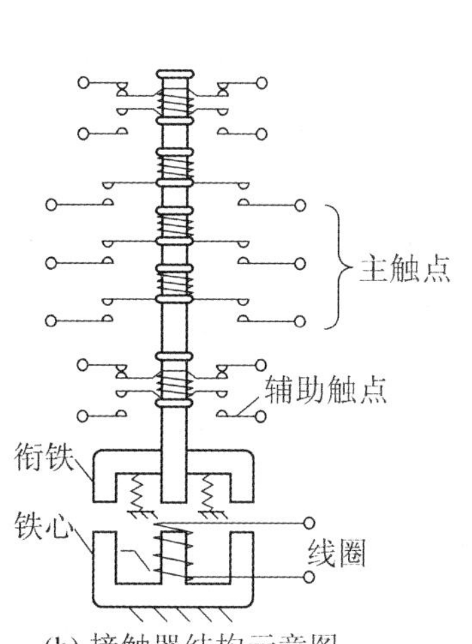

(b) 接触器结构示意图

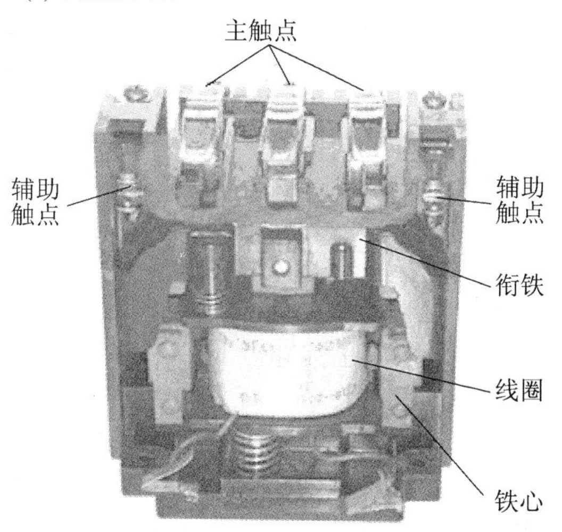

(c) 接触器实物结构图

图 3.14　交流接触器

接通和分断主电路，控制较大的电流，它有 3 对触点，接在主电路中；而辅助触点和线圈接在控制电路中，以满足各种控制方式的要求，其中线圈未通电时处于断开状态的触点称为动合触点，而处于闭合状态的触点称为动断触点。

(3) 灭弧装置。通常主触点额定电流在 10A 以上的接触器都带有灭弧装置，其作用是减小和消除触点电弧，确保操作安全。

如图 3.14 所示，当接触器线圈通电后，在铁心中将产生磁通及电磁吸力，此电磁吸力将克服弹簧弹力使得衔铁吸合，带动触点机构动作，动断触点断开，动合触点闭合，互锁或接通线路；当线圈失电或线圈两端电压显著降低时，电磁吸力小于弹簧弹力，使得衔铁释放，触点机构复位，解除互锁或断开线路。

2. 主要技术参数与型号

(1) 额定电压是指主触点的额定电压，交流有 220V、380V、500V，直流有 110V、220V、440V。

(2) 额定电流是指主触点的额定电流，有 5A、10A、20A、40A、60A、100A、150A、250A、400A、600A。

(3) 吸引线圈额定电压，交流有 36V、110V、220V、380V，直流有 24V、48V、220V、440V。

(4) 通断能力。通断能力可分为最大接通电流和最大分断电流。最大接通电流是指触点闭合不会造成触点熔焊时的最大电流值；最大分断电流是指触点断开时能可靠灭弧的最大电流。一般情况下，通断能力是额定电流的5～10倍，当然，这一数值与电路的电压等级有关，电压越高，通断能力越小。

(5) 电气寿命和机械寿命。接触器的电气寿命是按规定使用类别的正常操作条件下，不需要修理或更换零件的负载操作次数。目前，接触器的机械寿命为1000万次以上，电气寿命是机械寿命的5%～20%。

(6) 额定操作频率。额定操作频率(次/h)是指允许每小时接通的最多次数。交流接触器最高为600次/h，直流接触器最高可高达1200次/h。

常用的交流接触器有CJ20、CJX1、CJX2等系列，直流接触器有CZ18、CZ21、CZ22、CZ10、CZ2等系列。接触器的型号含义和电气符号如图3.15所示。

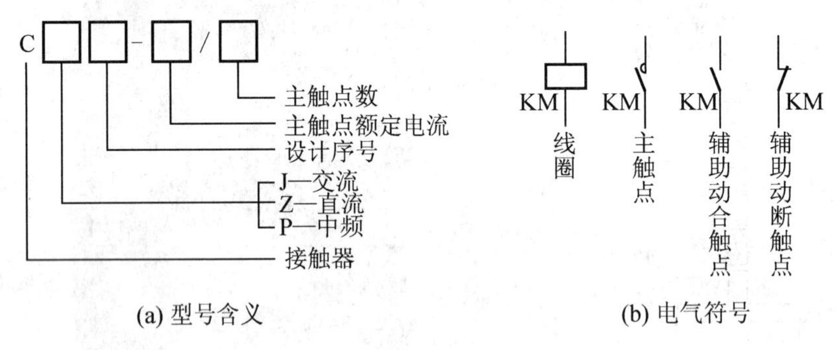

(a) 型号含义　　(b) 电气符号

图3.15　接触器的型号含义和电气符号

3. 选择

(1) 接触器主触点的额定电压应大于或等于被控电路的额定电压。

(2) 接触器主触点的额定电流应大于或等于1.3倍的电动机的额定电流。

(3) 接触器吸引线圈额定电压的选择。当线路简单、使用电器较少时，可选用220V或380V；当线路复杂、使用电器较多时或用于不太安全的场所时，可选用36V或110V。

(4) 接触器的触头数量、种类应满足控制线路的要求。

(5) 操作频率的选择。当通断电流较大及通断频率超过规定数值时，应选用额定电流大一级的接触器型号，否则会使触头严重发热，甚至熔焊在一起，造成电动机等负载缺相运行。

4. 接触器的常见故障

交流接触器常见故障及处理方法如表3-1所示。

表3-1　交流接触器常见故障及处理方法

故障现象	可能原因	处理方法
动铁心吸不上或者吸力不足	(1) 绕组电压不足或接触不良； (2) 触点弹簧压力过大	(1) 检修控制回路；查找原因 (2) 减小弹簧压力
动铁心不释放或者释放缓慢	(1) 触点弹簧压力过小； (2) 触点熔焊； (3) 机械可动部分被卡； (4) 反力弹簧损坏； (5) 铁心截面有油污或灰尘	(1) 提高弹簧压力； (2) 排除熔焊故障，更换触点； (3) 排除卡住部分故障； (4) 更换反力弹簧； (5) 清理铁心截面

续表

故障现象	可 能 原 因	处 理 方 法
电磁铁噪声大	(1) 机械可动部分被卡； (2) 短路环断裂； (3) 铁心截面有油污或灰尘； (4) 铁心磨损过大	(1) 排除机械被卡故障； (2) 更换短路环； (3) 清理铁心截面； (4) 更换铁心
绕组过热或烧坏	(1) 绕组额定电压不对； (2) 操作频率过高； (3) 绕组匝间短路	(1) 更换绕组或调换接触器； (2) 调换适合高频率操作的接触器； (3) 排除故障，更换绕组
触点灼伤或熔焊	(1) 触点弹簧压力过小； (2) 触点表面有异物； (3) 操作频率过高或工作电流过大； (4) 长期过载使用； (5) 负载侧短路	(1) 调整触点弹簧压力； (2) 清洁触点表面； (3) 调换容量大的接触器； (4) 调换合适的接触器； (5) 排除故障，更换触点

六、 继电器的选用与维修

继电器是根据一定的信号(如电流、电压、时间和速度等物理量)的变化来接通或分断小电流电路和电器的自动控制电器。

继电器一般不用来直接控制主电路，而是通过接触器或其他电器来对主电路进行控制，因此同接触器相比较，它的触点通常接在控制电路中，触点断流容量较小(5A 以下)，一般不需要灭弧装置，但对继电器动作的准确性要求较高。

继电器种类很多，按输入信号的不同，可将其分为电压继电器、电流继电器、时间继电器、速度继电器、压力继电器、温度继电器等；按工作原理的不同，可将其分为电磁式继电器、感应式继电器、电动式继电器、电子式继电器、热继电器等；按用途的不同，可将其分为控制继电器和保护继电器；按输出形式的不同，可将其分为有触点继电器和无触点继电器。继电器的型号含义如图 3.16 所示。

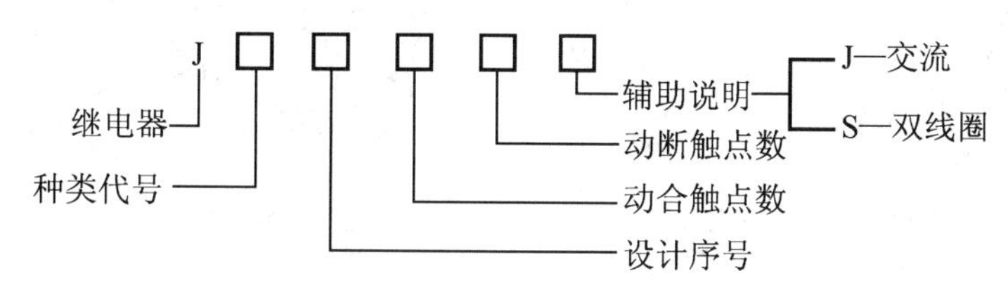

图 3.16　继电器的型号含义

注：种类代号中，Z 表示中间；L 表示电流；T 表示通用；S 表示时间

(一) 电磁式继电器的结构及工作原理

低压控制系统中的继电器大部分为电磁式结构，如图 3.17 所示。电磁式继电器的结构组成和工作原理与电磁式接触器相似，它也由电磁机构和触点系统两个主要部分组成。电磁机构由线圈 1、铁心 2、衔铁 7 组成。触头系统由于其触点都接在控制电路中，且电流小，故不装设灭弧装置。电磁式继电器的触点一般为桥式触点，有动合和动断两种形式。另外，为了实现继电器动作参数的改变，继电器一般还具有改变弹簧松紧和改变衔铁

打开后气隙大小的装置，即调节螺钉 6。

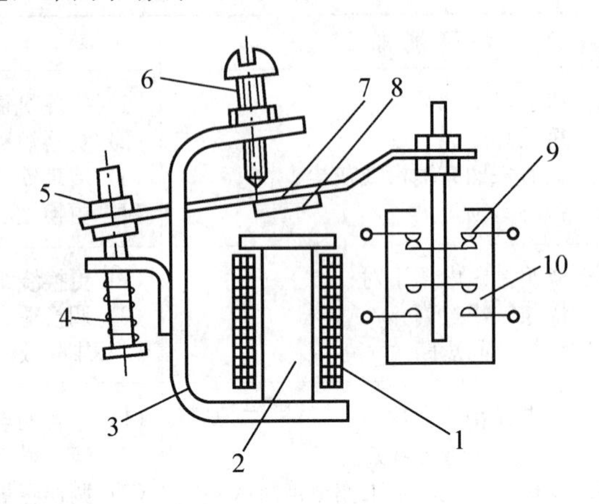

图 3.17　电磁式继电器的典型结构示意图

1—线圈；2—铁心；3—磁轭；4—弹簧；5—调节螺母；6—调节螺钉；
7—衔铁；8—非磁性垫片；9—动断触点；10—动合触点

当通过线圈 1 的电流超过某一定值时，电磁吸力大于反作用弹簧力，衔铁 7 吸合并带动绝缘支架动作，使动断触点 9 断开，动合触点 10 闭合。通过调节螺钉 6 来调节反作用力的大小，即调节继电器的动作参数值。

（二）时间继电器

时间继电器是控制系统中控制动作时间的继电器。按工作原理的不同，可将其分为空气阻尼式、电动式、晶体管式和可编程式时间继电器等。常见时间继电器的外形和型号含义如图 3.18 所示。

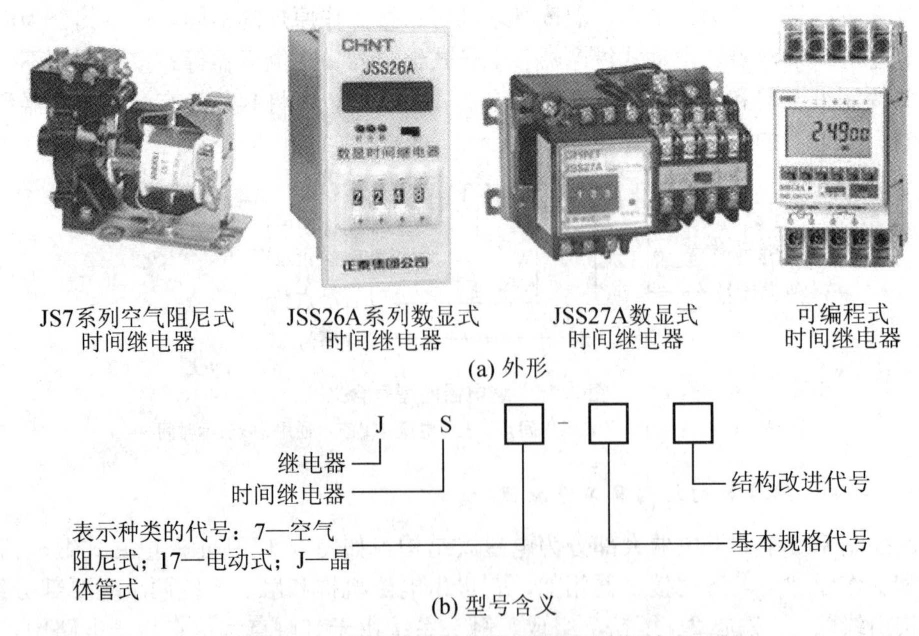

图 3.18　常见时间继电器的外形和型号含义

按延时方式的不同，可将其分为通电延时型时间继电器和断电延时型时间继电器。时

间继电器的电气符号及文字符号如图 3.19 所示。

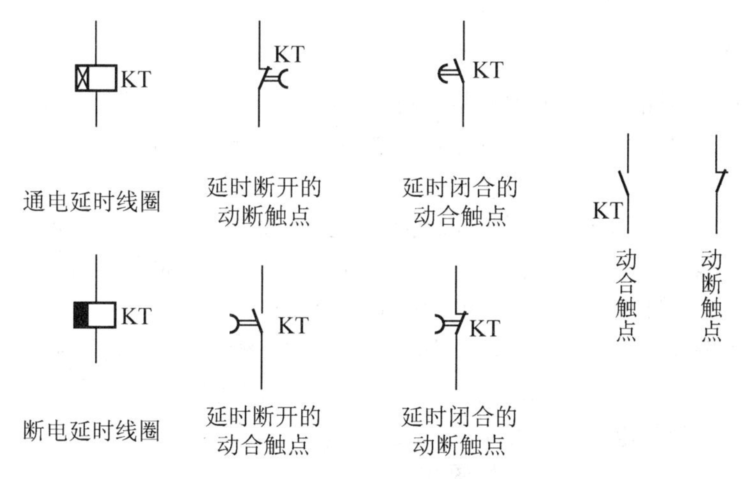

图 3.19　时间继电器的电气符号及文字符号

通电延时型时间继电器是指线圈通电后触点延时动作，即当线圈通电时，其延时动合触点要延时一段时间才闭合，延时动断触点要延时一段时间才断开；当线圈失电时，其延时动合触点迅速断开，延时动断触点迅速闭合。

断电延时型时间继电器是指线圈断电后触点延时动作，即当线圈通电时，其延时断开的动合触点迅速闭合，延时闭合的动断触点迅速断开；当线圈失电时，其延时断开的动合触点要延时一段时间才断开，延时闭合的动断触点要延时一段时间才闭合。

图 3.20 所示为 JS11J 系列数显式时间继电器的接线图，其中 1、2 之间接交流 220V 电源。该时间继电器是通电延时型，其中延时闭合的动合触点共有两对(6 与 7、9 与 10)，延时断开的动断触点共有两对(7 与 8、10 与 11)，瞬动触点两对(3 与 4、4 与 5)。

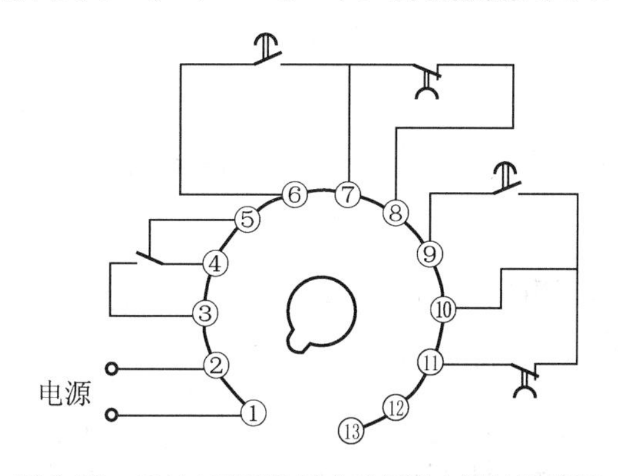

图 3.20　JS11J 系列数显式时间继电器的接线图

时间继电器形式多样，各具特点，选择时应从以下几方面考虑。

(1) 根据控制电路对延时触点的要求选择延时方式，即通电延时型或断电延时型。

(2) 根据使用场合、工作环境选择时间继电器类型。对于延时精度要求不高的场合，可选用空气阻尼式时间继电器；对于延时精度要求高且延时范围较大的场合，可选用晶体管式时间继电器。目前，电气设备中使用较多的是晶体管式时间继电器。

（三）电流继电器和电压继电器

1. 电流继电器

电流继电器的线圈串联接入主电路，用来感测主电路的电流；触点接于控制电路，为执行元件。电流继电器反映的是电流信号，常用的电流继电器有欠电流继电器和过电流继电器两种。

欠电流继电器在电路正常工作时，其衔铁是吸合的，其动合触点闭合，动断触点断开。只有当电流降低到某一整定值时，衔铁释放，其动合触点恢复断开，动断触点恢复闭合。欠电流继电器主要用于直流电机的弱磁或失磁保护。

过电流继电器在电路正常工作时，其衔铁不吸合。当被保护线路的电流高于额定值，并达到过电流继电器的整定值时，衔铁吸合，触点机构动作，其动合触点闭合，动断触点断开。因此，过电流继电器主要用于电动机的过载及短路保护。

电流继电器的外形和电气符号如图 3.21 所示。

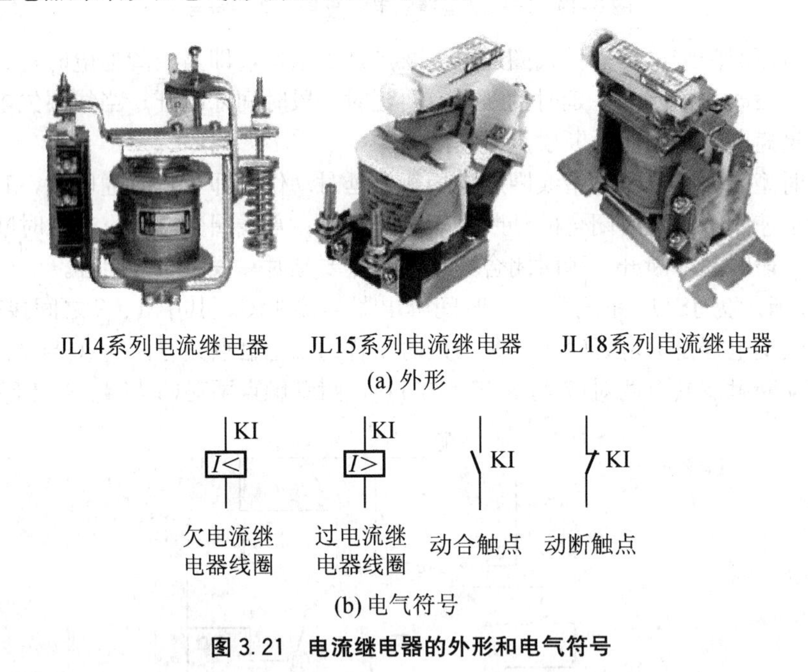

图 3.21 电流继电器的外形和电气符号

2. 电压继电器

电压继电器用于电力拖动系统的电压保护和控制。其线圈并联接入主电路，感测主电路的电压；触点接于控制电路，为执行元器件。按吸合电压的大小，电压继电器可分为欠电压继电器和过电压继电器。

欠电压继电器用于电路的欠电压保护。当被保护电路电压正常时，衔铁可靠吸合，其动合触点闭合，动断触点断开；当被保护电路电压降至欠电压继电器的某一整定值时，衔铁释放，触点机构复位，控制接触器及时分断被保护电路。

过电压继电器用于电路的过电压保护。当被保护电路电压正常时，衔铁不吸合；当被保护电路的电压高于额定值，且达到过电压继电器的整定值时，衔铁吸合，其动合触点闭合，动断触点断开，控制电路失电，控制接触器及时分断被保护电路。

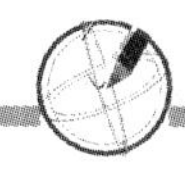

电压继电器的外形和电气符号如图 3.22 所示。

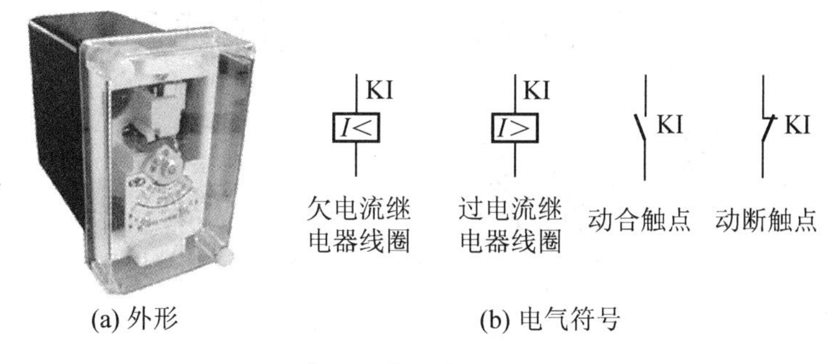

图 3.22　电压继电器的外形和电气符号

中间继电器实质上是一种电压继电器。它的特点是触点数目较多，且没有主辅触点之分，电流容量可增大，起到中间放大(触点数目和电流容量)的作用。

中间继电器的外形和电气符号如图 3.23 所示。

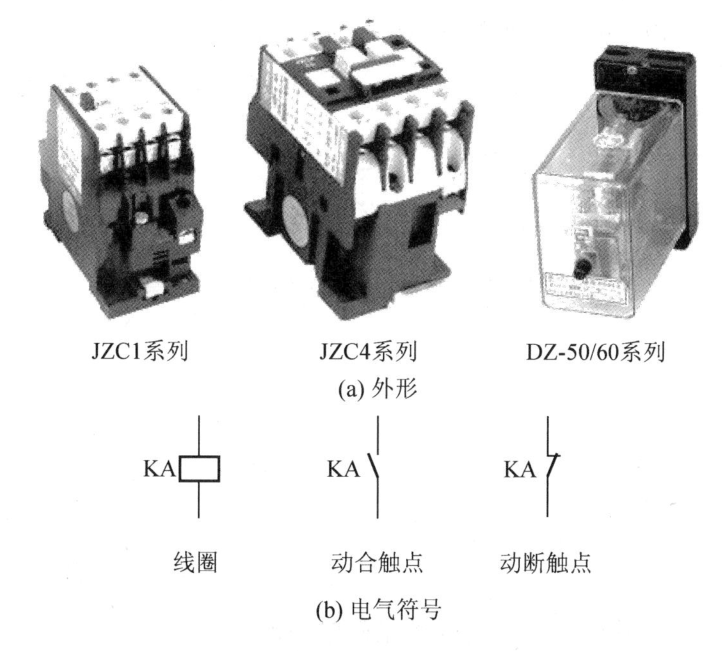

图 3.23　中间继电器的外形和电气符号

（四）速度继电器

速度继电器主要用于笼形异步电动机的反接制动控制中，故也称为反接制动继电器。

图 3.24 所示为速度继电器的外形及结构示意图。它主要由定子、转子和触点三部分组成。

速度继电器的轴与电动机的轴相连接。当电动机转动时，速度继电器的转子随之转动，绕组切割磁场产生感应电动势和电流，此电流和永久磁铁的磁场作用产生转矩，使定子向轴的转动方向偏摆，通过摆锤拨动触点，使动断触点断开、动合触点闭合。当电动机转速下降到接近零时，转矩减小，摆锤在弹簧力的作用下恢复原位，触点也复位。

速度继电器根据电动机的额定转速进行选择。

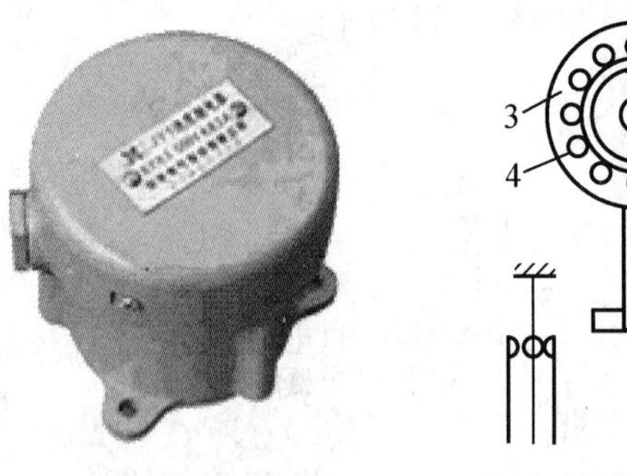
(a) 速度继电器的外形

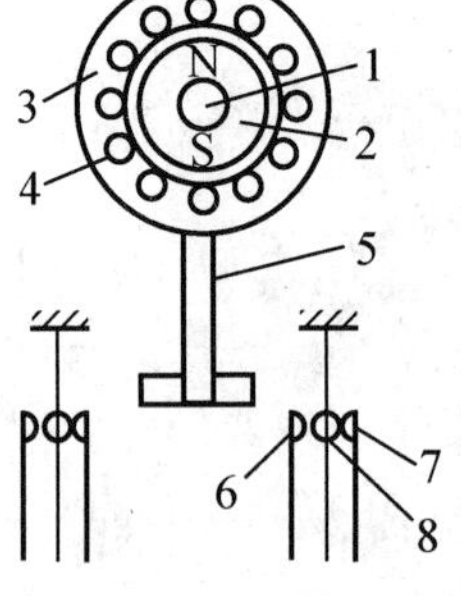

(b) 结构示意图

图 3.24 速度继电器的外形及结构示意图

1—转轴；2—转子；3—定子；4—绕组；5—摆锤；6、7—静触点；8—动触点

常用的感应式速度继电器有 JY1 和 JFZ0 系列。速度继电器有两对动合、动断触点，分别对应于被控电动机的正反转运行。一般情况下，速度继电器的触点，在转速达 120r/min 左右时动作，100r/min 左右时恢复到正常位置。

速度继电器的图形符号和文字符号如图 3.25 所示。

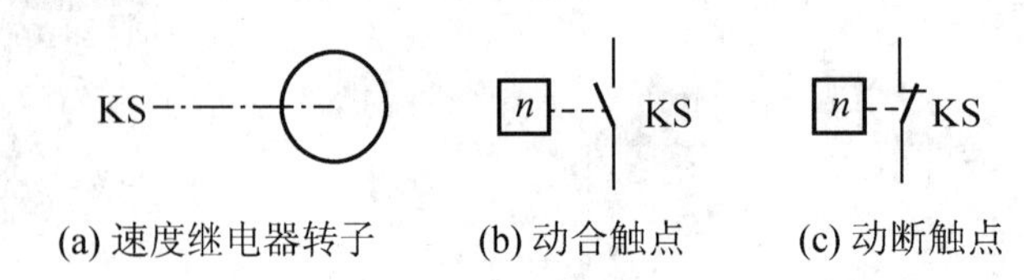

(a) 速度继电器转子　(b) 动合触点　(c) 动断触点

图 3.25 速度继电器的图形符号和文字符号

七、思考与练习

1. 填空题。

(1) 低压电器是指工作于交流________V 以下或直流________V 以下电路中的电器。

(2) 接触器主要由________、________和________等组成。

(3) 线圈未通电时处于断开状态的触点称为________，而处于闭合状态的触点称为________。

(4) 热继电器是利用________来切断电路的一种________电器，它用作电动机的保护，不宜作为________保护。热继电器的整定电流一般情况下取________电动机额定电流。

(5) 熔断器用于各种电气电路中做________保护。

2. 熔断器与热继电器用于保护交流三相异步电动机时，能不能互相取代？为什么？

3. 电路中 QS、FU、KM、FR 和 SB 分别是什么电气元器件的文字符号？

4. 接触器的主触点、辅助触点和线圈各接在什么电路中？如何连接？

5. 中间继电器和接触器有何异同？在什么条件下可以用中间继电器代替接触器启动电动机？

6. 画出热继电器、接触器、速度继电器的图形符号，并写出它们的文字符号。

7. 如果交流接触器有噪声，请分析其原因和诊断方法。

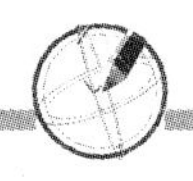

任务二　三相异步电动机点动、长动控制线路的装调

一、任务引入

图 3.26 所示为三相异步电动机的手动控制电路。当合上刀开关 QS 时，电动机运行；当断开刀开关时，电动机停止运行。此电路虽然比较简单，但刀开关不宜带负载操作。因此，在启动、停车频繁的场合，使用这种手动控制方法既不方便，也不安全，操作劳动强度大，并且不能进行远距离自动控制。那么，采用什么元器件才能实现自动控制呢？

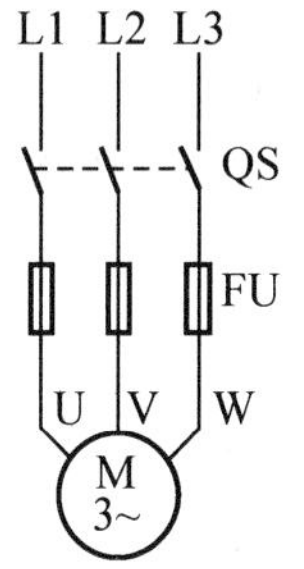

图 3.26　三相异步电动机的手动控制电路

二、任务分析

常用低压电器中接触器具有能控制大容量电路，能远距离频繁操作的功能。可以用接触器的主触点来控制电动机的启动运行，用按钮来控制接触器的线圈的得电或者失电。这样刀开关在主电路中仅起隔离电源的作用。

三、相关知识

（一）电气原理图的绘图原则

电气控制系统由电气控制元器件按一定要求连接而成。为了清晰地表达生产机械电气控制系统的工作原理，便于系统的安装、调整、使用和维修，可以将电气控制系统中各电气元器件用一定的图形符号和文字符号来表示，再将其连接情况用一定的图形表达出来，这种图形就是电气控制系统图。

电气控制系统图一般有电气原理图、电气元器件布置图和电气安装接线图 3 种。其中，电气原理图和电气安装接线图是最常见的形式。

电气原理图用图形和文字符号表示电路中各个电气元器件的连接关系和电气工作原理，它并不反映电气元器件的实际大小和安装位置。现以 CW6132 型普通车床的电气原理图为例，来说明绘制电气原理图应遵循的一些基本原则，如图 3.27 所示。

(1) 电气原理图一般分为主电路和辅助电路 2 个部分。主电路包括从电源到电动机的电路，其中有刀开关、熔断器、接触器的主触头、热继电器发热元件与电动机等，是大电流通过的部分，用粗线绘制在图的左侧或上方(如图 3.27 中的 1、2、3 区)。辅助电路通过的电流相对较小。它包括控制电路、照明电路、信号显示电路和保护电路等。控制电路一般为继电器、接触器的线圈电路，包括各种主令电器、继电器、接触器的触点(如图 3.27 中的 4、5 区)。照明、信号指示、检测等电路(如图 3.27 中的 6、7 区)，辅助电路用细实线绘制在图的右侧或下方。各电路均应尽可能按动作顺序由上至下、由左至右画出。

(2) 电气原理图中所有电气元器件的图形符号和文字符号必须符合国家规定的统一标准。在电气原理图中，电气元器件采用分离画法，即同一电器的各个部件可以不画在一起，但必须用同一文字符号标注。对于同类电器，应在文字符号后加数字序号以示区别(如图 3.27 中的 FU1～FU4)。

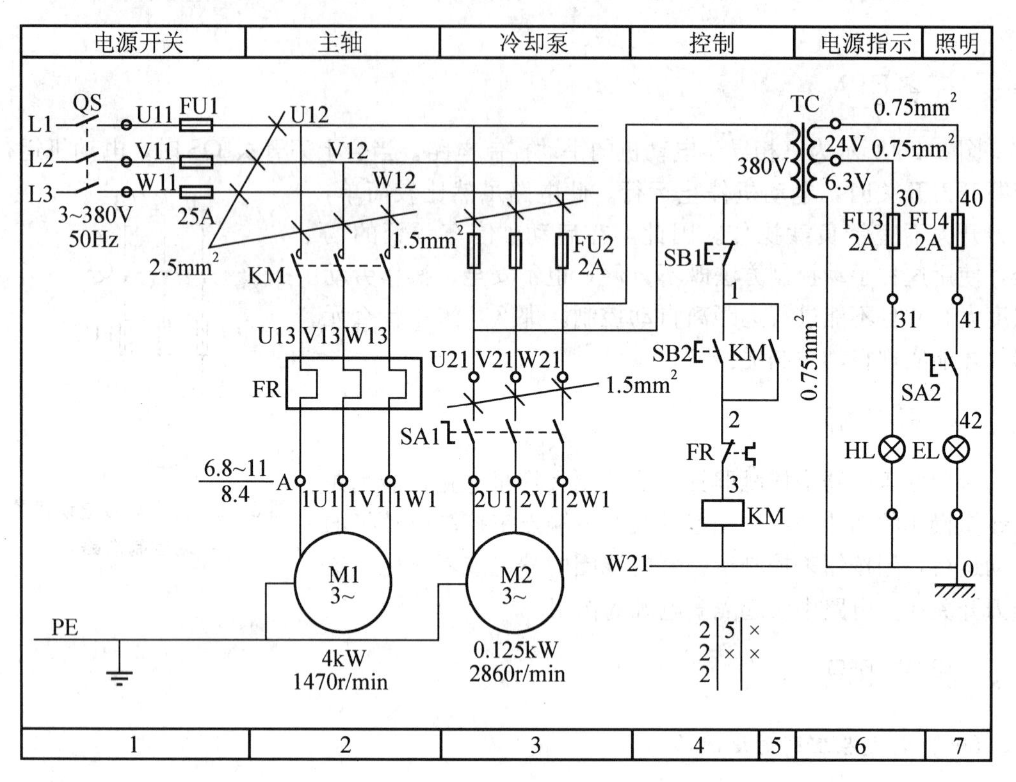

图 3.27　CW6132 型普通车床的电气原理图

(3) 在电气原理图中，所有电器的可动部分均按原始状态画出，即对于继电器、接触器的触点，应按其线圈不通电时的状态画出；对于控制器，应按其手柄处于零位时的状态画出；对于按钮、行程开关等主令电器，应按其未受外力作用时的状态画出。

(4) 动力电路的电源线应水平画出；主电路应垂直于电源线画出；辅助电路应垂直于两条或几条水平电源线绘制；耗能元件(如线圈、电磁阀、照明灯、信号灯等)应接在下面一条电源线一侧，而各种控制触点应接在另一条电源线上。

(5) 应尽量减少线条数量，避免线条交叉。各导线之间有电联系时，应在导线十字交叉处画实心圆点。根据图面布置需要，可以将图形符号旋转绘制，一般按逆时针方向旋转 90°，但其文字符号不可以倒置。

(6) 在电气原理图上，应标出各个电源电路的电压值、极性或频率及相数；对某些元器件还应标注其特性(如电阻、电容的数值等)；不常用的电器(如位置传感器、手动开关等)还要标注其操作方式和功能等。

(7) 为方便阅图，在电气原理图中，可将图幅分成若干个图区，图区行的代号用英文字母表示，一般可省略，列的代号用阿拉伯数字表示，其图区编号写在图的下面，并在图的顶部标明各图区电路的作用。

(8) 在继电器、接触器线圈下方均列有触点表以说明线圈和触点的从属关系，即“符号位置索引”。也就是在相应线圈的下方，给出触点的图形符号(有时也可省去)，对未使用的触点用“×”标明(或不做标明)。

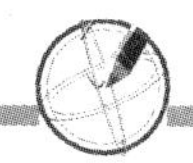

接触器各栏表示的含义如表 3-2 所示。

表 3-2　接触器各栏表示的含义

栏号	左栏	中栏	右栏
含义	主触点所在图区号	辅助动合触点所在图区号	辅助动断触点所在图区号

此外，在绘制电气控制线路图中的支路、元器件和接点时，一般都要加上标号。主电路标号由文字和数字组成。文字用以标明主电路中的元器件或线路的主要特征，数字用以区别电路的不同线段。例如，三相交流电源引入线端采用 L1、L2、L3 标号，电源开关之后的三相交流电源主电路和负载端分别标 U、V、W，如 U11 表示电动机的第一相的第 1 个接点，依此类推。辅助电路的标号由 3 位或 3 位以下的数字组成，并且按照从上到下、从左到右的顺序标号。继电器各栏表示的含义如表 3-3 所示。

表 3-3　继电器各栏表示的含义

栏号	左栏	右栏
含义	动合触点所在图区号	动断触点所在图区号

电器元件布置图反映各电气元器件的实际安装位置，在图中电器元件用实线框表示，而不必按其外形形状画出；在图中还需要标注出必要的尺寸。CW6132 型普通车床的电气元器件布置图如图 3.28 所示。

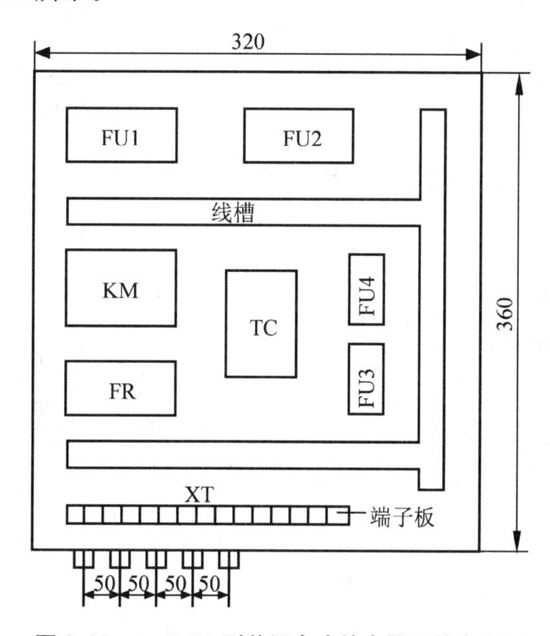

图 3.28　CW6132 型普通车床的电器元件布置图

电气安装接线图反映的是电气设备各控制单元内部元器件之间的接线关系。图 3.29 所示为 CW6132 型普通车床的电气安装接线图。

各电器元件按在底板上的实际位置绘出，一个元器件的所有部件应画在一起并用虚线框起来。

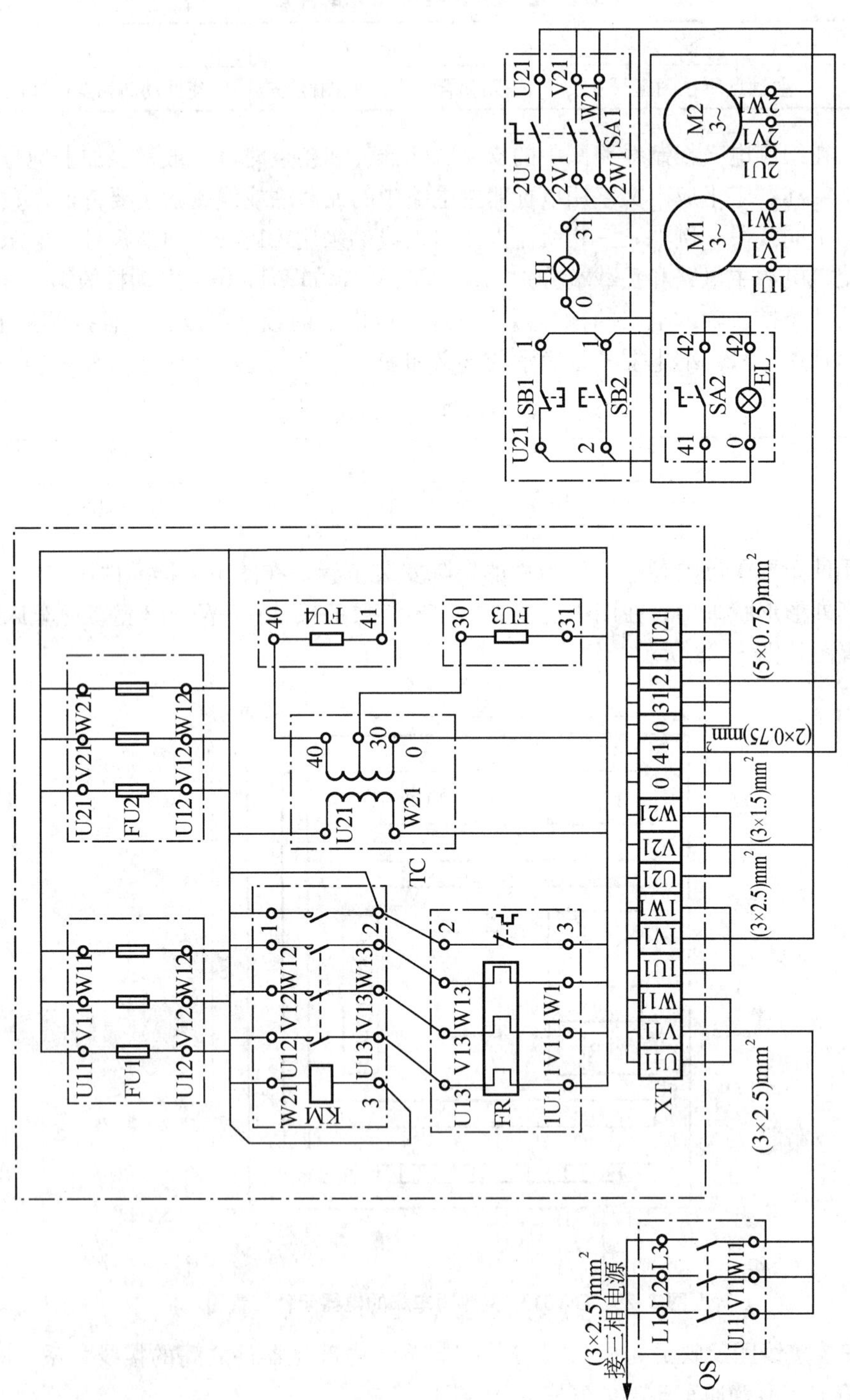

图3.29 CW6132型普通车床的电气安装接线图

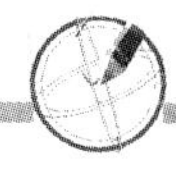

（二）三相异步电动机点动控制电路

点动控制电路适合于短时间的启动操作，在起吊重物、调整生产设备工作状态时应用，其电气原理图如图 3.30 所示。其分为主电路和控制电路两部分。主电路的电源引入采用了刀开关 QS，电动机的电源由接触器 KM 主触点的通、断来控制。

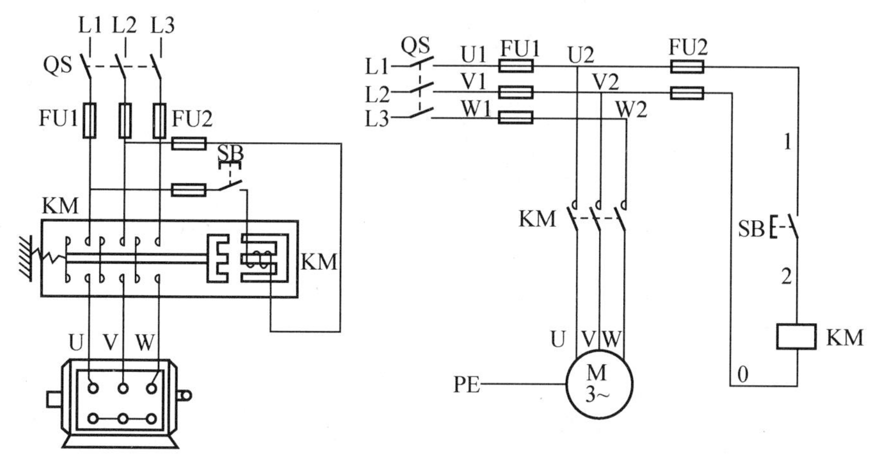

(a) 点动控制电路的实物接线图　　(b) 点动控制电路的电气原理图

图 3.30　点动控制电路

电路工作原理如下。

首先合上电源开关 QS。

启动：

按下SB ⟶ KM线圈得电 ⟶ KM主触点闭合 ⟶ 电动机M运转

停止：

松开SB ⟶ KM线圈失电 ⟶ KM主触点分断 ⟶ 电动机M停转

这种当按钮按下时电动机就运转，按钮松开后电动机就停转的控制方式，称为点动控制。

（三）三相异步电动机长动控制电路

自锁控制电路如图 3.31 所示，它是一种广泛采用的连续运行控制线路。在点动控制电路的基础上，它又在控制回路中增加了一个停止按钮 SB1，还在启动按钮 SB2 的两端并接了接触器的一对辅助动合触点 KM。除此之外，还增设了热继电器 FR 作为电动机的过载保护，它的动断触点串接在控制回路中，发热元器件串接在主回路中，这对长期运转的电动机是很有必要的。

电路工作原理如下。

首先合上电源开关 QS。

启动：

按下SB2 ⟶ KM线圈得电 ⟶ KM主触点闭合 ⟶ 电动机M运转
　　　　　　　　　　　　└⟶ KM辅助动合触点闭合，自锁

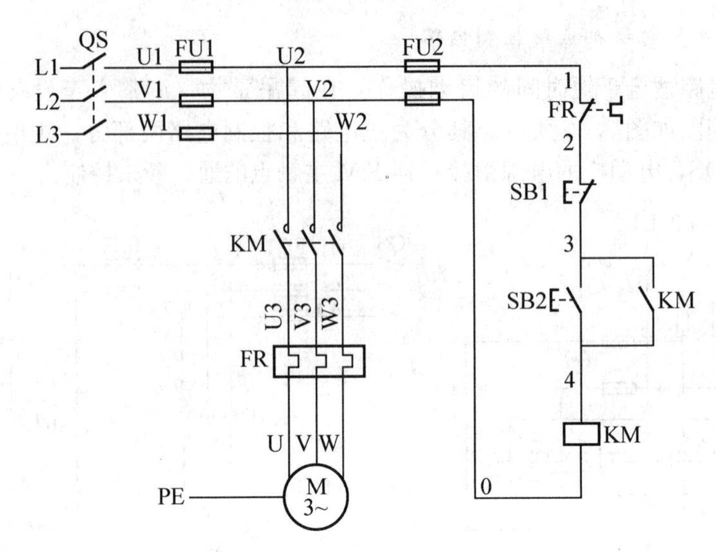

图 3.31 自锁控制电路

当松开 SB2 后，由于 KM 辅助动合触点闭合，KM 线圈仍得电，因此电动机 M 继续运转。

这种依靠接触器自身辅助动合触点使其线圈保持通电的现象称为自锁(或自保)，起自锁作用的辅助动合触点，称为自锁触点(或自保触点)，这样的控制线路称为具有自锁(或自保)的控制线路。

停止：

按下SB1 ──→ KM线圈失电 ─┬─→ KM主触点分断 ──→ 电动机M停转
　　　　　　　　　　　　　　└─→ KM辅助动合触点分断，解锁

四、 任务实施

(1) 按图 3.32 所示配齐所用电气元器件，并进行质量检验。电气元器件应完好无损，各项技术指标符合规定要求，否则应予以更换。

(2) 在控制板上按照图 3.32 所示的电气位置安装电气元器件，并给每个电气元器件贴上醒目的文字符号。

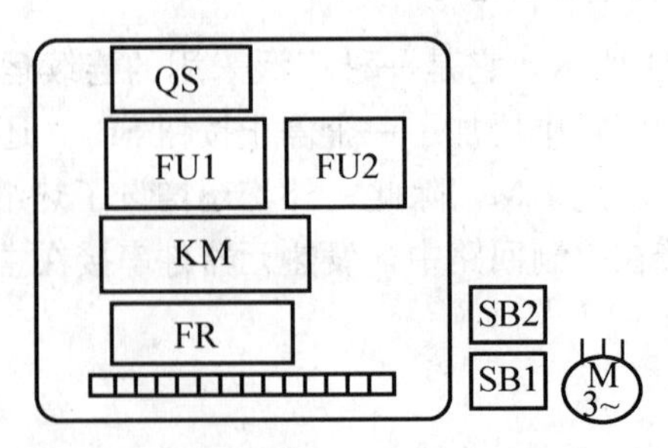

图 3.32 自锁控制电路电气元器件位置图

(3) 按图 3.33 所示的自锁电路接线图进行板前明线布线和套编码套管。做到布线整齐、横平竖直、分布均匀；走线合理；套编码套管正确；严禁损伤线芯和导线绝缘；接点

牢靠，不得松动，不得压绝缘层，不反圈、不露线芯太长等。

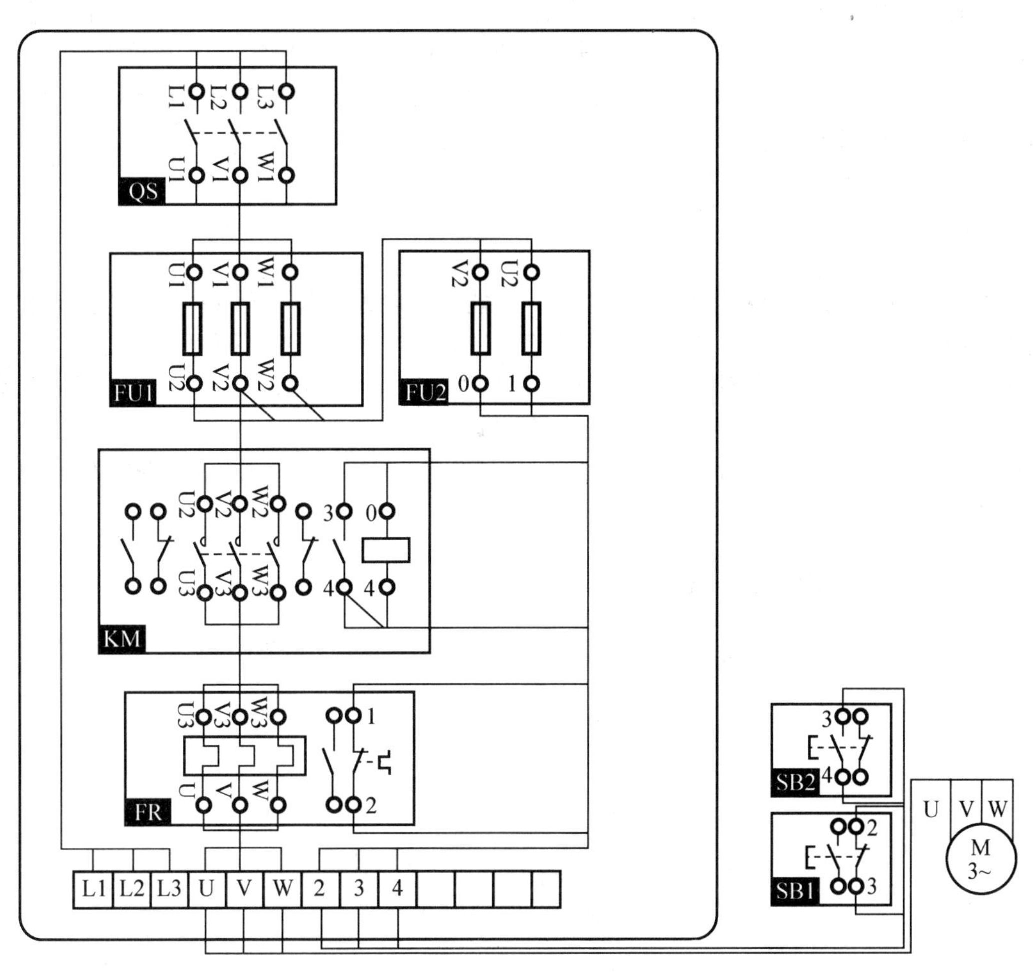

图 3.33　自锁电路的接线图

（4）安装电动机，要求安装牢固、平稳，以防止在换向时产生滚动而引起事故。

（5）可靠连接电动机和按钮金属外壳的保护接地线。

（6）连接电源、电动机等控制板外部的导线。

（7）安装完毕后，必须经过认真检查后，才可通电。检查方法如下。

① 对照电路图或接线图进行粗查。从电路图的电源端开始，逐段核对接线及接线端子处的线号是否正确；检查导线接点是否牢固，否则，带负载运行时会产生闪弧现象。

② 用万用表进行通断检查。先查主电路，此时断开控制电路，将万用表置于电阻挡，将其表笔分别放在 U1-U2、V1-V2、W1-W2 之间的接线端子上，读数应接近零；人为将接触器 KM 吸合，再将表笔分别放在 U1-V1、V1-W1、U1-W1 之间的接线端子上，此时万用表的读数应为电动机绕组的值(此时电动机应为△接法)。再检查控制电路，此时应断开主电路，将万用表置于电阻挡，将其表笔分别放在U2-V2 接线端子上，读数应为“∞”；按下按钮 SB2 时，读数应为 KM 线圈的电阻值。

③ 用绝缘电阻表进行绝缘检查。将 U 或 V 或 W 与绝缘电阻表的接线柱 L 相连，电

动机的外壳和绝缘电阻表的接线柱 E 相连，测量其绝缘电阻应大于或等于 1MΩ。

(8) 在教师的监护下，通电试车。合上开关 QS，按下启动按钮 SB2，观察接触器是否吸合，电动机是否运转。在观察中，若遇到异常现象，应立即停车，检查故障。常见的故障一般分为主电路故障和控制电路故障两类。若接触器吸合，此时电动机不转，则故障可能出现在主电路中；若接触器不吸合，则故障可能出现在控制电路中。

(9) 通电试车完毕，切断电源。

五、 知识拓展

图 3.34 所示的电路既能进行点动控制，又能进行自锁控制，所以将其称为点动和自锁混合控制电路。在图 3.34 中，SB2 为连续运转启动按钮，当按下按钮 SB2 时，其工作原理与自锁控制电路的工作原理相同。SB3 为点动按钮，当按下 SB3 时，接触器 KM 线圈得电，其 3 个主触点闭合，电动机通电运转(此时，SB3 动断触点分断，KM 辅助动合触点的自锁不起作用)。当松开 SB3 时，接触器 KM 线圈失电，3 个主触点分断，电动机断电停转。

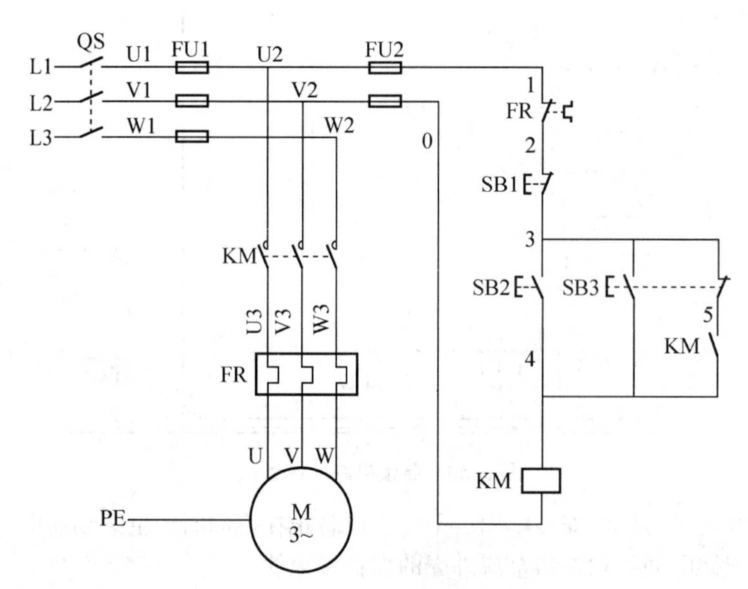

图 3.34　点动和自锁混合控制电路

六、 思考与练习

1. 电气控制系统图一般有几种?
2. 电气原理图一般分为几个部分?
3. 简单介绍自锁的定义。
4. 用开关如何实现点动与连续共存?
5. 选择题

(1) 在图 3.35 所示的电路中，图(　　)能实现点动和自锁工作。

(2) 在图 3.36 所示的电路中，图(　　)按正常操作时出现点动工作。

6. 分析图 3.37 所示电路运行的结果，指出存在的错误之处，并进行更正。

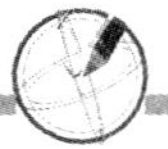

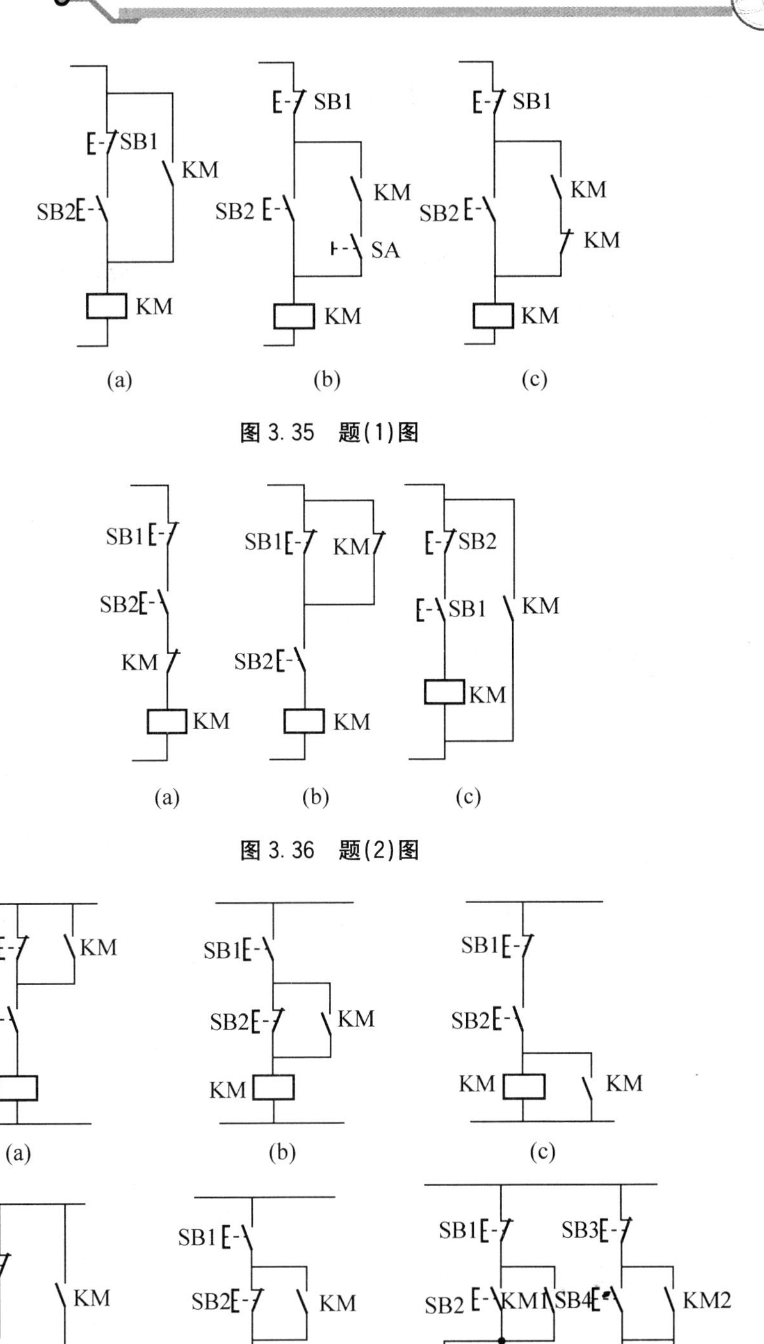

图 3.35　题(1)图

图 3.36　题(2)图

图 3.37　题 6 图

7. 试设计带有短路、过载、失压保护的三相笼型异步电动机全压启动的主电路和控制电路。

任务三　三相异步电动机的正反转控制线路的装调

一、 任务引入

在生产加工过程中，除了要求电动机实现单向运行外，往往还要求电动机能实现可逆运行，如改变机床工作台的运动方向、起重机吊钩的上升或下降等。

二、 任务分析

由三相交流电动机的工作原理可知，如果将接至电动机定子绕组的三相电源线中的任意两相对调，就可实现电动机的反转。

三、 相关知识

（一）倒顺开关实现三相异步电动机正反转控制

倒顺开关实现电动机正反转控制如图 3.38(a)所示。在图 3.38(a)中，倒顺开关有 6 个固定触头，其中 U1、V1、W1 为一组，与电源进线相连，而 U、V、W 为另一组，与电动机定子绕组相连。当开关手柄置于“正转”位置时，动触片 S1、S2、S3 分别将 V－V1、W－W1、U－U1 相连接，使电动机正转；当开关手柄置于“反转”位置时，动触片 S1′、S2′、S3′分别将 U－V1、W－W1、V－U1 接通，使电动机实现反转；当手柄置于中间位置时，两组动触片均不与固定触头连接，电动机停止运转。

图 3.38(b)所示为用倒顺开关控制的电动机正反转线路。其工作原理如下：利用倒顺开关来改变电动机的相序，当开关手柄置于“正转”位置时，电动机正转；当开关手柄置于“反转”位置时，电动机的相序改变，电动机反转。

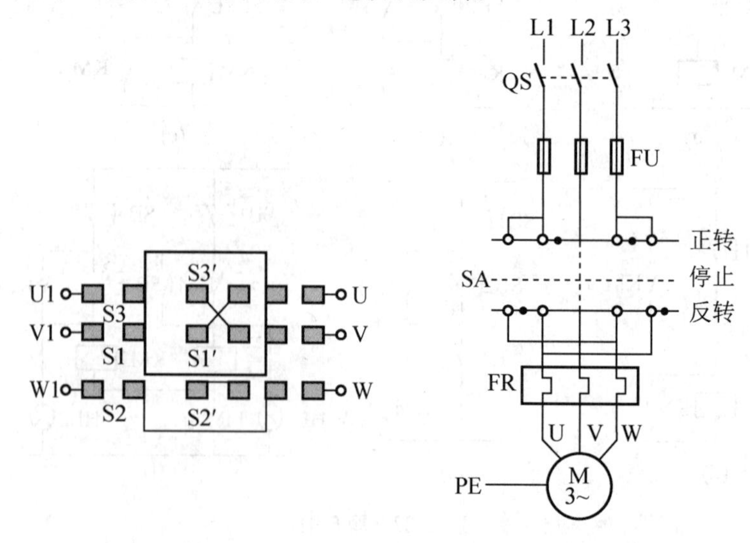

(a) 倒顺开关示意图　　(b) 正反转电路图

图 3.38　用倒顺开关实现的电动机正反转控制电路

倒顺开关正反转控制电路一般只用于控制额定电流10A、功率在3kW以下的小容量电动机。那么，在生产实践中，对于频繁正反转的电动机采用什么样的控制方法呢？

（二）接触器联锁正反转控制电路

图3.39所示为两个接触器的电动机正反转控制电路，其中使用了两个分别用于正转和反转的接触器KM1、KM2，用于对电动机进行电源电压相序的调换。

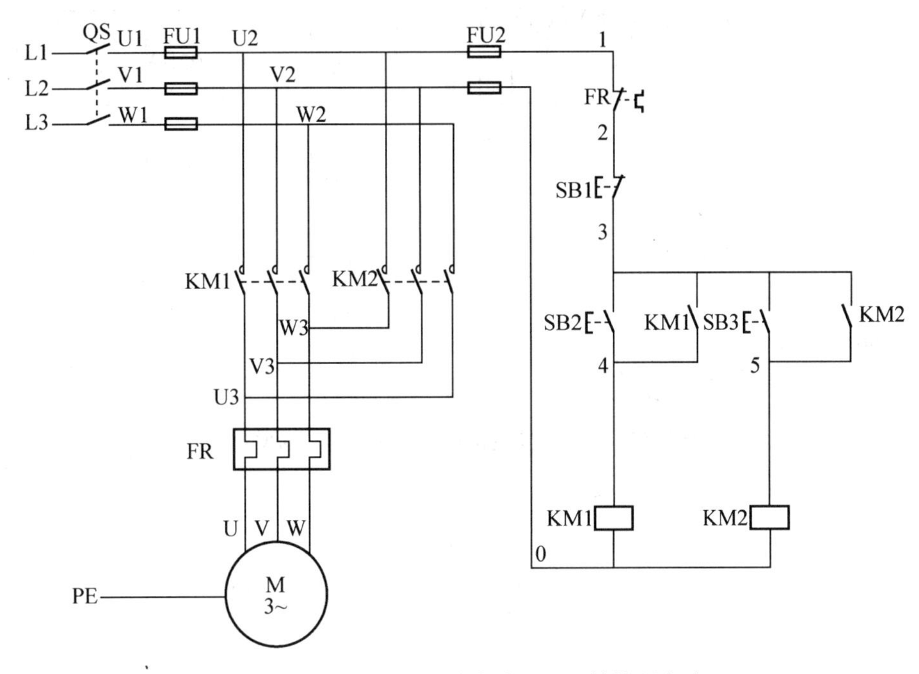

图3.39　两个接触器的电动机正反转控制电路

如图3.39所示，按下正转启动按钮SB2，接触器KM1线圈得电并自锁，电动机开始正转；按下反转启动按钮SB3，接触器KM2线圈得电并自锁，电动机开始反转。但是，当同时按下SB2和SB3时，由于接触器KM1和KM2线圈同时得电并自锁，它们的主触点都闭合，这时会造成电动机三相电源的相间短路事故，所以该电路不能使用。因此，该电路在任何时候只能允许一个接触器通电工作。

为了避免两接触器同时得电而造成电源相间短路，在控制电路中，分别将两个接触器KM1、KM2的辅助动断触点串接在对方的线圈回路里，如图3.40所示。这样，可以形成互相制约的控制，即一个接触器通电时，其辅助动断触点会断开，使另一个接触器的线圈支路不能通电。

在一个接触器得电动作时，通过其辅助动断触点使另一个接触器不能得电动作的作用称为互锁(也称联锁)，而这两对起互锁作用的触点称为互锁触点。

接触器互锁的电动机正反转控制电路的工作原理如下。

首先合上电源开关QS。

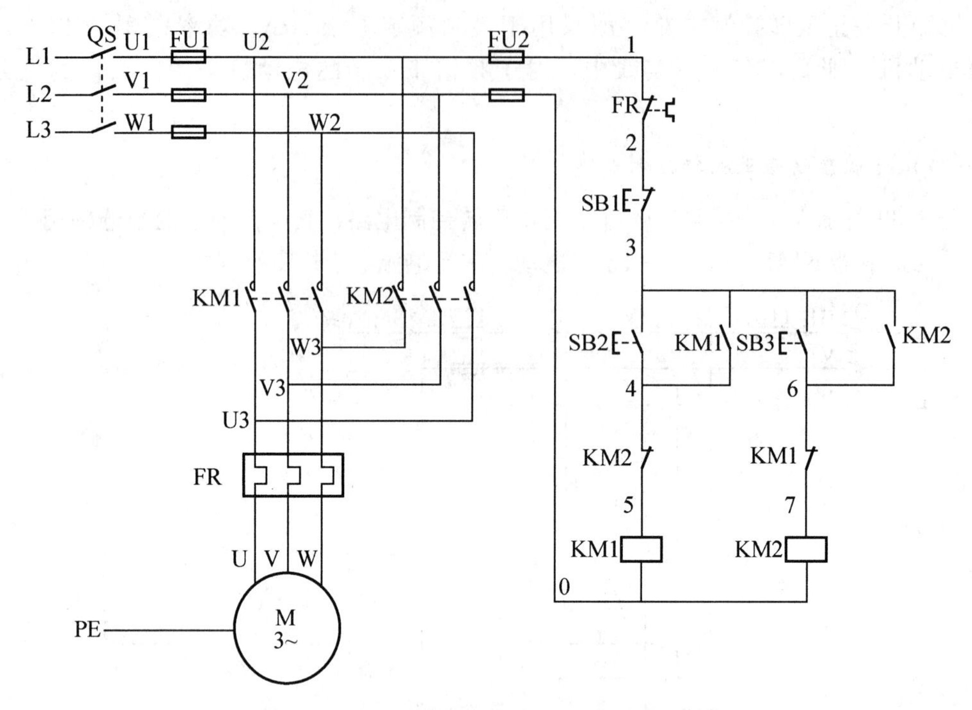

图 3.40　接触器互锁的电动机正反转控制电路

正转启动：

按下SB2 → KM1线圈得电 → KM1主触点闭合 → 电动机M正转
→ KM1辅助动断触点分断，对KM2互锁
→ KM1辅助动合触点闭合，自锁

停止：

按下SB1 → KM1线圈失电 → KM1主触点分断 → 电动机M停转
→ KM1辅助动断触点闭合，互锁解锁
→ KM1辅助动合触点分断，自锁解锁

反转启动：

按下SB3 → KM2线圈得电 → KM2主触点闭合 → 电动机M反转
→ KM2辅助动断触点分断，对KM1互锁
→ KM2辅助动合触点闭合，自锁

欲使用该电路改变电动机的转向时，必须先按下停止按钮，使接触器触点复位后才能按下另一个启动按钮使电动机反向运转。它主要用于无须直接正反转换接的场合。

（三）按钮、接触器双重联锁正反转控制电路

如果需要实现电动机直接由正转到反转的控制，应采用如图 3.41 所示的按钮、接触器双重互锁的电动机正反转控制电路。所谓按钮互锁，就是指将复合按钮动合触点作为启动按钮，而将其动断触点作为互锁触点串接在另一个接触器线圈支路中。这样，要使电动机改变转向，只要直接按反转按钮即可，而不必先按停止按钮，简化了操作。同时，控制电路中保留了接触器的互锁作用，因此更加安全可靠。

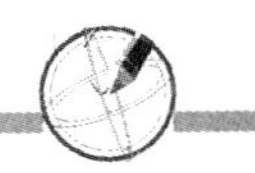

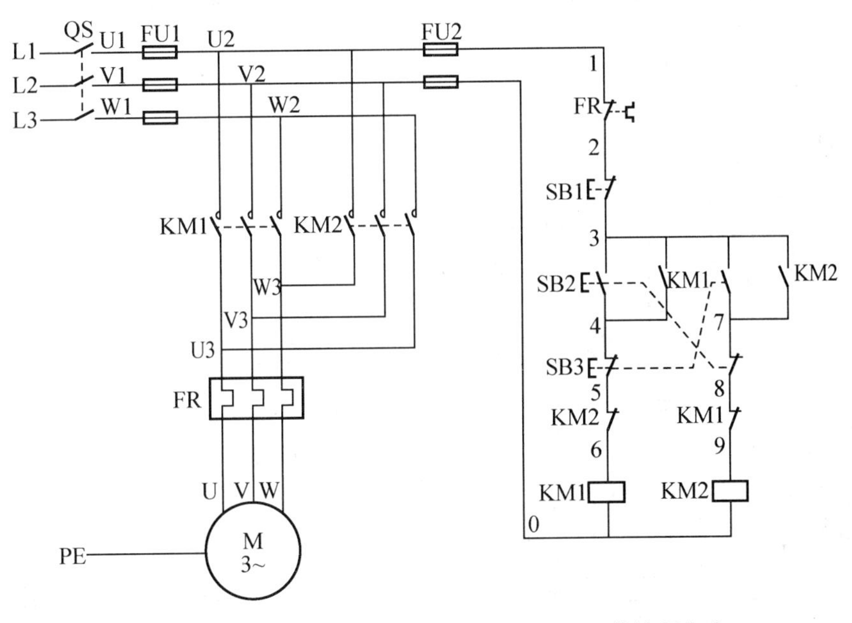

图 3.41　按钮、接触器双重互锁的电动机正反转控制电路

四、 任务实施

（1）根据图 3.41 画出电动机正反转控制电路的电气元器件位置图，如图 3.42 所示。

（2）根据图 3.41 画出接触器互锁的电动机正反转控制电路的接线图，如图 3.43 所示。

（3）按图 3.42 配齐所用电气元器件，并检查电气元器件的数量、规格是否符合控制电路的要求，所配元器件的外观是否完好无损，用万用表电阻挡测各电气元器件。

（4）在控制板上按照图 3.42 所示的电气元器件位置图安装电气元器件。

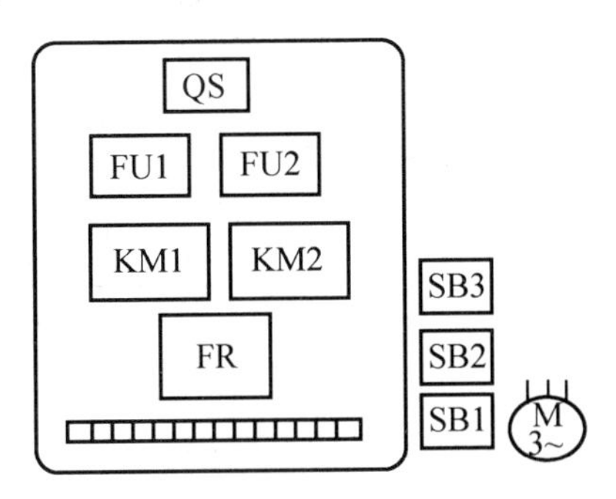

图 3.42　电动机正反转控制电路的电气元器件位置图

（5）按如图 3.43 所示的接触器互锁的电动机正反转控制电路的接线图进行板前明线布线、套管。

（6）安装完毕后，必须经过认真检查后，才可通电。

（7）在教师的监护下，通电试车。若遇到异常现象，应立即停车，检查故障。

正反转控制电路故障分析如表 3－4 所示。

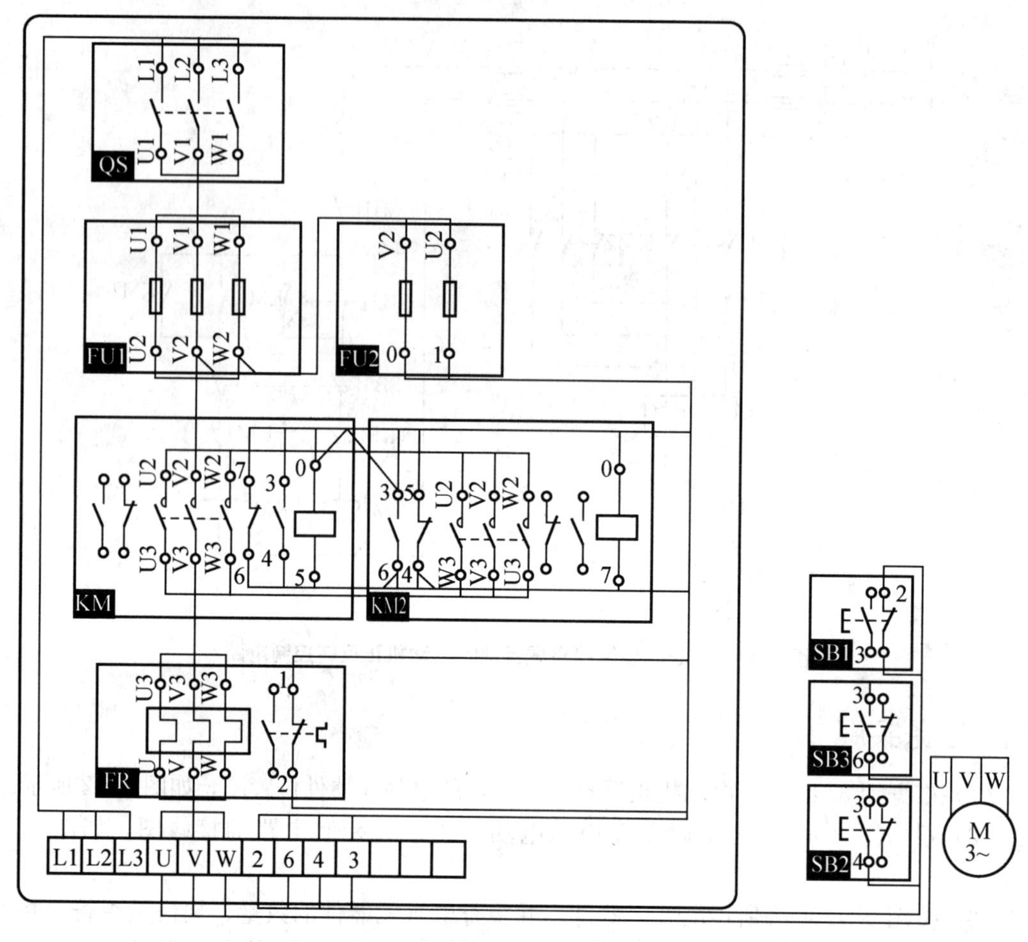

图 3.43 接触器互锁的电动机正反转控制电路的接线图

表 3-4 正反转控制电路故障分析

故障现象	故 障 点
按下 SB2，电动机不转；按下 SB3，电动机运转正常	KM1 线圈断路或 SB2 损坏产生断路
按下 SB2，电动机正常运转，但按下 SB3 后，电动机不反转	KM2 线圈断路或 SB3 损坏产生断路
按下 SB1 后，不能停车	SB1 熔焊
合上 QS 后，熔断器 FU2 熔断	KM1 或 KM2 线圈、触点短路
合上 QS 后，熔断器 FU1 熔断	KM1 或 KM2 短路；电动机相间短路；正反转主电路换相线接错
按下 SB2 后，电动机正常运行；再按下 SB3，FU1 即熔断	正反转主电路换相线接错

(8) 通电试车完毕，切断电源。

五、 知识拓展——自动往返控制电路

自动往返控制电路如图 3.44(a)所示，图 3.44(b)所示为机械运动示意图，SQ1、SQ2

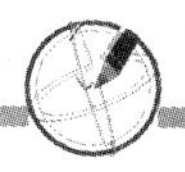

分别为工作台正反向进给的换向开关，机械挡铁固定在运动部件上，SQ3、SQ4 分别为左、右限位控制。

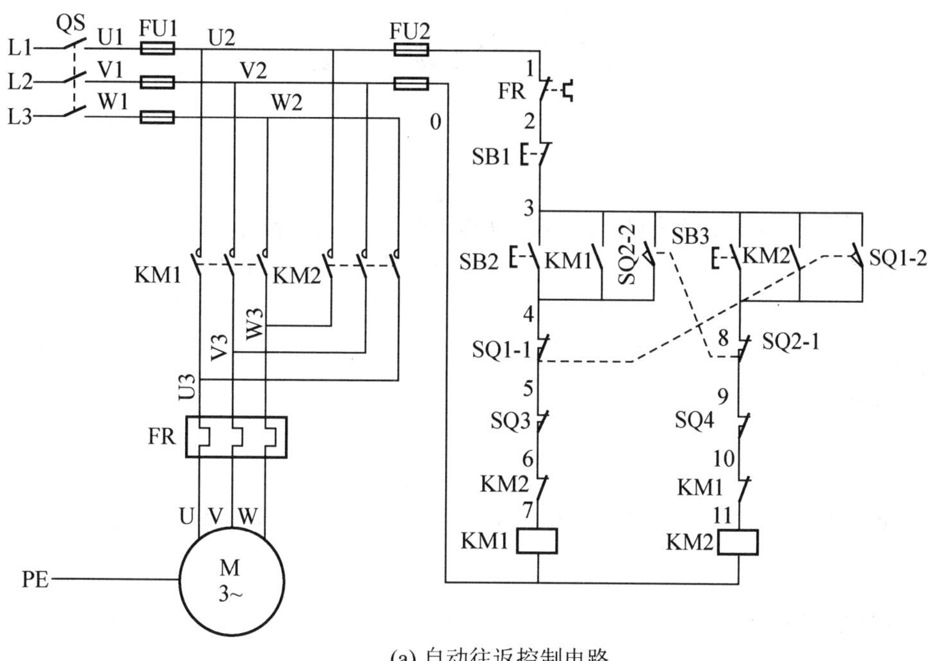

(a) 自动往返控制电路

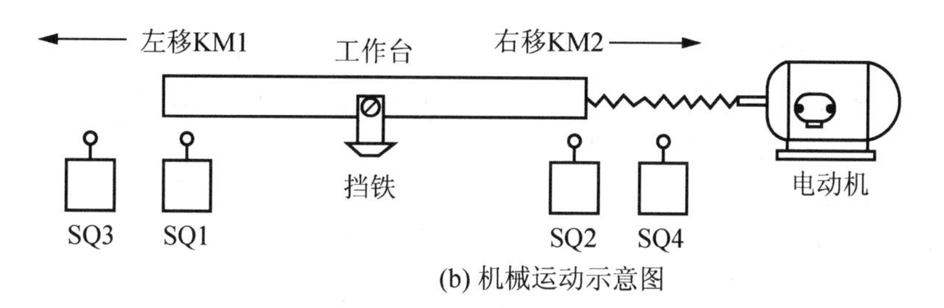

(b) 机械运动示意图

图 3.44　自动往返控制电路及机械运动示意图

六、 思考与练习

1. 什么是互锁控制？实现电动机正反转互锁控制的方法有哪几种？它们有何不同？

2. 在电动机正反转中，什么是电气互锁？什么是机械互锁？

3. 在图 3.41 中，采用了接触器互锁，在运行中发现合上电源开关后有如下情况。

（1）按下正转(或反转)按钮，正转(或反转)接触器不停地吸合与释放，电路无法工作；松开按钮后，接触器不再吸合。

（2）电动机立即正向启动；当按下停止按钮时，电动机停转；但一松开停止按钮，电动机又正向启动。

试分析上述错误的原因。

4. 电动机“正-反-停”控制电路中，复合按钮已经起到了互锁作用，为什么还要用接触器的常闭触头进行联锁？

5. 一台三相异步电动机运行要求为：按下启动按钮，电动机正转，5s后电动机自行反转，再过10s，电动机停止，并具有短路、过载保护，设计主电路和控制电路。

任务四　顺 序 控 制

一、 任务引入

在多电动机驱动的生产机械上，各台电动机所起的作用不同。设备有时要求某些电动机按一定顺序启动并工作，以保证操作过程的合理性和设备工作的可靠性。例如，磨床上的电动机就要求先启动油泵电动机，再启动主轴电动机。这就对电动机启动过程提出了顺序控制的要求，实现顺序控制要求的电路称为顺序控制电路。那么，采用什么样的措施才能实现多台电动机的顺序启动呢?

二、 任务分析

常用的顺序控制电路有两种，一种是主电路实现顺序控制，一种是控制电路实现顺序控制。如何实现呢?

三、 相关知识

（一） 主电路实现顺序控制

用主电路来实现电动机顺序启动的电路如图3.45所示。电动机M1、M2分别通过接触器KM1、KM2来控制，接触器KM2的3个主触点串联在接触器KM1主触点的下方。这就保证了只有当KM1闭合，电动机M1启动运转后，KM2才能使电动机M2得电启动，满足了电动机M1、M2顺序启动的要求。在图3.45中，按钮SB2、SB3分别用于两台电动机的启动控制，按钮SB1用于两台电动机的同时停止控制。

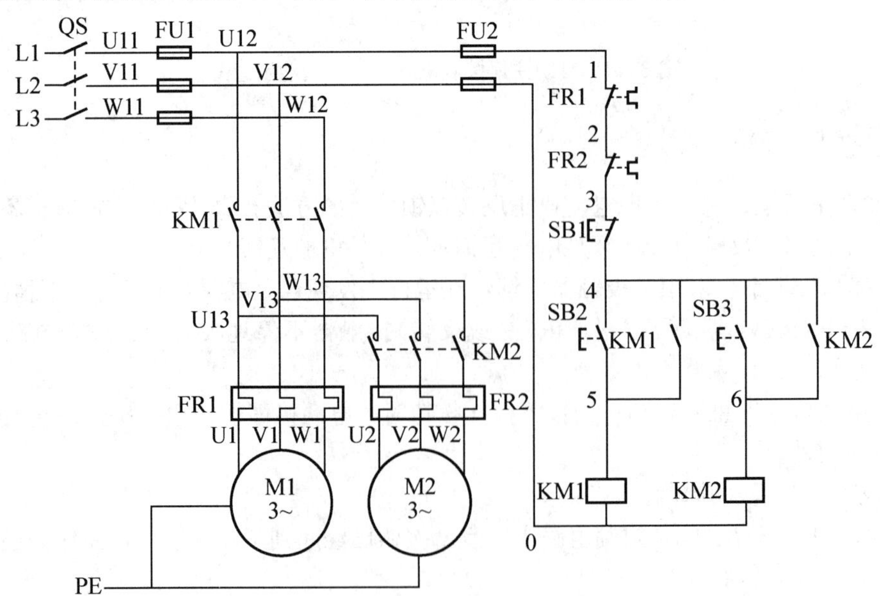

图3.45　用主电路来实现电动机顺序启动的电路

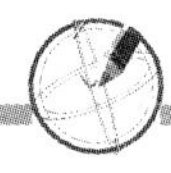

（二）控制电路实现顺序控制

1. 顺起同停控制

图 3.46 所示为用控制电路来实现电动机顺序启动的电路。在图 3.46(a)中，接触器 KM2 的线圈串联在接触器 KM1 自锁触点的下方，这就保证了只有当 KM1 线圈得电自锁、电动机 M1 启动后，KM2 线圈才可能得电自锁，使电动机 M2 启动。接触器 KM1 的辅助动合触点具有自锁和顺序控制的双重功能。

图 3.46(b)所示的电路是将图 3.46(a)中 KM1 辅助动合触点自锁和顺序控制的功能分开，专门用一个 KM1 辅助动合触点作为顺序控制触点，串联在接触器 KM2 的线圈回路中。当接触器 KM1 线圈得电自锁、辅助动合触点闭合后，接触器 KM2 线圈才具备得电工作的先决条件，同样可以实现顺序启动控制的要求。在该线路中，按下停止按钮 SB1 和 SB2 可以分别控制两台电动机，使其停转。

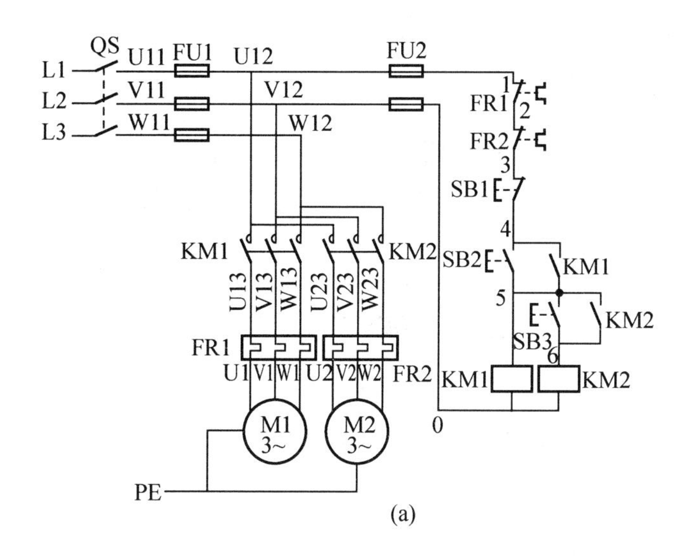

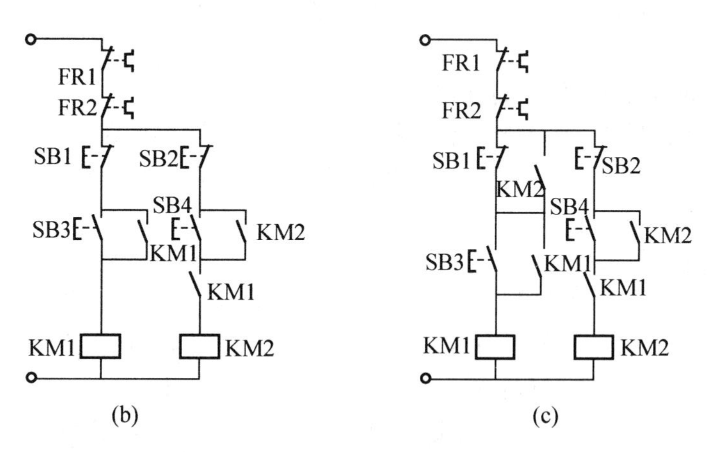

图 3.46　用控制电路来实现电动机顺序启动的电路

2. 顺起逆停控制

图 3.46(c)所示的电路除具有顺序启动控制功能以外，还能实现逆序停车的功能。在图 3.46(c)中，接触器 KM2 的辅助动合触点并联在停止按钮 SB1 动断触点两端，只有接触器 KM2 线圈失电(电动机 M2 停转)后，操作 SB1 才能使接触器 KM1 线圈失电，从而使电动机 M1 停转，即实现电动机 M1、M2 顺序启动，逆序停车的控制要求。

在许多顺序控制中，要求有一定的时间间隔，此时往往用时间继电器来实现，图 3.47 所示为时间继电器控制的顺序启动电路图。接通主电路与控制电路电源，按下启动按钮 SB2，KM1 和 KT 同时通电并自锁，电动机 M1 启动运转。当通电延时型时间继电器 KT 延时时间到达后，其延时闭合的常开触头闭合，接通 KM2 线圈电路并自锁，电动机 M2 启动旋转，同时 KM2 常闭辅助触头断开，将时间继电器 KT 线圈电路切断，KT 不再工作。这样可以使 KT 仅在启动时起作用，减少了运行时电器的使用数量。

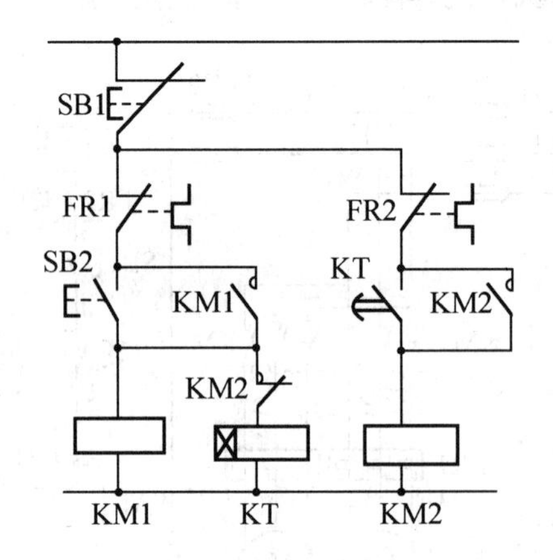

图 3.47　时间继电器控制的顺序启动电路图

四、 任务实施

(1) 按图 3.46(c)所示电路将所需的元器件配齐，并画出其电气位置图和安装接线图。

(2) 按照前面所讲的方法进行元器件的安装和配线。

(3) 经检查无误后，进行通电操作。按下启动按钮 SB3，电动机 M1 启动，这时再按下启动按钮 SB4，电动机 M2 启动；按下停止按钮 SB2，电动机 M2 停转，再按下停止按钮 SB1，电动机 M1 停转。

五、 知识拓展——多地控制电路

所谓现场-远程控制，指的是对于一台电动机而言，既可以由附近设置的现场控制板来控制，也可以由位于远处的远程控制板控制。

图 3.48 所示为现场-远程控制电路。其中，SB3、SB2 为现场控制的启动和停止按钮，SB4、SB1 为远程控制的启动和停止按钮。电路的特点是两地的启动按钮 SB3、SB4(动合触点)要并联在一起，停止按钮 SB1、SB2(动断触点)要串联在一起。这样就可以分别在现场、远程两地起、停同一台电动机，从而达到操作方便的目的，所以又称其为两地控制。

在图 3.48 中，用断路器作为短路保护和隔离开关，所以主电路中未采用熔断器。

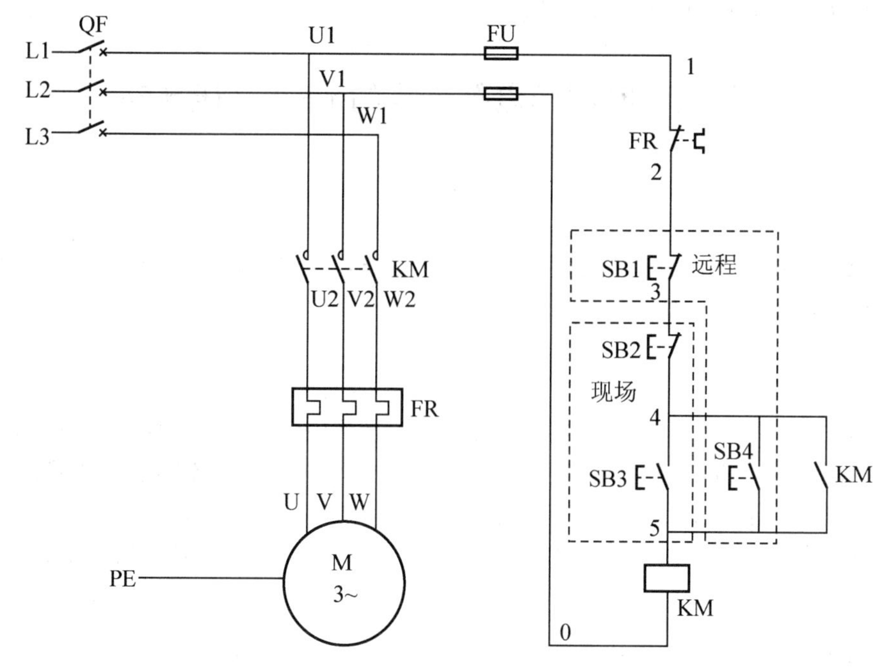

图 3.48　现场-远程控制电路

对三地或多地控制，只要将各地按钮的动合触点并联，将动断触点串联就可实现。

六、思考与练习

1. 电动机顺序启动有几种实现方法？
2. 简述低压断路器的选用原则。
3. 现场-远程控制的启动按钮和停止按钮如何接线？
4. 试设计一个电动机两地控制的正反转控制电路。
5. 试画出两台电动机顺序启动、同时停车的控制电路，并分析工作原理。
6. 有两台电动机 M1 和 M2，试按如下要求设计控制电路。

(1) 按下启动按钮，M1 立即启动，延时 5s 后 M2 才启动；

(2) 按下停止按钮，M2 立即停车，延时 3s 后 M1 才停车；

(3) 有短路、过载、欠压保护。

7. 两台电动机 M1 和 M2，试按如下要求设计控制电路。

(1) M1 启动后，延时一段时间(5s)后 M2 再启动；

(2) M2 启动后，M1 立即停止；

(3) 有短路、过载、欠压保护。

8. 某机床主轴由 M1 拖动，油泵由 M2 拖动，均采用直接启动，工艺要求：

(1) 主轴必须在油泵启动后才能启动；

(2) 主轴正常为正转，但为调试方便，要求能正、反转点动；

(3) 主轴停止后才允许油泵停止；

(4) 有短路、过载及失压保护。

试设计主电路及控制电路。

任务五　时间继电器转换的Y-△降压启动

一、任务引入

容量小的三相异步电动机才允许直接启动，容量较大的电动机因启动电流较大，一般都采用降压启动方式来启动。

二、任务分析

降压启动是指利用启动设备将电压适当降低后加到电动机的定子绕组上进行启动，待电动机启动运转后，再使其电压恢复到额定值正常运转，由于电流随电压的降低而减小，所以降压启动达到了减小启动电流的目的。

常见的降压启动的方法有定子绕组串电阻(电抗)启动、自耦变压器降压启动、Y－△降压启动。

三、相关知识

(一) 三相异步电动机定子绕组串电阻启动控制

启动时，在电动机的定子绕组中串接电阻，使电动机定子绕组上的电压减小；待启动完毕后，将电阻切除，使电动机在额定电压(全压)下正常运转。其控制电路如图 3.49 所示。

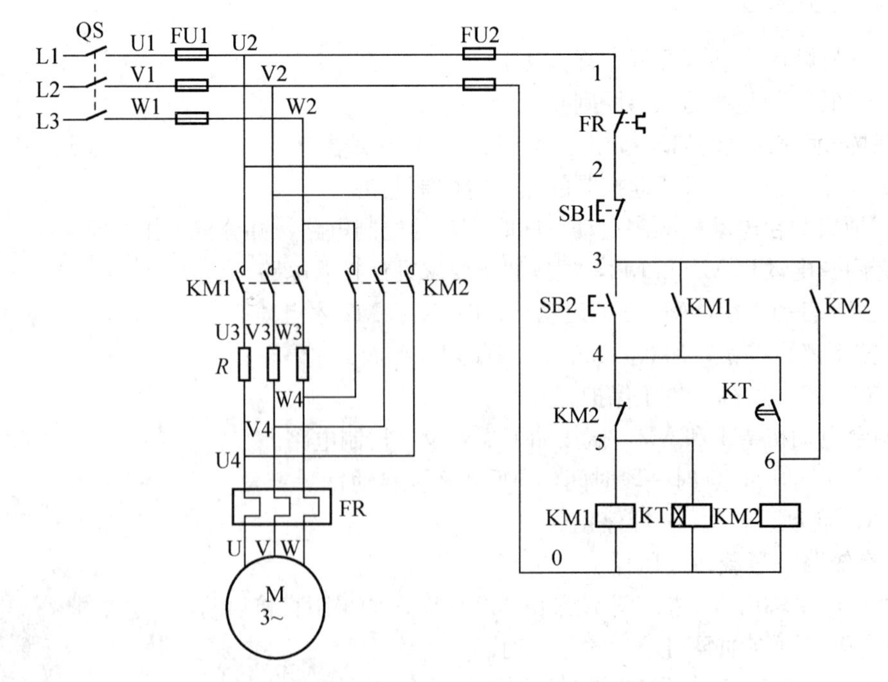

图 3.49　定子绕组串电阻降压启动控制电路

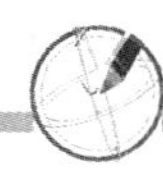

电路工作原理如下。

首先合上电源开关 QS。

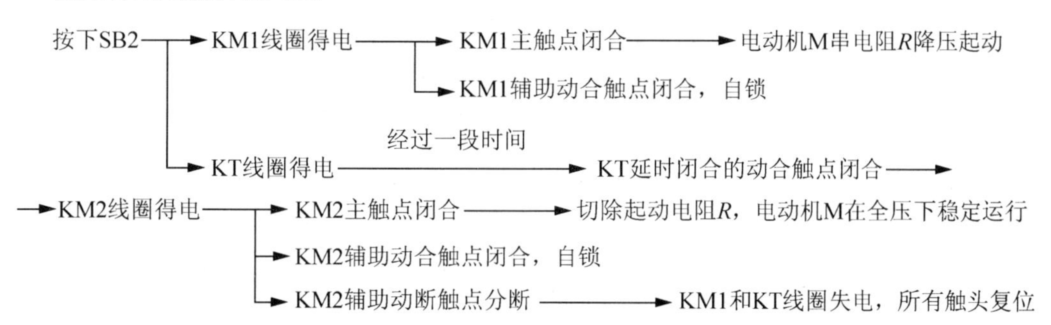

采用定子绕组串电阻降压启动的缺点是减小了电动机的启动转矩；在电阻上功率损耗较大；如果启动频繁，则电阻的温升很高，对于精密的机床会产生一定的影响。

（二）三相异步电动机自耦变压器降压启动控制

自耦变压器降压启动是指电动机启动时利用自耦变压器来降低加在电动机定子绕组上的启动电压。待启动一定时间，转速升高到预定值后，将自耦变压器切除，电动机定子绕组直接接上电源电压，进入全压运行。

自耦变压器降压启动控制电路如图 3.50 所示，它主要由主电路、控制电路和指示电路组成。主电路中自耦变压器 T 和接触器 KM1 的主触点构成自耦变压器启动器，接触器 KM2 主触点用以实现全压运行。启动过程按时间原则控制，电动机工作原理如下。

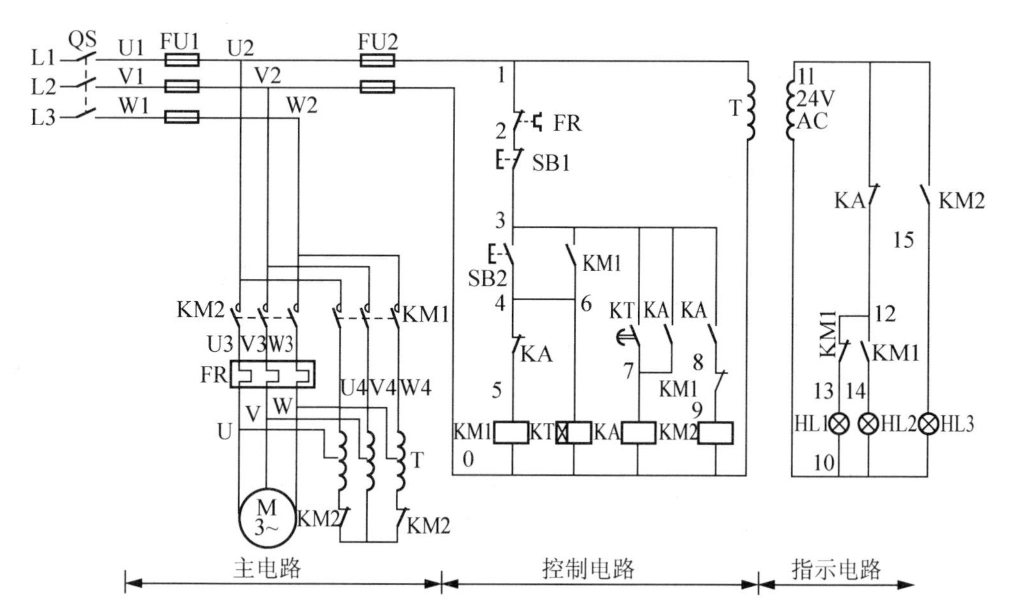

图 3.50　自耦变压器降压启动控制电路

首先合上电源开关 QS。

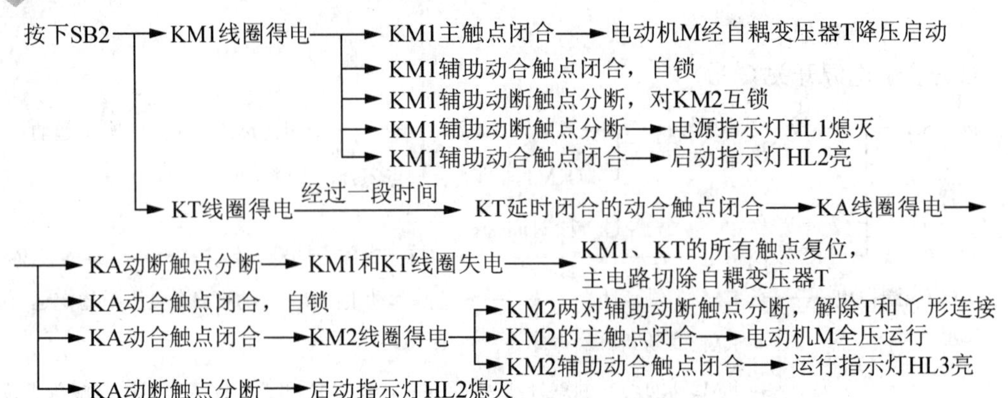

图 3.50 所示控制电路选用中间继电器 KA，用以增加触点个数和提高控制电路设计的灵活性。指示电路用于通电、启动、运行指示。该电路还具有过载和失压保护功能。

自耦变压器降压启动方法适用于启动较大容量的电动机。但是，自耦变压器价格较贵，而且不允许频繁启动。

（三）手动Y－△启动控制

图 3.51 所示为手动Y－△降压启动控制电路。该电路使用了 3 个接触器和一个复合按钮，可分为主电路和控制电路两部分。在主电路中，接触器 KM1 和 KM3 的主触点闭合时，定子绕组为星形联结（启动）；KM1、KM2 主触点闭合时，定子绕组为三角形联结（运行）。

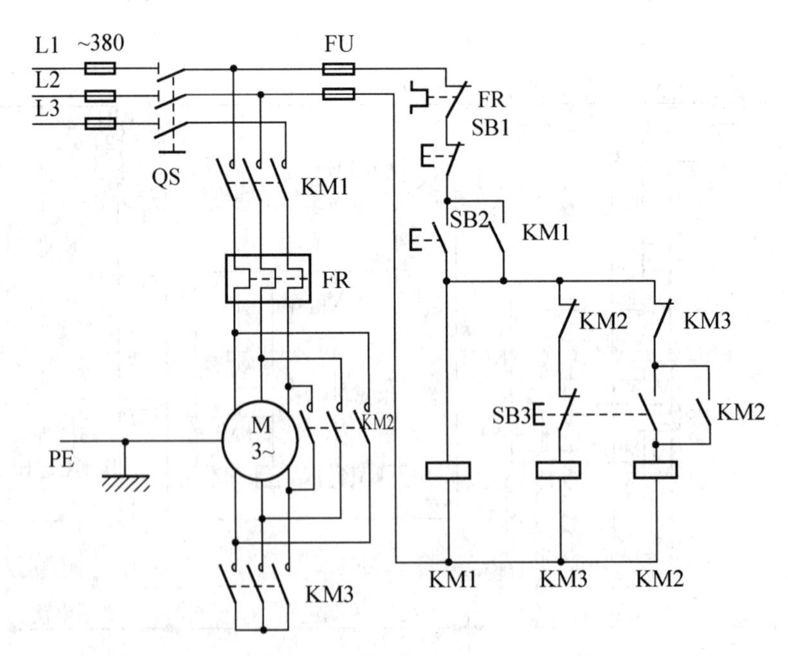

图 3.51　手动Y－△降压启动控制电路

（四）自动Y－△启动控制

Y－△降压启动是指电动机启动时，把定子绕组接成星形，以降低启动电压，限制启动电流，待电动机启动后，再把定子绕组改接为三角形，使其全压运行。

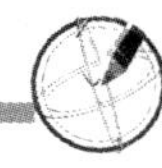

Y－△降压启动适用于正常运行时定子绕组为三角形联结的电动机。Y形接法降压启动时，加在每相定子绕组上的启动电压只有△接法的 $\frac{1}{\sqrt{3}}$，启动电流为△接法的 $\frac{1}{3}$，启动转矩也只有△接法的 $\frac{1}{3}$。

图 3.52 所示为自动Y－△降压启动控制电路。该电路使用了 3 个接触器和一个时间继电器，可分为主电路和控制电路两部分。在主电路中，接触器 KM1 和 KM3 的主触点闭合时，定子绕组为星形联结(启动)；KM1、KM2 主触点闭合时，定子绕组为三角形联结(运行)。控制电路按照时间控制原则实现自动切换。

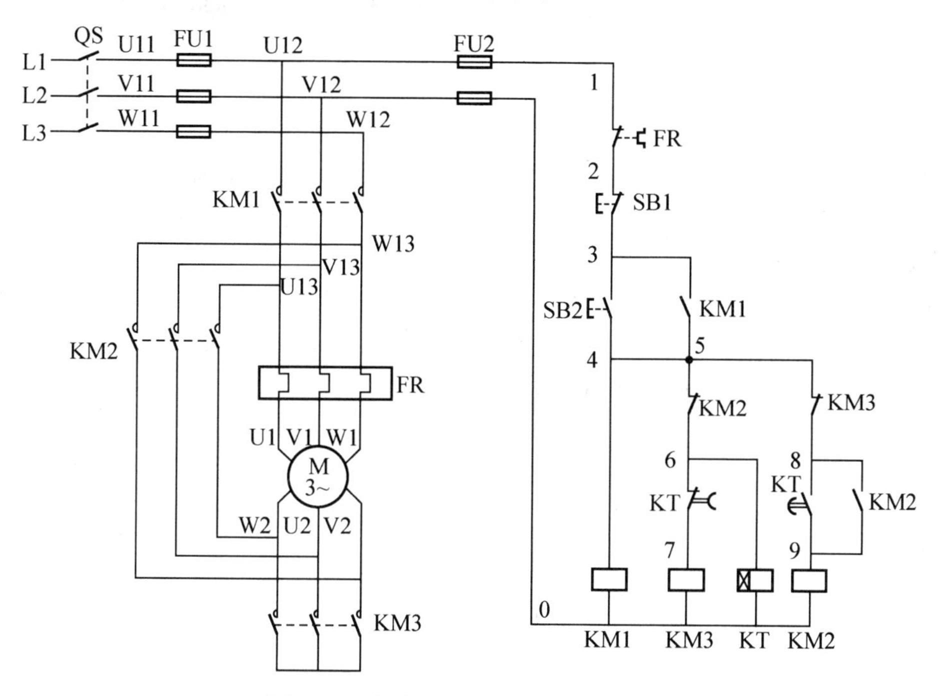

图 3.52 自动Y－△降压启动控制电路

电路工作原理如下。

首先合上电源开关 QS。

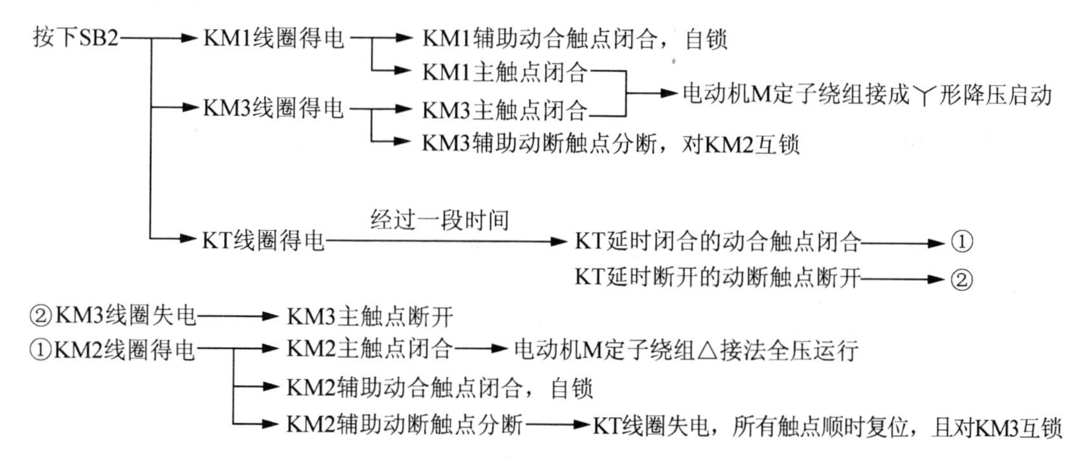

注意：控制回路中KM2、KM3之间设有互锁，以防止KM2、KM3主触点同时闭合造成电动机主电路短路，从而保证电路能够可靠地工作。此外，该电路还具有短路、过载、零压和欠电压等保护功能。

四、 任务实施

(1) 按图3.52所示电路将所需的元器件配齐，并画出其电气位置图和安装接线图。

(2) 按照前面所讲的方法进行元器件的安装和配线。

(3) 经检查无误后，进行通电操作。按下启动按钮SB2，电动机星形降压启动，设定时间延时后，三角形全压运行。按下停止按钮SB1，电动机M1停转。

五、 知识拓展——绕线转子异步电动机转子绕组串电阻降压启动控制

绕线转子三相异步电动机可以通过集电环在转子绕组中串接外加电阻来改善电动机的机械特性，从而减小启动电流、提高启动转矩，使其具有良好的启动性能，以适用于电动机的重载启动。

图3.53所示为按时间原则控制的转子串三级电阻降压启动控制电路，转子电阻采用平衡短接法，3个时间继电器KT1、KT2、KT3根据时间原则控制接触器KM1、KM2、KM3依次得电动作，来逐级切除$R1$、$R2$、$R3$。

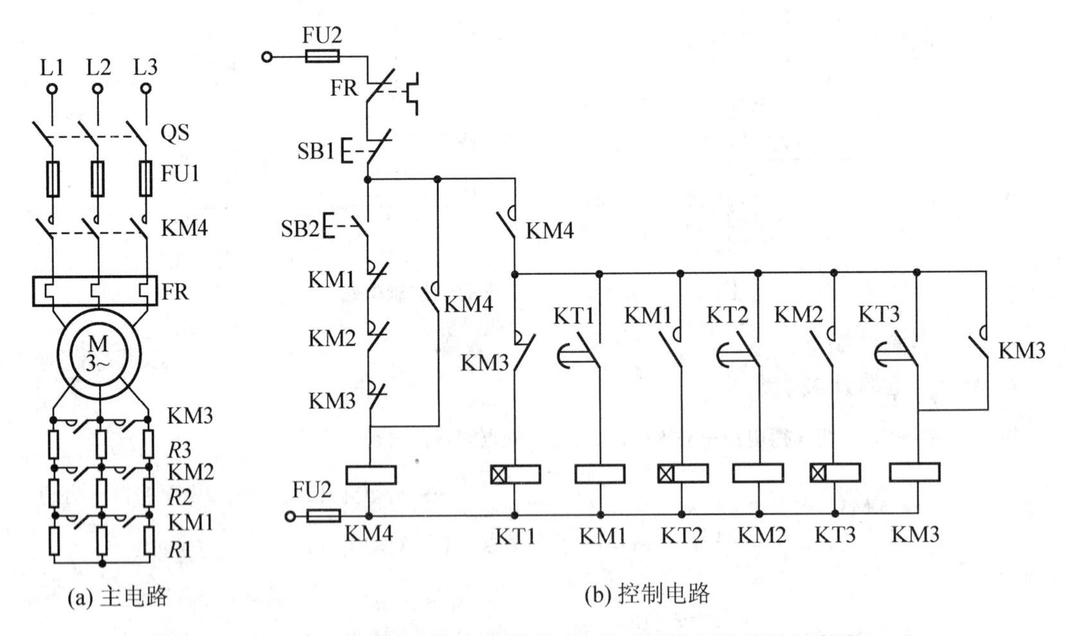

图3.53 按时间原则控制的转子串三级电阻降压启动控制电路

电路的启动过程分析如下。

首先合上电源开关QS。

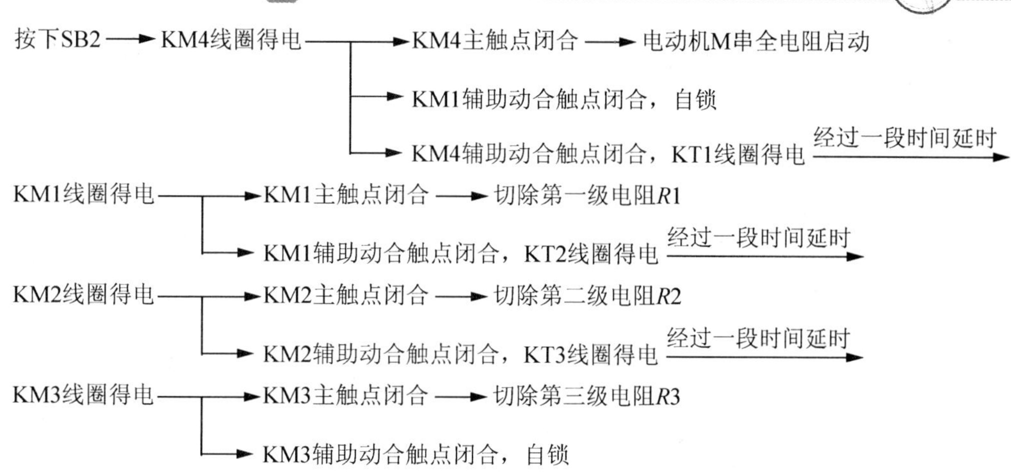

采用定子串电阻降压启动的缺点是减小了电动机启动转矩；在电阻上功率损耗较大；如果启动频繁，则电阻的温升很高，对于精密的机床会产生一定的影响。

六、 思考与练习

1. 画出时间继电器、电流继电器、电压继电器、中间继电器的图形和文字符号。

2. 什么是降压启动？降压启动的方法有哪些？

3. 选择题

（1）采用星-三角启动的电动机，正常工作时定子绕组接成(　　)。

A. 三角形　　B. 星形

C. 星形或三角形　　D. 定子绕组中间带抽头

（2）三相异步电动机星-三角启动时，其启动转矩是全压启动转矩的(　　)倍。

A. 1/3　　B. $1/\sqrt{3}$　　C. 1/2　　D. 不能确定

（3）转子绕组串电阻启动适用于（ ）。

A. 鼠笼式异步电动机　　B. 绕线式异步电动机

C. 串励直流电动机　　D. 并励直流电动机

4. 设计一个小车运行的控制线路，其要求如下。

（1）小车由原位开始前进，到终端后自动停止。

（2）在终端停留 5min 后自动返回原位停止。

任务六　三相异步电动机能耗制动控制线路的装调

一、 任务引入

由于机械惯性的影响，高速旋转的电动机从切除电源到停止转动要经过一定的时间。这样往往满足不了某些生产工艺快速、准确停车的控制要求，这就需要对电动机进行制动控制。

二、 任务分析

所谓制动，就是指给正在运行的电动机加上一个与原转动方向相反的制动转矩，迫使电动机迅速停转。电动机常用的制动方法有机械制动和电气制动两大类。采用什么元器件可以构成电动机制动控制电路呢？

三、 相关知识

电气制动是指给正在运行的电动机加与转子转速方向相反的电磁转矩，使电动机的转速迅速下降。三相交流异步电动机常用的制动方法有电气制动和机械制动。电气制动又分为能耗制动和电源反接制动两种。

（一）正反向运行能耗制动控制

能耗制动是指在切除三相交流电源之后，给定子绕组通入直流电流，让电动机产生一个与惯性转动方向相反的电磁力矩而使电动机迅速停转，并在制动结束后将直流电源切除。这种制动方法称为能耗制动。

能耗制动的制动力矩随惯性转速的下降而减小，因而制动平稳，并且可以准确停车。对于10kW以上容量较大的电动机，多采用有变压器全波整流能耗制动控制电路。图3.54所示为按时间原则控制的能耗制动控制电路。接触器KM1、KM2的主触点用于电动机工作时接通三相电源，并可实现正反转控制，接触器KM3主触点用于制动时接通全波整流电路提供的直流电源，电路中的电阻R起限制和调节直流制动电流及调节制动强度的作用。

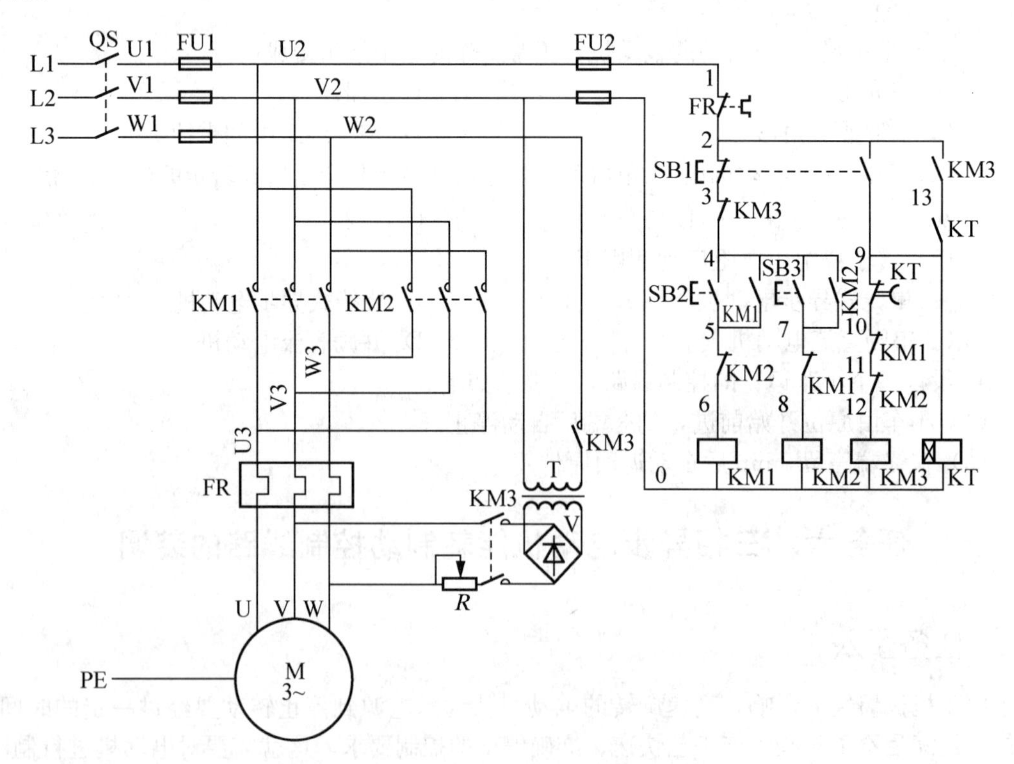

图3.54　按时间原则控制的能耗制动控制电路

电动机工作原理如下。

首先合上电源开关QS。

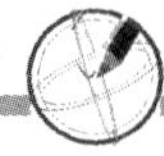

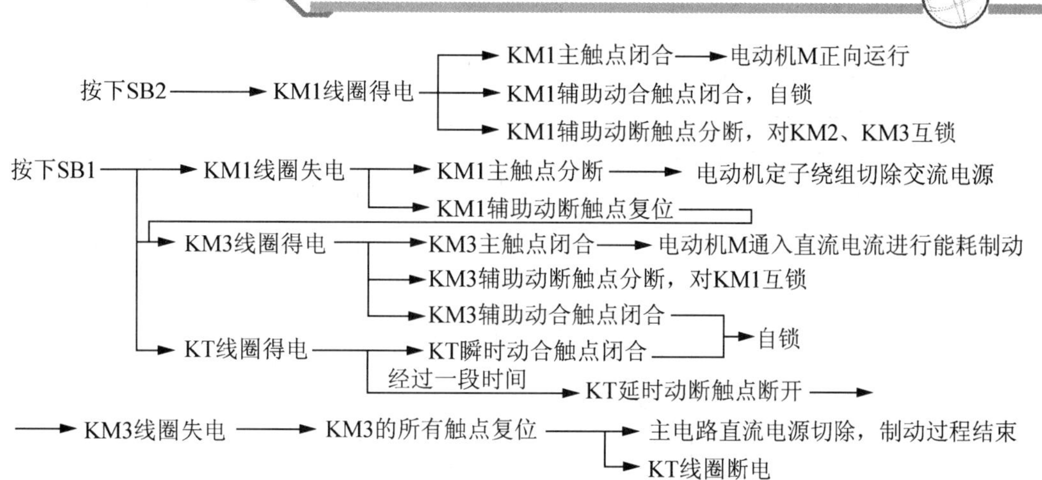

在图 3.54 中，制动时 KM3 接触器线圈的自锁触点除了自身的 KM3 动合触点外，还串联了一个时间继电器的瞬动触点 KT，目的是为了保证在制动过程结束时能够及时切除直流电源。若不串联 KT 的瞬动触点，则制动时按下停止按钮 SB1，KM3 线圈得电并自锁，电动机进行能耗制动。若此时时间继电器损坏，则其延时断开的动断触点不会断开，导致 KM3 一直得电，则电动机的定子绕组一直通入直流电，致使电动机被烧坏。

按下按钮 SB3，则可实现电动机反转，停车时仍按停车复合按钮 SB1，制动过程与正转制动相似。

能耗制动的制动过程还可以按速度原则进行控制，用速度继电器取代时间继电器，同样能达到制动的目的。

（二）单向运行电源反接制动控制

1. 反接制动的方法

异步电动机反接制动的方法有两种，一种是在负载转矩作用下使电动机反转的倒拉反转反接制动方法，这种方法不能准确停车；另一种是依靠改变三相异步电动机定子绕组中三相电源的相序产生制动力矩，迫使电动机迅速停转。当改变电动机定子绕组中三相电源的相序时，就会使电动机产生一个与转子惯性转动方向相反的电磁转矩，使电动机转速迅速下降，电动机制动到接近零转速时，再将反接电源切除。通常采用速度继电器检测速度的过零点，并及时切除反接电源，以免电动机反向运转。

2. 反接制动控制电路分析

图 3.55 所示为单向运行的反接制动控制电路。在主电路中，接触器 KM1 用于接通电动机工作相序电源，KM2 用于接通反接制动电源。由于电动机的反接制动电流很大，因此通常在制动时串接电阻 R，以限制反接制动电流。

在图 3.55 中，按下启动按钮 SB2，KM1 线圈得电并自锁，电动机开始运行，当电动机的速度达到速度继电器的动作速度时，速度继电器 KS 的动合触点闭合，为电动机反接制动做准备。制动时，按下停止按钮 SB1，KM1 线圈失电，由于速度继电器 KS 的动合触点在惯性转速作用下仍然闭合，使 KM2 线圈得电自锁，电动机实现反接制动。当其转子的转速小于 100r/min 时，KS 的动合触点复位断开，KM2 线圈失电，制动过程结束。

（三）机械制动控制电路分析

利用机械装置使电动机断开电源后迅速停转的方法称为机械制动。机械制动常用的方

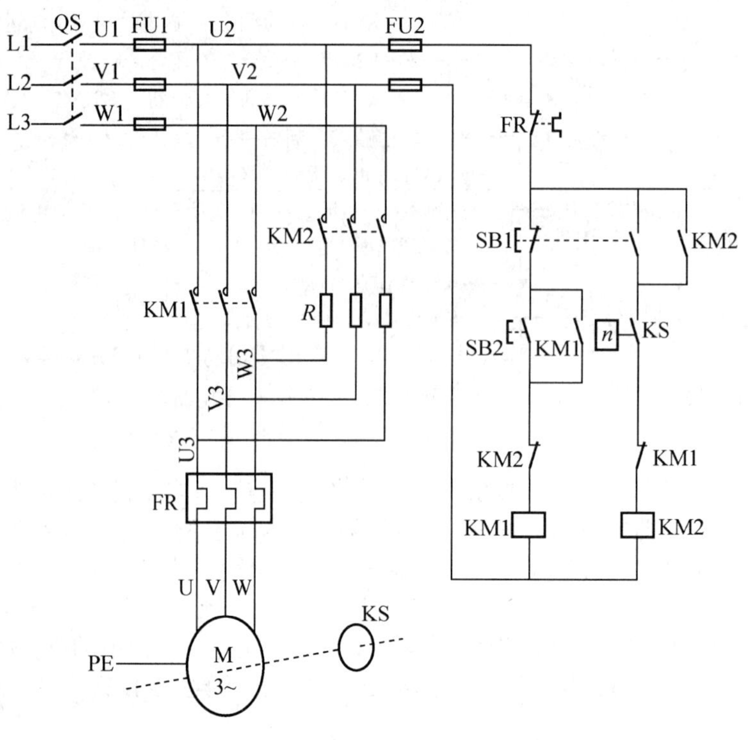

图 3.55　单向运行的反接制动控制电路

法有电磁抱闸制动和电磁离合器制动两种。这里主要介绍电磁抱闸制动，它又可分为通电制动型和断电制动型两种。

电磁抱闸制动装置由电磁操作机构和弹簧力机械抱闸机构组成。图 3.56 所示为断电制动型电磁抱闸的结构及其控制电路。工作原理介绍如下。

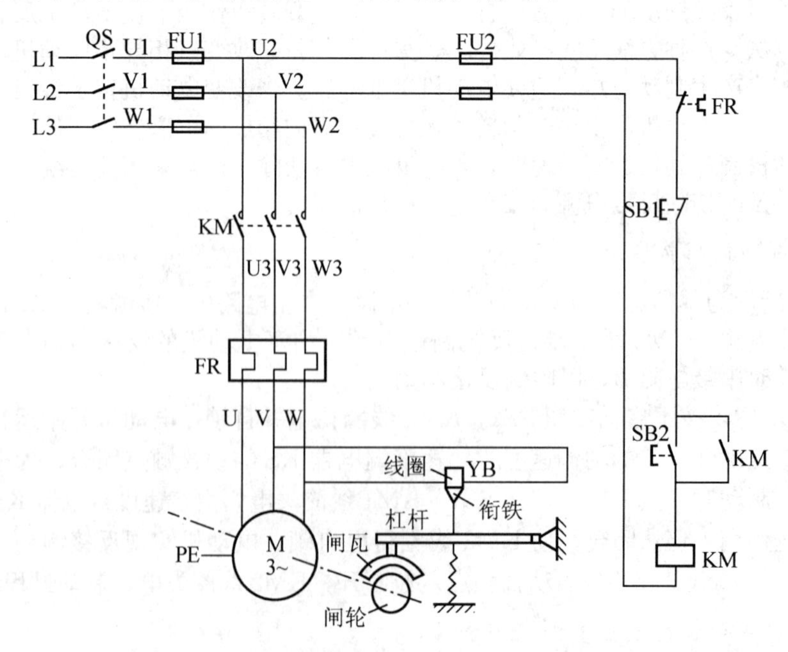

图 3.56　断电制动型电磁抱闸的结构及其控制电路

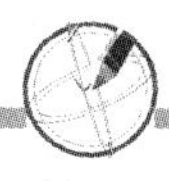

合上电源开关 QS，按下启动按钮 SB2 后，接触器 KM 线圈得电自锁，主触点闭合，电磁铁线圈 YB 通电，衔铁吸合，使制动器的闸瓦和闸轮分开，电动机 M 启动运转。停车时，按下停止按钮 SB1 后，接触器 KM 线圈断电，自锁触点和主触点分断，使电动机和电磁铁线圈 YB 同时断电，衔铁与铁心分开，在弹簧拉力的作用下，闸瓦紧紧抱住闸轮，电动机迅速停转。

电磁抱闸制动适用于各种传动机构的制动，且多用于起重电动机的制动。

四、 任务实施

（1）按图 3.54 所示电路将所需的元器件配齐，并画出其电器位置图和安装接线图。

（2）按照前面所讲的方法进行元器件的安装和配线。

（3）经检查无误后，进行通电操作，注意观察电动机的制动情况。

五、 知识拓展——正反转运行的反接制动控制

图 3.57 所示为双向启动反接制动控制电路。其中，R 既是反接制动电阻，又起限流作用。KS1 和 KS2 分别为速度继电器 KS 的正转和反转常开触点。按下正转启动按钮 SB2，中间继电器 KA3 得电并自锁，其常闭触点断开，KA4 线圈不能得电，KA3 常开触点闭合，KM1 线圈得电，KM1 主触点闭合，电动机串电阻降压启动。当电动机转速达到一定值时，KS1 闭合，KA1 得电自锁。这时，由于 KA1、KA3 的常开触点闭合，KM3 线圈得电，KM3 主触点闭合，电阻 R 被短接，定子绕组直接加额定电压，在电动机正常运转过程中，若按停止按钮 SB1，则 KA3、KM1、KM3 的线圈相继失电，由于惯性，这时 KS1 仍处于闭合(尚未复位)状态，KA1 线圈仍处于得电状态，所以在 KM1 常闭触点复位后，KM2 线圈得电，其常开触点闭合，使定子绕组经电阻 R 获得反相序三相交流电源，对电动机进行反接制动，电动机转速迅速下降。当电动机转速低于速度继电器的动作值时，速度继电器常开触点复位，KA1 线圈失电，KM2 释放，反接制动结束。

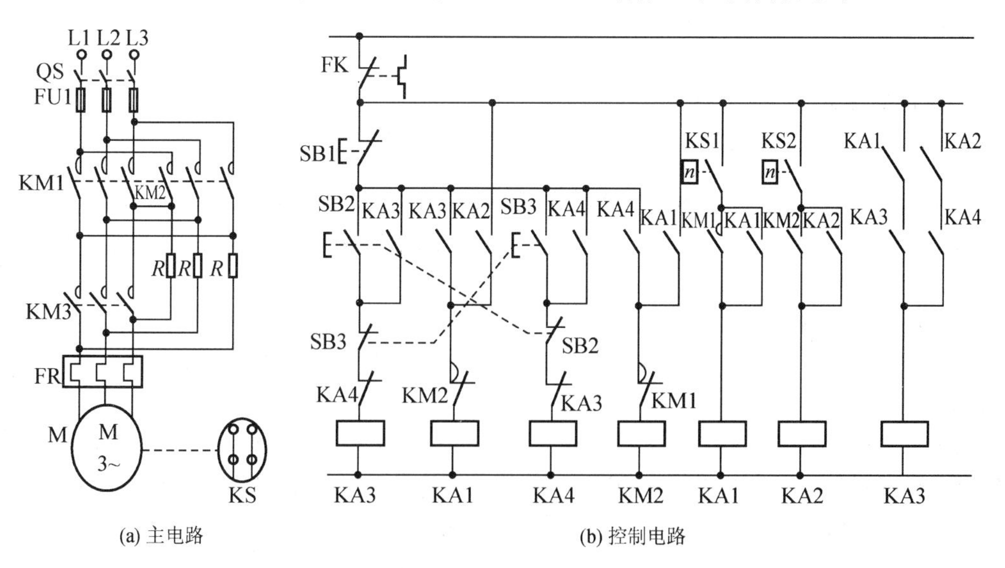

(a) 主电路　　(b) 控制电路

图 3.57　双向启动反接制动控制电路

六、 思考与练习

1. 什么叫能耗制动？什么叫反接制动？其各有什么特点及适用场合？

2. 速度继电器在反接制动中起什么作用？

3. 在图 3.55 中，若将速度继电器 KS 的正转动作触点和反转动作触点接错，电路将会出现什么现象？

4. 试在图 3.55 的基础上进一步组成电动机可逆运行的反接制动控制电路。

任务七　三相笼型异步电动机双速电动机控制线路安装与调试

一、 任务导入

由电动机原理可知，三相异步电动机的转子的转速 n 与电网频率 $f1$，定子的极对数 P 及转差率 s 的关系为：

$$n = (1-s)n1 = (1-s)60f1/P$$

对于三相笼型异步电动机而言，调速方法有三种 ：改变极对数 P 调速 、改变转差率 s 调速和改变电动机供电电源频率 f 调速。这儿介绍双速电动机控制 。

二、 任务分析

变极对数调速仅仅适用于三相笼型异步电动机。因为笼型异步电动机的转子本身没有固定的极数，能够随着顶你个子绕组的极数变化而变化，所以一般可通过改变定子绕组的连接方式来改变磁极对数，从而实现对转速的调节。笼型异步电动机变极对数调速属于电气有极调速，常用的多速电动机由双速、三速、四速电动机。这儿以双速为例介绍定子绕组的变极对数连接方法。

三、 相关知识

1. 双速电动机定子绕组的连接

图 3.58 是 4/2 极双速电动机定子绕组接线示意图。图 3.58(a)中将定子绕组 U1、V1、W1 接电源，U3、V3、W3 接线端悬空，则电动机定子绕组接成三角形，此时电动机磁极为 4 极(两对磁极)，形成低速运行，每相绕组中的两个线圈串联，电流参考方向如图 3.58(a)中箭头所示。

由原来的 4 极改接成 2 极电动机，如电源频率为 50Hz，则同步转速由 1500r/min 变为 3000r/min。注意：电动机从低速转为高速运行时，为保证电动机旋转方向不变，应把电源相序改变。

图 3.58(b)中将接线端 U1、V1、W1 连在一起，U3、V3、W3 接电源，则电动机定子绕组接成双星形，此时电动机磁极为 2 极(一对磁极)，形成高速运行。每相绕组中的两个线圈并联，电流参考方向如图 3.58(b)中箭头所示。

2. 双速电动机的控制电路

双速电动机调速控制电气原理图如图 3.59 所示。

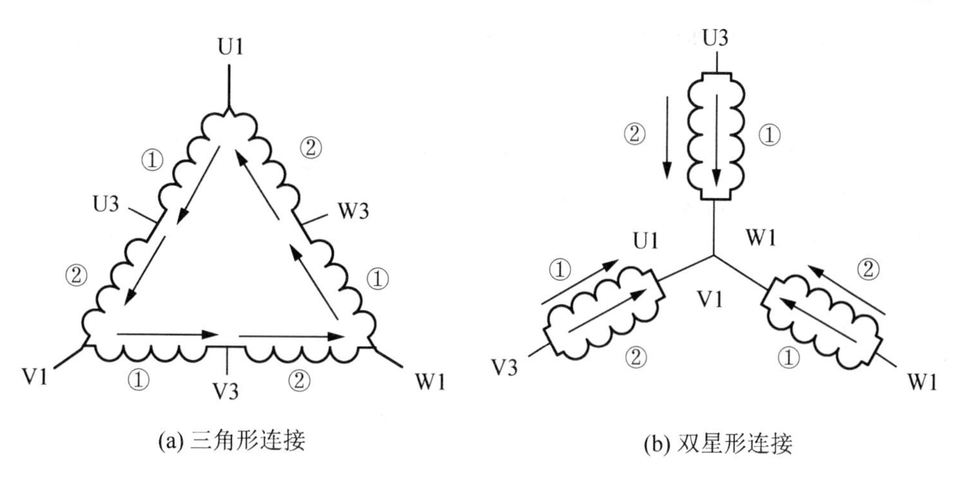

(a) 三角形连接　　(b) 双星形连接

图 3.58　4/2 极双速电动机定子绕组接线示意图

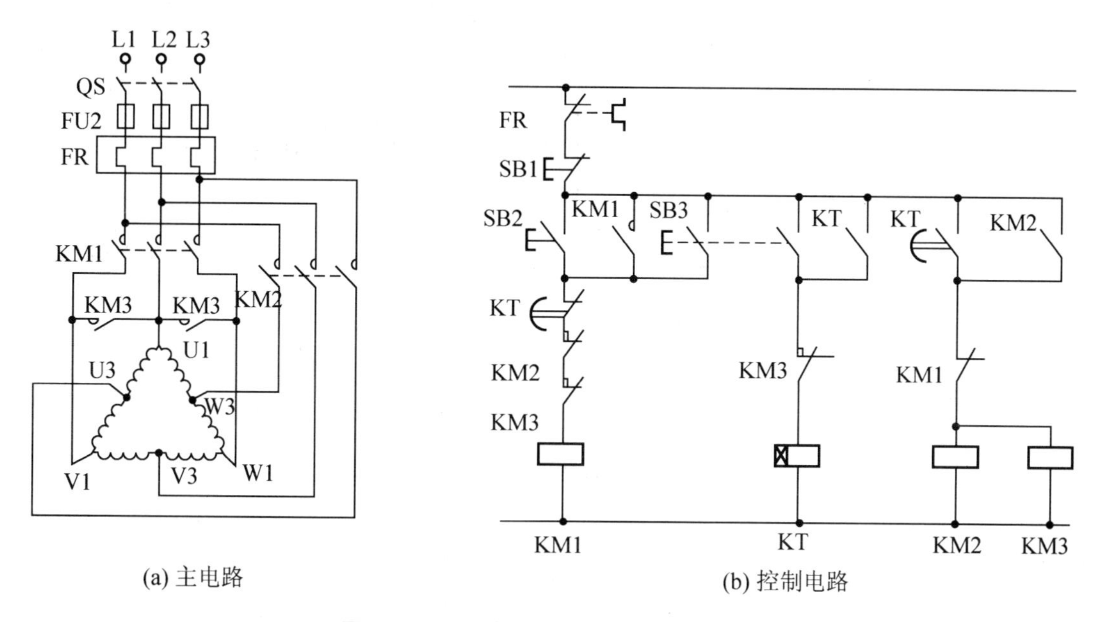

(a) 主电路　　(b) 控制电路

图 3.59　双速电动机调速控制电气原理图

图中接触器 KM1 工作时，电动机低速运行；KM2、KM3 工作时，电动机高速运行，注意变换后相序已改变。SB2、SB3 分别为低速和高速自动按钮，按低速按钮 SB2，接触器 KM1 得电自锁，电动机接成三角形，低速运转；若按高速启动按钮 SB3，KM1 线圈得电自锁，KT 线圈得电自锁，电动机先低速运行，当 KT 时间到，KT 常闭触点断开，KM1 线圈失电，然后接触器 KM2、KM3 线圈得电自锁，KM3 得电使得时间继电器 KT 线圈断电，故自动切换使 KM2、KM3 工作，电动机高速运转，这样先低速后高速的控制，目的是限制启动电流。

四、 任务实施

1. 按图 3.59 所示将所需的元器件配齐并画出其电器位置图和安装接线图。
2. 按照前面所讲的方法进行元器件安装和配线。

3. 经检查无误后进行通电操作。注意观察电动机的速度变化情况。

五、 知识拓展

三速电动机电气原理图见图 3.60。接触器 KM1 控制电动机启动，KM2 控制电动机加速，KM3 控制电动机稳定运行。按下启动按钮 SB2，KM1 得电，经 KT1 延时，KM2 得电，再经 KT2 延时，KM3、KM4 同时得电，自动完成三种速度的变化。按 SB1，KM1、KM2、KM3 和 KM4 同时失电。

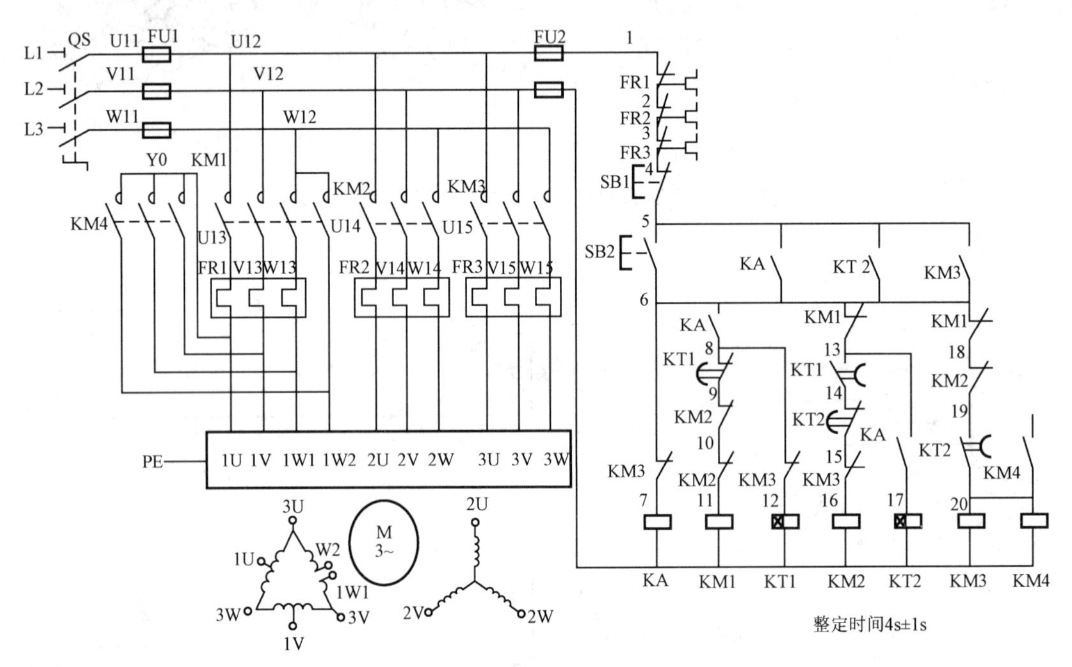

图 3.60 三相异步电动机三速控制电气原理图

六、 思考与练习

1. 变极对数调速是不是所有三相异步电动机都适用?
2. 图示说明双速异步电动机的定子连接方式。

模块四

直流电机的电气控制

知识目标	1. 了解直流电机的拖动原理 2. 能根据控制要求，熟练画出直流电路的典型控制电路原理图，并进行装配
能力目标	1. 熟悉常用低压电器的结构、工作原理、型号规格、符号、使用方法及其在控制电路中的作用 2. 掌握直流电机运行控制电路的工作原理及安装接线方法

任务一　并励直流电机的正反转控制电路设计

一、 任务导入

在生产实际中，常常要求直流电机既能正转又能反转。例如，直流电机拖动龙门刨床的工作台往复运动；矿井卷扬机的上下运动等。

二、 任务分析

要设计直流电动机正反转控制电路，必须先了解直流电动机的启动运行如何实现。直流电动机的电枢绕组一般很小，直接启动会产生很大的冲击电流，一般可达额定电流的几倍至几十倍。这样大的启动电流，一方面使电动机换向不利，甚至会损坏电刷和换向器；另一方面，将产生较大的启动转矩和加速度，对它所带机械部件产生很大的冲击，故在直流电动机的启动时，必须限制启动电流。

三、 相关知识

直流电机虽不如三相交流异步电动机那样结构简单，价格便宜，制造方便，维护容易，但它具有启动性能好，调速范围大，调速平稳性好，适宜于频繁启动等一系列优点。所以在要求大范围无级调速或要求大启动转矩的场合常采用直流电机。

直流电机启动要求：在满足启动转矩要求的前提下，尽可能减小启动电流(直接启动启动电流可达额定电流的几倍到几十倍)。

限制启动电流的方法有减小电枢电压和在电枢回路串接电阻两种。随着晶闸管变电流技术的发展，采用减小电枢电压来限制启动电流的方法正日趋广泛。但在没有可调直流电源的场合，多采用电枢回路串电阻的启动方法。

图 4.1 所示为并励直流电机电枢串接电阻启动控制电路。图中，KA1 为过电流继电器，做直流电机的短路保护和过载保护。KA2 为欠电流继电器，做励磁绕组的失磁保护。

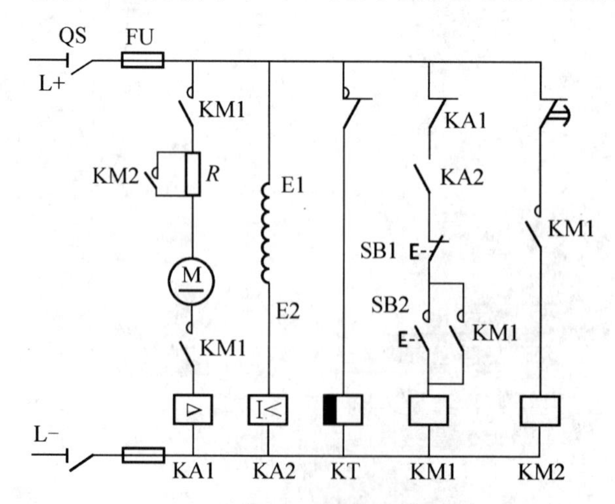

图 4.1　并励直流电机电枢串接电阻启动控制电路

启动时先合上电源开关 QS，励磁绕组得电励磁，欠电流继电器 KA2 线圈得电，KA2

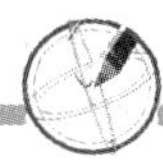

常开触点闭合，接通控制电路电源；同时时间继电器 KT 线圈得电，KT 常闭触点瞬时断开，然后按下启动按钮 SB2，接触器 KM1 线圈得电，KM1 主触点闭合，电动机串电阻 R 启动；KM1 的常闭触点断开，KT 线圈断电，KT 常闭触点延时闭合，接触器 KM2 线圈得电，KM2 主触点闭合将电阻器 R 短接，电动机在全压下运行。

起动时先合上QS → 励磁绕组得电励磁
→ KT得电 → KT常闭触点瞬断
→ KA2得电 → KA2常开触点闭合

在KA2常开闭合时按SB1 → KM1线圈得电 → KM1辅常闭断开 → KT断电 → KT触点延时闭合
→ KM1主触头闭合 → M串R起动

KT延时时间到 → KM2得电 → KM2主闭合短接R → M全压运行

四、 任务实施

实际应用中，常需要电动机既能正转运行，也能反转运行。直流电机的旋转方向取决于电磁转矩 M 的方向，而 $M=C_{m}\Phi I_{a}$，其中 C_{m} 为转矩常数，Φ 为主磁通，I_{a} 为电枢电流，所以改变直流电机转动方向的方法有两种：一是电枢反接法，即保持励磁磁场方向不变，而改变电枢电流方向；二是励磁绕组反接法，即保持电枢电流方向不变，改变励磁绕组电流的方向。

图 4.2 所示为保持励磁磁场方向不变，改变电枢电流方向，使电动机反转。

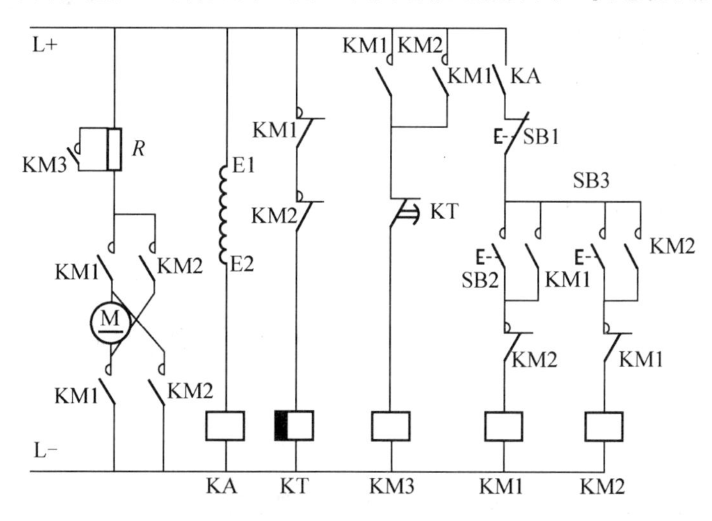

图 4.2　并励直流电机正反转控制电路

启动时按下启动按钮 SB2，接触器 KM1 线圈得电，KM1 常开触点闭合，电动机正转。若要反转，则需要先按下 SB1，使 KM1 断电，KM1 互锁触点闭合。这时再按下反转按钮 SB3，接触器 KM2 线圈得电，KM2 常开触点闭合，使电枢电流反向，电动机反转。控制电路中采用电气互锁，防止 KM1、KM2 因误操作同时得电而造成电源短路。

值得注意的是：电动机从一种转向变为另一种转向时，必须先按下停止按钮 SB3，使电动机停转后，再按相应的启动按钮。

关于励磁绕组反接法的直流电机正反转控制与电枢反接法基本相同，但需要指出，在实际应用中，并励直流电机一般采用电枢反接法，而不宜采用励磁绕组反接法。因励磁绕组匝数多，电感量较大，当励磁绕组反接时，在励磁绕组中会产生较大自感电动势，它不但会在开关的刀刃上或接触器的主触头上产生电弧烧坏触头，而且也容易把励磁绕组的绝缘击穿。同时励磁绕组在反接过程中会造成短暂失磁，由于失磁造成很大电枢电流，易引起“飞车”事故。

五、 任务拓展

分析图 4.2 的工作原理。

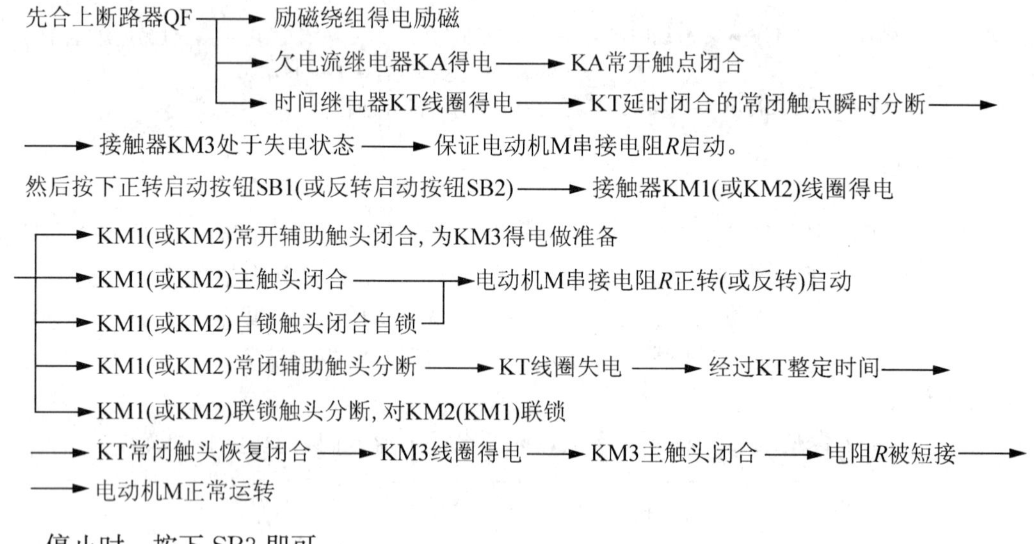

停止时，按下 SB3 即可。

六、 思考与练习

1. 直流电机常用的启动方法有哪两种？
2. 并励直流电机正反转常采用哪种方法？为什么？

任务二　并励直流电机的制动控制

一、 任务导入

所谓制动，就是使拖动系统从某一稳定转速很快减速停车(如可逆轧机)，或是为了限制电动机转速的升高。

二、 任务分析

直流电力拖动系统中，直流电动机既可以运行于电动状态，又可以运行于电气制动状态。直流电动机的常用电气制动方法有能耗制动和反接制动两种。通过并励直流电动机的能耗制动控制电路分析，逐步建立控制电路设计理念，从而有助于进行直流电动机的反接制动控制设计。

三、 相关知识

制动的方法有以下几种：机械制动、电气制动和自由停车。电动机在运行时，如果切

断电枢电源，系统的转速就会慢慢地降下来，最后停车，这种制动方法成为自由停车。自由停车是靠摩擦转矩实现的，所需时间较长。机械制动采用机械抱闸进行制动，这种制动虽然可以加快制动过程，但闸皮磨损严重，增加了维修工作量。所以对需要频繁快速启动、制动和反转的生产机械，一般都不采用这两种制动方法，而采用电气制动方法，即由电动机本身产生一个与制动方向相反的电磁转矩(即制动转矩)来实现制动。电气制动的优点是制动转矩大，制动时间短，便于控制，容易实现自动化。

图 4.3 为并励直流电机单向启动能耗制动控制电路。能耗制动是在指维持直流电机的励磁电源不变的情况下，把正在做电动运行的电动机电枢从电源上断开，再串接一个外加制动电阻组成制动回路，将机械能(高速旋转的动能)转变为电能，并以热能的形式消耗在电枢和制动电阻上。由于电动机因惯性而继续旋转，直流电机此时变为发电机状态，则产生的电磁转矩与转速方向相反，为制动转矩，从而实现制动。

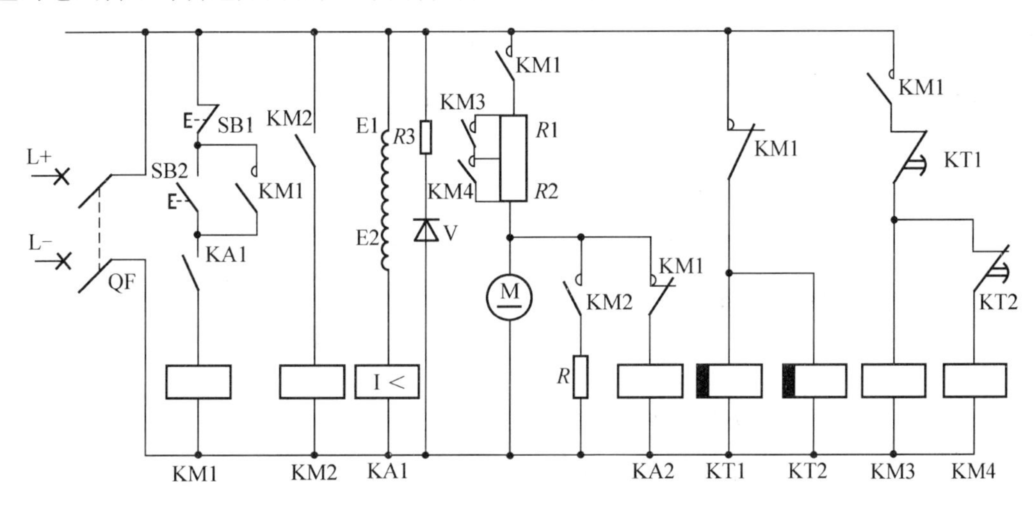

图 4.3　并励直流电机单向启动能耗制动控制电路

启动时合上电源开关 QS，励磁绕组得电励磁，欠电流继电器 KA1 线圈得电吸合，KA1 常开触点闭合；同时时间继电器 KT1 和 KT2 线圈得电吸合，KT1 和 KT2 常闭触点瞬时断开，保证启动电阻器 $R1$ 和 $R2$ 串入电枢回路中启动。

按下启动按钮 SB2，接触器 KM1 线圈得电吸合，KM1 常开触点闭合，电动机 M 串电阻器 $R1$ 和 $R2$ 启动，KM1 两个常闭触点分别断开 KT1、KT2 和中间继电器 KA2 线圈电路；经过一定的整定时间，KT1 和 KT2 的常闭触点先后延时闭合，接触器 KM3 和 KM4 线圈先后得电吸合，电阻器 $R1$ 和 $R2$ 先后被短接，电动机正常运行。

进行能耗制动时，按下停止按钮时 SB1 时，接触器 KM1 线圈失电，KM1 常开触点复位(恢复断开)，使电枢回路断电，而 KM1 常闭触点复位(恢复闭合)，由于惯性运转的电枢切割磁力线(励磁绕组仍接至电源上)，在电枢绕组中产生感应电动势，使并联在电枢两端的中间继电器 KA2 线圈得电吸合，KA2 常开触点闭合，接触器 KM2 得电吸合，KM2 常开触点闭合，接通制动电阻器 R 回路，这时电枢的感应电流方向与原来方向相反，电枢产生的电磁转矩与原来反向而成为制动转矩，使电枢迅速停转。

当电动机转速降至一定值时，电枢绕组的感应电动势降低，中间继电器 KA2 线圈释放，接触器 KM2 线圈和制动回路先后断开，能耗制动结束。

四、 任务实施

反接制动利用改变电枢两端电压极性或改变励磁电流方向的方法，来改变电磁转矩方向，形成制动力矩，迫使电动机迅速停转。并励直流的电动机的反接制动是把正在运行的电动机的电枢绕组突然反接来实现。

采用反接制动时应该注意以下两点：一是电枢绕组突然反接的瞬间，会在电枢绕组中产生很大的反向电流，易使换向器和电刷产生强烈火花而损伤，故必须在电枢回路中串入附加电阻以限制电枢电流，附加电阻的大小可取近似等于电枢的电阻值；二是当电动机转速等于零时，应及时、准确、可靠地断开电枢回路的电源，以防止电动机反转。

并励直流电机双向启动反接制动电路如图 4.4 所示。线路工作原理如下。

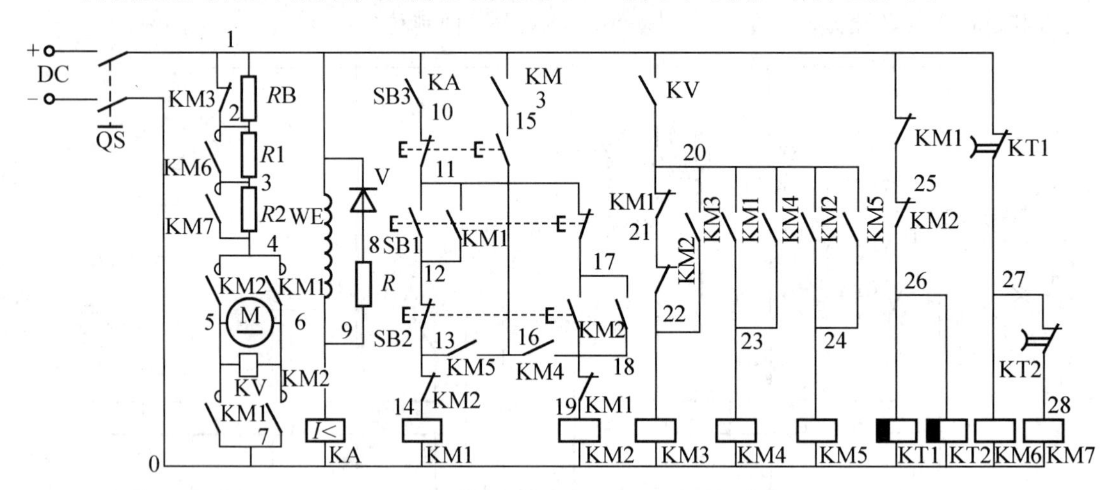

图 4.4 并励直流电机双向启动反接制动电路

正向启动运转：

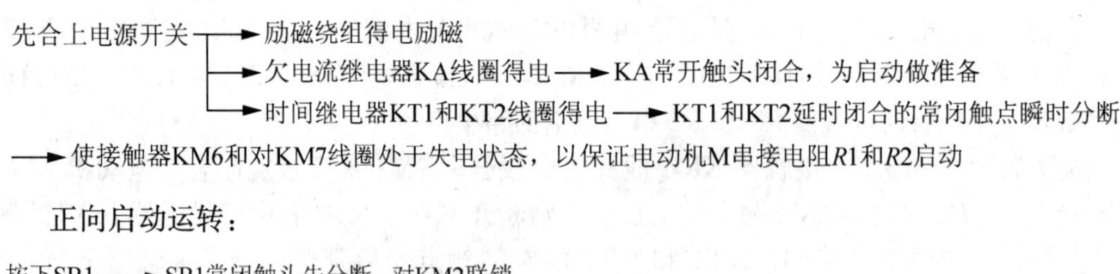

正向启动运转：

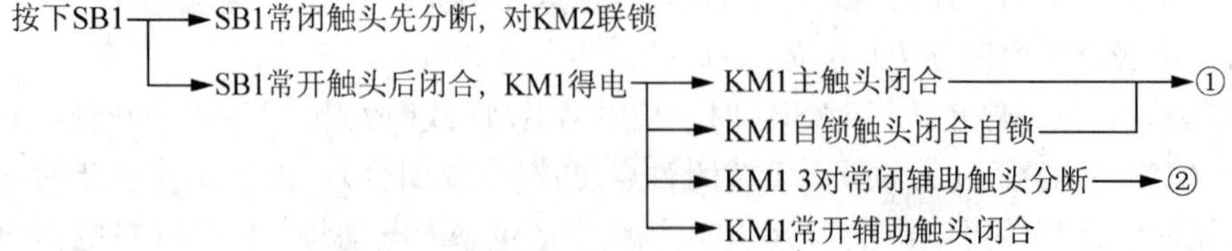

① ⟶ 电动机M串入电阻R1和R2启动

② ⟶ 对KM2、KM3联锁

⟶ KT1和KT2失电 ⟶ 经过KT1、KT2的整定时间 ⟶ KT1、KT2的常闭触头先后恢复闭合 ⟶ ③

③ ⟶ KM6和KM7线圈先后得电 ⟶ KM6、KM7主触头先后闭合 ⟶ 逐级切除电阻R1、R2 ⟶ 电动机M正常运转

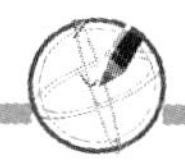

在电动机刚启动时，由于电枢中的反电动势为零，电压继电器 KV 不动作，接触器 KM3、KM4、KM5 均处于失电状态；随着电动机转速的升高，反电动势建立后，电压继电器 KV 得电动作，其常开触头闭合，接触器 KM4 得电，KM4 常开触头均闭合，为反接制动做好了准备。

反接制动：

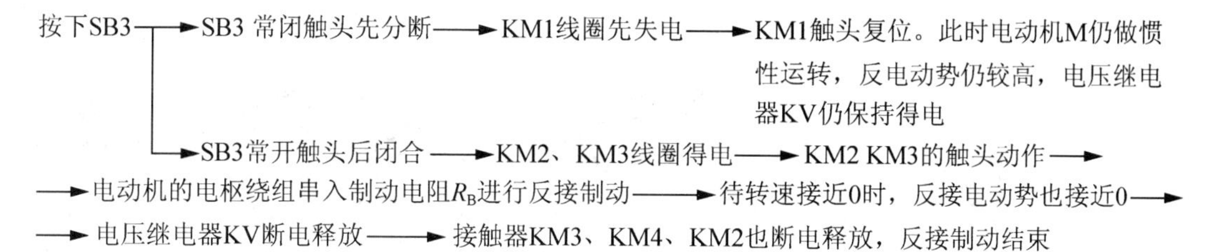

五、 知识拓展——并励直流电机的调速控制

直流电机调速指在电动机机械负载不变的条件下，改变电动机的转速。由直流电机的转速公式 $n=(U-I_aR_a)/C e\Phi$ 可知：在并励直流电机的电枢回路中，既可串接调速变阻器 R_P 进行调速(如图 4.5 所示)，也可以改变并励电动机励磁进行调速，为此，在励磁电路中串接调速变阻器 R_P，如图 4.6 所示。

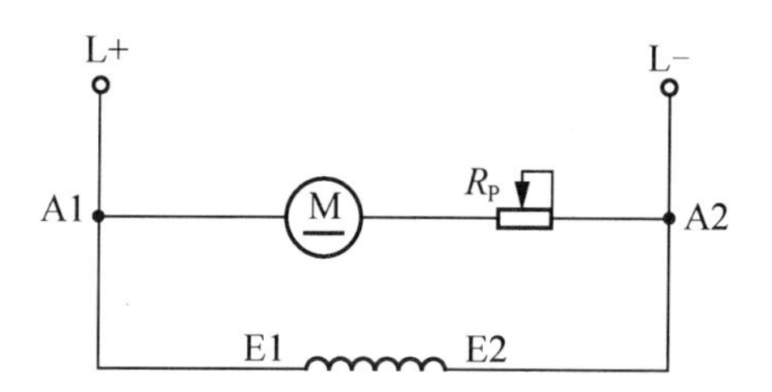

图 4.5　并励直流电机电枢串电阻调速

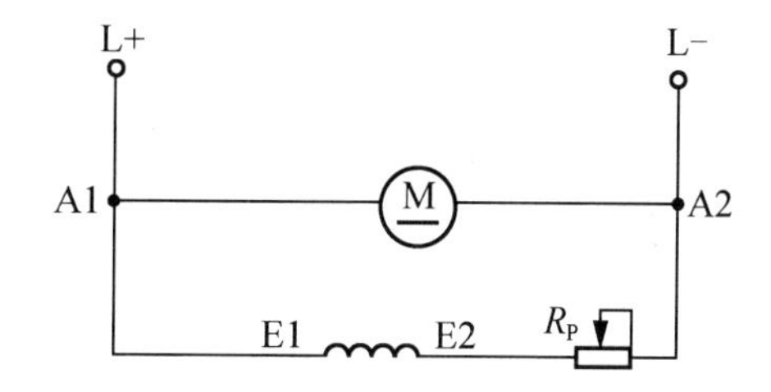

图 4.6　并励直流电机改变励磁调速

直流电机另一种改变电枢电压的调速方法，不能用于并励直流电机，因为这种方法是在励磁保持一定的条件下进行调速的。而在并励直流电机中改变电枢电压时，它的励磁电路也会随之改变，不能保持一定。

六、 思考与练习

1. 直流电机的电气制动常采用哪两种方法？
2. 如何实现并励直流电机的能耗制动和反接制动？
3. 并励直流电机采用反接制动时应注意哪些问题？

模块五

典型机床电气控制电路的分析与故障维修

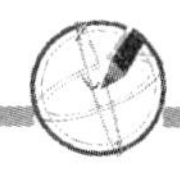

任务一　CA6140型卧式车床电气控制线路的分析与检修

一、任务导入

电气控制与电气拖动有着密切的关系。20世纪初，电动机的出现，使得机床的拖动发生了变革，用电动机代替蒸汽机，机床的电气拖动随电动机的发展而发展。

在金属切屑机床中，车床所占的比例最大，而且应用也最广泛。车床可以切屑外圆、内圆、端面、螺纹等，并可用钻头、铰刀等刀具对工件进行加工。本任务以CA6140型卧式车床为例，说明车床电气控制线路的原理分析与故障检修的一般方法。图5.1为CA6140型卧式车床的外形图。

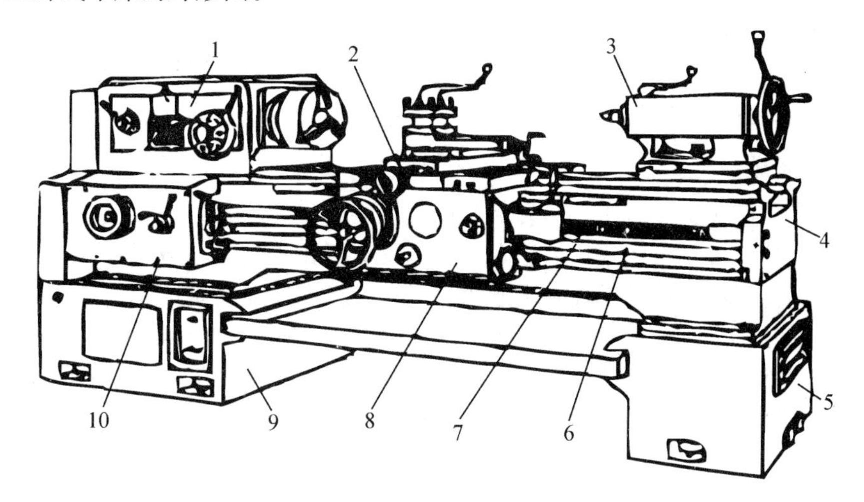

图5.1　CA6140型卧式车床的外形图

1—主轴箱；2—刀架；3—尾架；4—床身；5，9—床腿；6—光杠；7—丝杠；8—溜板箱；10—进给箱

二、任务分析

要想掌握典型设备的电气原理分析和排故方法，必须先理解电气原理图的分析方法、分析步骤以及电气控制电路的故障分析方法。

三、相关知识

（一）电气原理图的分析方法和步骤

1. 基本原则

分析电气原理图的基本原则：化整为零、顺藤摸瓜、先主后辅、集零为整、安全保护、全面检查。

采用化整为零的原则以某一电动机或电气元器件(如接触器或继电器线圈)为对象，从电源开始，自上而下、自左而右，逐一分析其接通、断开关系。

2. 电气控制电路的分析步骤

(1) 分析主电路。从主电路入手，根据每台电动机和执行电器的控制要求去分析各电动机和执行电器的控制内容，包括电动机启动、转向控制、调速、制动等基本控制电路。

（2）分析控制电路。根据主电路各个电动机和执行电器的控制要求，运用“化整为零”、“顺藤摸瓜”的原则，将控制电路按功能划分为若干个局部控制线路，从电源和主令信号开始，经过逻辑判断，写出控制流程，以简单明了的方式表达出电路的自动工作过程。

（3）分析辅助电路。辅助电路包括执行元器件的工作状态显示、电源显示、参数测定、照明和故障报警等部分。辅助电路中很多部分是由控制电路中的元器件来控制的，所以分析辅助电路时，还要回过头来对控制电路的这部分电路进行分析。

（4）分析联锁保护环节。生产机械对安全性、可靠性有很高的要求，为了实现这些要求，除了合理地选择拖动、控制方案之外，在控制电路中还设置了必要的电气联锁和一系列的电气保护。因此，必须对电气联锁与电气保护环节在控制线路中的作用进行分析。

（5）总体检查。经过“化整为零”，逐步分析每一局部电路的工作原理及各部分之间的控制关系后，还必须用“集零为整”的方法，全面检查整个控制电路，看是否有遗漏。特别要从整体角度去进一步检查和理解各控制环节之间的联系，以达到正确理解原理图中每一个电气元器件的作用的目的。

（二）车床的运动形式

自动车床加工的主运动以工件旋转为基础，主要用于加工各种回转成形面，当然其还有很多广泛的用途，如钻头、铰刀、滚花工作等加工工作等。为了减轻工人的劳动强度和节省空行程和时间，有些数控车床还具有刀架纵向及横向快速移动的功能。机床中除了成形运动、切入运动和分度运动等直接影响加工表面和质量的运动外，还有辅助运动(为成形运动创造条件的运动称为辅助运动)。为了加工出各种表面，车床刀具之间要保持必要的相对运动。车床必须具备下列运动。

1. 工件的旋转运动

车床通常以工件的旋转运动作为主运动。主运动是实现切削最基本的运动，其特点是速度高且消耗的动力较大。

2. 刀具的移动

这是车床的进给运动表示。进给运动方向可以平行于工件的轴线或垂直于工件轴线，也可以与中心线成一定角度或做曲线运动。进给运动速度较低，所消耗的动力也较少。主运动和进给运动是形成被加工表面形状所必需的运动，称为自动车床加工机床的表面成形运动。此外，机床上还有一些其他运动，如切入运动和分度运动。卧式车床上的切入运动通常与进给运动的方向相垂直，且由工人手动操纵刀架来实现。

（三）电气控制电路的故障分析方法

1. 电气控制电路故障的诊断步骤

（1）故障调查。

问：询问设备操作人员，故障发生前后的情况如何，有利于根据电气设备的工作原理来判断发生故障的部位，分析出故障的原因。

看：观察熔断器内的熔体是否熔断；其他电气元器件是否烧毁、发热、断线或导线连接螺钉是否松动；触点是否氧化、积尘等。

听：电动机、变压器、接触器等正常运行的声音和发生故障时的声音是有区别的，听

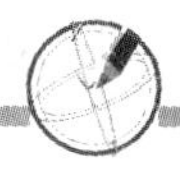

声音是否正常，可以帮助寻找故障的范围、部位。

摸：电动机、电磁线圈、变压器等发生故障时，温度会显著上升，可切断电源后用手去触摸，判断元器件是否正常。

(2) 电路分析。根据调查结果，参考该电气设备的电气原理图进行分析，初步判断出故障产生的部位，然后逐步缩小故障范围，直至找到故障点并加以消除。

(3) 断电检查。检查前先断开电路总电源，然后根据故障可能产生的部位，逐步找出故障点。检查时，应先检查电源线进线处有无碰伤而引起的电源接地、短路等现象，螺旋式熔断器的熔断指示器是否跳出，热继电器是否动作。然后，检查电气外部有无损坏，连接导线有无断路、松动，绝缘是否过热或烧焦。

(4) 通电检查。做断电检查仍未找到故障时，可对电气设备做通电检查。

做通电检查时，要尽量使电动机和其所传动的机械部分脱开，将控制器和转换开关置于零位，行程开关还原到正常位置。然后，用万用表检查电源电压是否正常，是否缺相或严重不平衡。再进行通电检查，检查的顺序如下：先检查控制电路，后检查主电路；合上开关，观察各电气元器件是否按要求动作，是否有冒火、冒烟、熔断器熔断等现象，直至查到发生故障的部位为止。

2. 电气控制电路故障的诊断方法

电气故障的诊断方法较多，常用的有电压测量法和电阻测量法等。

(1) 电压测量法：利用万用表测量电气线路上某两点间的电压值来判断故障点的范围或故障元器件的方法。

① 电压分阶测量法。电压分阶测量法如图 5.2 所示。检查时，首先用万用表测量 1、7 两点间的电压，若电路正常应为 380V 或 220V。然后，按住启动按钮 SB2 不放，同时将黑表笔接到点 7 上，红表笔按 6、5、4、3、2 标号依次向前移动，分别测量 7—6、7—5、7—4、7—3、7—2 各阶之间的电压。电路正常情况下，各阶的电压值均为 380V 或 220V。例如，测到 7—6 之间无电压，则说明是断路故障，此时可将红表笔向前移，当移至某点(如点 2)时电压正常，说明点 2 以前的触点或接线有断路故障，一般是点 2 后第一个触点(即刚跨过停止按钮 SB1 的触点)或连接线断路。

② 电压分段测量法。电压分段测量法如图 5.3 所示。检查时，首先用万用表测试 1、7 两点，若电压值为 380V 或 220V，则说明电源电压正常。电压分段测试法是用红、黑两表笔逐段测量相邻两标号点 1—2、2—3、3—4、4—5、5—6、6—7 间的电压。若电路正常，则按下启动按钮 SB2 后，除 6—7 两点间的电压等于 380V 或 220V 之外，其他任何相邻两点间的电压值均为零；若按下启动按钮 SB2，接触器 KM1 不吸合，则说明发生断路故障，此时可用电压表逐段测试各相邻两点间的电压；若测量到某相邻两点间的电压为 380V 或 220V，则说明这两点间所包含的触点、连接导线接触不良或有断路故障；若标号 4—5 两点间的电压为 380V 或 220V，则说明接触器 KM2 的动断触点接触不良。

(2) 电阻测量法：利用万用表测量电气线路上某两点间的电阻值来判断故障点的范围或故障元器件的方法。

电阻测量法如图 5.4 所示，按下启动按钮 SB2 后，若接触器 KM1 不吸合，则说明该电气回路有断路故障。用万用表的电阻挡检测前应先断开电源，然后按下 SB2 不放，先测量 1—7 两点间的电阻，如电阻值为无穷大，则说明 1—7 之间的电路断路。然后分阶测量 1—2、1—3、1—4、1—5、1—6 各点间的电阻值。若电路正常，则该两点间的电阻值为 0；当测量到某标号间的电阻值为无穷大时，则说明表笔刚跨过的触点或连接导线断路。

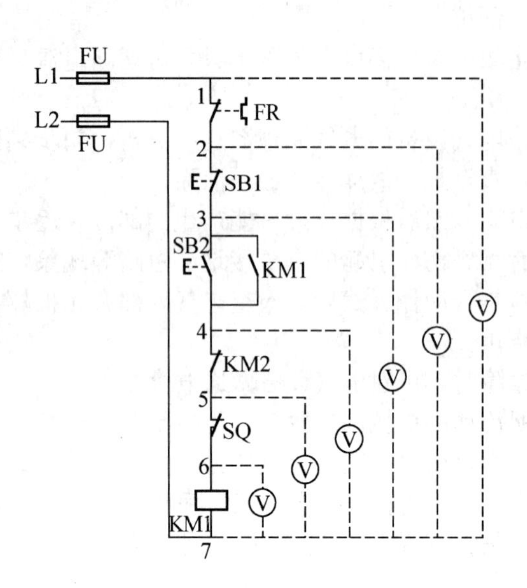

图 5.2　电压分阶测量法

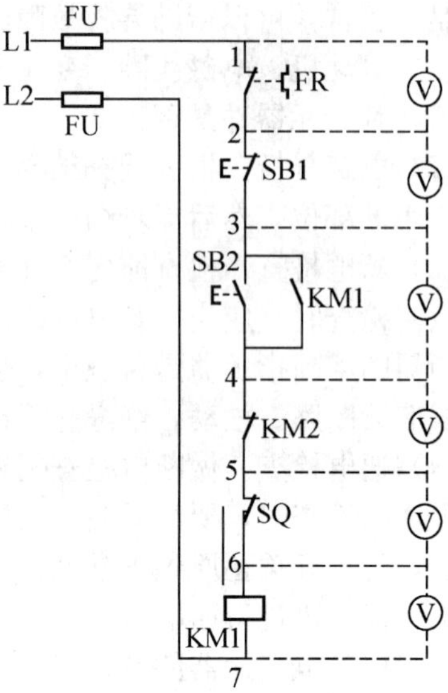

图 5.3　电压分段测量法

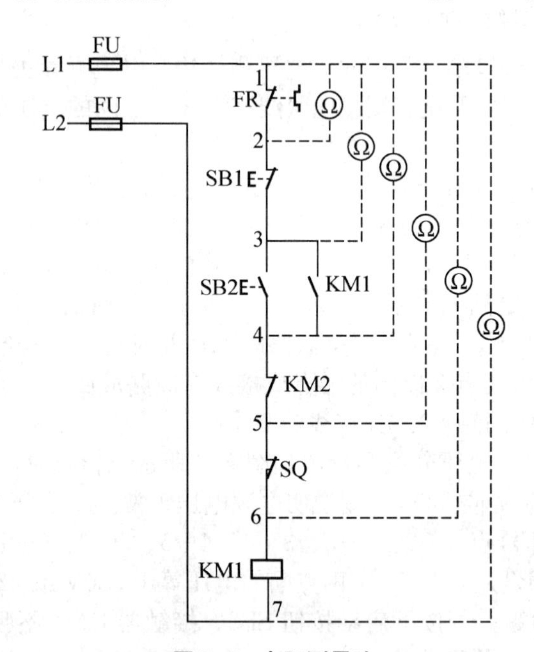

图 5.4　电阻测量法

电阻测量法应注意以下 3 点。

① 采用电阻测量法检查故障时一定要断开电源。

② 如果被测的电路与其他电路并联时，必须将该电路与其他电路断开，否则所测得的电阻值是不准确的。

③ 当测量高电阻值的电气元器件时，应把万用表的选择开关旋转至适合的电阻挡。

四、 任务实施

图 5.5 为 CA6140 型卧式车床的电气原理图。

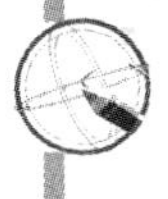

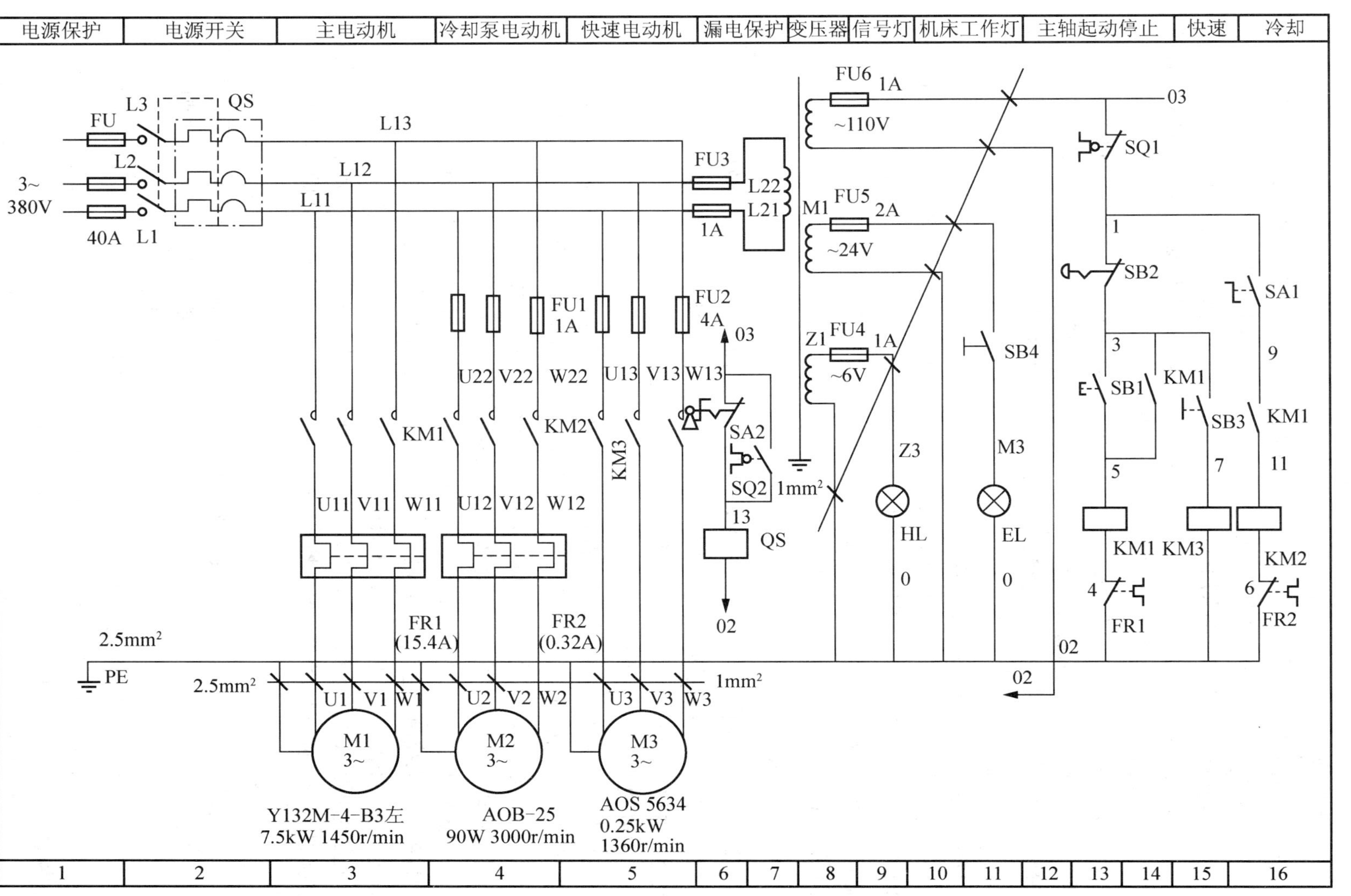

图5.5　CA6140型卧式车床的电气原理图

（一）主电路分析

主电路中共有3台电动机，其中M1为主轴电动机，用以实现主轴旋转和刀架作进给运动；M2为冷却泵电动机；M3为溜板快速移动电动机。M1、M2、M3均为三相异步电动机，容量均小于10kW，全部采用全压直接启动，均有交流接触器控制单向旋转。

M1电动机由启动按钮SB1、停止按钮SB2和接触器KM1构成电动机单向连续运转控制电路。主轴的正反转由摩擦离合器改变传动来实现。

M2电动机在主轴电动机启动之后，扳动冷却泵控制开关SA1来控制接触器KM2的通断，实现冷却泵电动机的启动与停止。由于SA1开关具有定位功能，故不需自锁。

M3电动机由装在溜板箱上的快慢速进给手柄内的快速移动按钮SB3来控制KM3接触器，从而实现M3的点动。操作时，先将快速进给手柄扳到所需要移动的方向，再按下SB3按钮，即实现该方向的快速移动。

三相电源通过转换开关QS1引入，FU1和FU2做短路保护。主轴电动机M1由接触器KM1控制启动，热继电器FR1为主轴电动机M1的过载保护。冷却泵电动机M2由接触器KM2控制启动，热继电器FR2为它的过载保护。溜板快速移动电动机M3由接触器KM3控制启动。

（二）辅助电路分析

控制回路的电源由变压器TC二次侧输出110V电压提供，采用FU3做短路保护。

（1）主轴电动机的控制：按下启动按钮SB1，接触器KM1的线圈得电动作，其主触头闭合，主轴电动机M1启动运行。同时KM1的自锁触头和另一辅助常开触头闭合。按下停止按钮SB2，主轴电动机M1停止。

（2）冷却泵电动机控制：如果车削加工过程中，工艺需要使用冷却液时，合上开关QS2，在主轴电动机M1运转的情况下，接触器KM1线圈获电吸合，其主触头闭合，冷却泵电动机获电运行。由图5.5可知，只有当主轴电动机M1启动后，冷却泵电动机M2才有可能启动，当M1停止运行时，M2也就自动停止。

（3）溜板快速移动的控制：溜板快速移动电动机M3的启动由安装在进给操作手柄顶端的按钮SB3来控制，它与中间继电器KM3组成点动控制环节。将操作手柄扳到所需要的方向，按下按钮SB3，继电器KM3获电吸合，M3启动，溜板向指定方向快速移动。

控制变压器TC的二次侧分别输出24V和6V电压，作为机床低压照明灯和信号灯的电源。EL为机床的低压照明灯，由开关SB4控制；HL为电源的信号灯，采用FU4做短路保护。

（三）电路的保护环节

（1）电路电源开关是带有开关锁SA2的断路器QS。机床接通电源时，须用钥匙开关操作，再合上QS，增加了安全性。需要送电时，先用开关钥匙插入SA2开关锁中并右旋，使QS线圈断电，再扳动断路器QS将其合上，此时，机床电源送入主电路380V交流电压，并经控制变压器输出110V控制电路、24V安全照明电压、6V信号灯电压。断电时，若将开关锁SA2左旋，则触头SA2(03—13)闭合，QS线圈通电，断路器QS断开，机床断电。若出现误操作，QS将在0.1s内再次自动跳闸。

（2）打开机床控制配电盘壁箱门，自动切除机床电源的保护。在配电盘壁箱门上装有安全行程开关SQ2，当打开配电盘壁箱门时，安全开关的触头SQ2(03—13)闭合，将使断

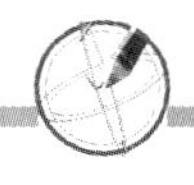

路器 QS 线圈通电，断路器 QS 自动跳闸，断开机床电源，以确保人身安全。

(3) 机床床头皮带罩处设有安全开关 SQ1，当打开皮带罩时，安全开关触头 SQ1(03—1)断开，将接触器 KM1、KM2、KM3 线圈电路切断，电动机将全部停止旋转，以确保人身安全。

(4) 为满足打开机床控制配电盘壁箱门进行带电检修的需要，可将 SQ2 安全开关传动杆拉出，使触头 SQ2(03—13)断开，此时 QS 线圈断电，QS 开关仍可合上。当检修完毕，关上壁箱门后，将 SQ2 开关传动杆复位，SQ2 保护照常起作用。

(5) 电动机 M1、M2 由 FU 热继电器 FR1、FR2 实现电动机的长期过载保护；断路器 QS 用于实现全电路的过电流、欠电压保护及热保护；熔断器 FU、FU1 至 FU6 用于实现各部分电路的短路保护。

此外，还设有 EL 机床照明灯和 HL 信号灯，用于局部照明。

五、 知识拓展——车床常见电气故障的分析与排除

CA6140 型车床的常见电气故障往往出现在安全开关 SQ1、SQ2 上，由于长期使用，可能出现松动移位，致使打开床头皮带罩时 SQ1(03—1)触电断不开或打开配电盘壁箱门时 SQ2(03—13)不闭合而失去人身安全保护作用。另一个故障是由断路器 QS 引起的，当开关锁 SA2 失灵时将会失去保护作用。应检验将开关锁 SA2 左旋时断路器 QS 能否自动跳开，跳开后若又将 QS 合上，经过 0.1s 后 QS 能否自动跳闸。

1. 按下 SQ2，QS 不能启动

这个故障原因有 3 个可能，一是电源没电；二是控制电路没电；三是 QS 线圈支路有断路。检查时一、二、三一个一个排除。从电源进线开始检查，如果电源有电，那再看 FU 有没有熔断。如果电源有电，FU 也没问题，那就再检查 110V 变压器输出端有没有电，如果正常就检查 QS 线圈支路，QS 支路断路可能有二：一是 SQ2 的触点接头松脱；二是 QS 线圈断线或者接头松脱。

2. 主轴电动机 M1 不能启动

如果其他的动作都可以，只有主轴电动机 M1 不能启动，那故障原因有三种可能：一是控制电路没有电压；二是控制电路中的熔断器 FU6 熔断；三是接触器 KM1 未吸合。按启动按钮 SB2，接触器 KM1 若不动作，则故障必定在控制电路；如果 SB1、SB2 触头接触不良或者接触器线圈断线，就会导致 KM1 不能得电动作。当按下 SB2 后，若接触器得电动作，但主轴电动机不能启动，则故障原因必定在主电路中，可依次检查接触器 KM1 的主触点及三相电动机的接线端子等是否接触良好。

3. 主轴电动机不能停转

这类故障多数是由于接触器 KM1 的铁心面上的油污使得铁心不能释放或者 KM1 的主触点发生熔焊，或停止按钮 SB1 的常闭触点短路所造成的，应切断电源，清洁铁心极面的污垢或更换触点，即可排除故障。

4. 主轴电动机的运转不能自锁

当按下按钮 SB2 时，电动机能运转，但松开按钮 SB2 后电动机即停转，是由于接触器 KM1 的辅助常开触头接触不良或位置偏移、卡阻现象引起的故障。这时只要将接触器

KM1 的辅助常开触头进行修整或更换即可排除故障。辅助常开触点的连接导线松脱或断裂也会使电动机不能自锁。

5. 刀架快速移动电动机不能运转

按点动按钮 SB3，接触器 KM3 未得电动作，故障必然在控制电路中，这时可检查点动按钮 SB3，接触器 KM3 的线圈是否断路。

六、 思考与练习

1. 在 CA6140 型车床中，若主轴电动机 M1 只能点动，则可能的故障原因是什么？在此情况下，冷却泵能否正常工作？

2. CA6140 型车床的主轴是如何实现正反转控制的？

3. CA6140 型车床的主轴电动机因过载而自动停止后，操作者立即按启动按钮，但电动机不能启动，试分析可能的原因。

任务二　Z3040 型摇臂钻床电气控制线路的分析与检修

一、 任务导入

Z3040 型摇臂钻床如图 5.6 所示。

图 5.6　Z3040 型摇臂钻床

（1）摇臂钻床由 4 台电动机进行拖动。主轴电动机带动主轴旋转；摇臂升降电动机带动摇臂进行升降；液压泵电动机拖动液压泵供给压力油，使液压系统的夹紧机构实现夹紧与放松；冷却泵电动机驱动冷却泵供给机床切削液。

（2）主轴的旋转运动和纵向进给运动及其变速机构均在主轴箱内，由一台主轴电动机拖动。主轴在进行螺纹加工时，要求主轴电动机能正反向旋转，通过改变摩擦离合器的手柄位置实现正反转控制。

（3）内外立柱、主轴箱与摇臂的夹紧与放松是由一台电动机通过正反转拖动液压泵来实现的，因此要求液压泵电动机能正反向旋转，采用点动控制。

（4）摇臂的升降由一台交流异步电动机拖动，装于主轴顶部，通过正反转来实现摇臂的上升和下降。摇臂的移动严格按照摇臂松开→移动→摇臂夹紧的程序进行。因此，摇臂的夹紧放松与摇臂升降按自动控制进行。

二、 任务分析

钻床的上述控制要求是如何实现的呢？这需要对 Z3040 摇臂钻床的电气控制原理详细分析。

要分析 Z3040 摇臂钻床电气原理必须先了解 Z3040 的主要结构及运动形式。

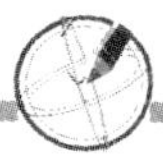

三、 相关知识

（一）Z3040 型摇臂钻床的主要结构

Z3040 型摇臂钻床主要由底座、内立柱、外立柱、摇臂、主轴箱、工作台等部分组成，如图 5.7 所示。内立柱固定在底座的一端，外面套有外立柱，外立柱可绕内立柱旋转 360°。摇臂的一端为套筒，它套装在外立柱上，并借助丝杠的正反转可绕外立柱上下移动。主轴箱安装在摇臂上，通过手轮操作可使其在水平导轨上移动。当进行加工时，可利用特殊的夹紧机构将外立柱紧固在内立柱上，摇臂紧固在外立柱上，主轴箱紧固在摇臂导轨上，然后进行钻削加工。

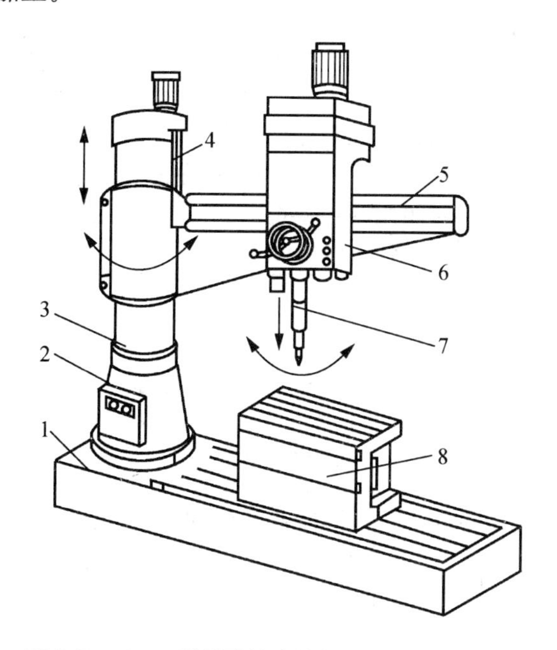

图 5.7　Z3040 型摇臂钻床结构及运行情况示意图

1—底座；2—内立柱；3—外立柱；4—摇臂升降丝杠；5—摇臂；6—主轴箱；7—主轴；8—工作台

（二）Z3040 型摇臂钻床的运动形式

（1）主运动。主运动为主轴带着钻头的旋转运动。

（2）进给运动。进给运动为主轴带着钻头的纵向运动。

（3）辅助运动。辅助运动是摇臂连同外立柱围绕着内立柱的回转运动、摇臂在外立柱上的上升下降运动、主轴箱在摇臂上的左右运动等。摇臂的回转和主轴箱的左右移动采用手动方式，立柱的夹紧放松由一台电动机拖动一台齿轮泵来实现，同时通过电气联锁来实现主轴箱的夹紧与放松。

摇臂钻床的主轴旋转和摇臂升降不允许同时进行，以保证安全生产。

四、 任务实施

（一）主电路分析

Z3040 型摇臂钻床的电气控制原理图如图 5.8 所示。

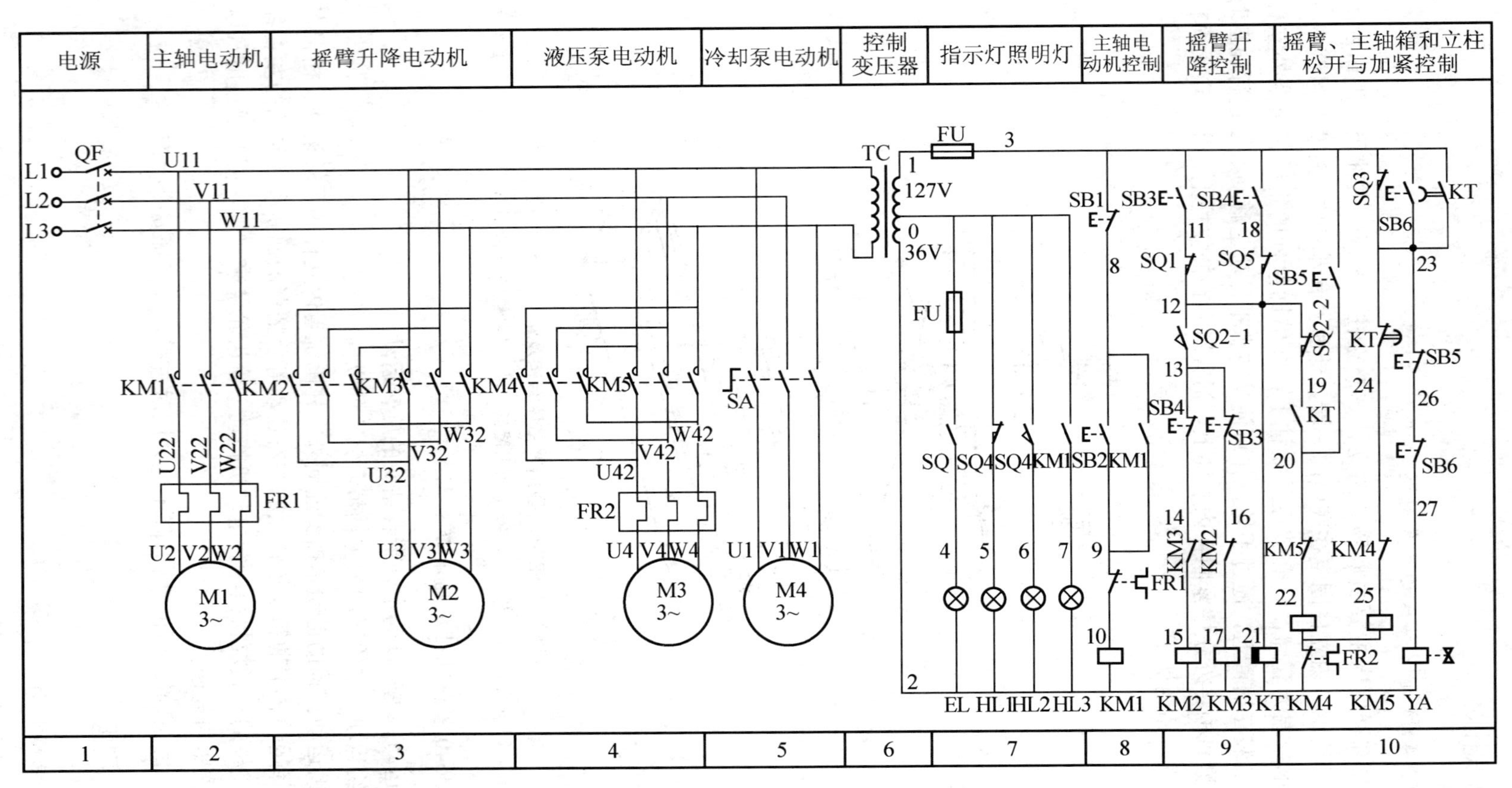

图5.8　Z3040型摇臂钻床的电气控制原理图

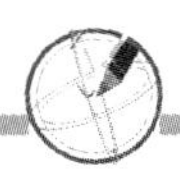

（1）主电路电源电压为交流 380V，断路器 QF 作为电源引入开关。

（2）M1 是主轴电动机，由接触器 KM1 控制，只要求单方向旋转，主轴的正反转由机械手柄操作。热继电器 FR1 是过载保护器件，短路保护电器是总电源开关中的电磁脱扣装置。

（3）M2 是摇臂升降电动机，用接触器 KM2 和 KM3 控制正反转。因为该电动机属于短时工作制，故不设过载保护电器。

（4）M3 是液压泵电动机，可以做正反转运行。其运转和停止由接触器 KM4 和 KM5 控制。热继电器 FR2 是液压泵电动机的过载保护电器。该电动机的主要作用是供给夹紧装置压力油，实现摇臂和立柱的夹紧和松开。

（5）M4 是冷却泵电动机，功率很小，由开关 SA 控制。

（二）控制电路分析

1. 主轴电动机 M1 的控制

合上电源开关 QF，按下启动按钮 SB2，接触器 KM1 线圈得电并自锁，主轴电动机 M1 启动，同时支路中的主轴电动机运转指示灯 HL3 亮，表示主轴电动机正常运行。按下停止按钮 SBl，KM1 线圈失电，其触点断开，M1 停转，同时指示灯 HL3 熄灭。

2. 摇臂的升降控制

由摇臂上升按钮 SB3、下降按钮 SB4 及正反转接触器 KM2、KM3 组成具有双重互锁的电动机正反转点动控制电路。摇臂的移动必须先将摇臂松开，再移动，移动到位后摇臂自动夹紧。因此，摇臂移动过程是对液压泵电动机 M3 和摇臂升降电动机 M2 按一定程序进行自动控制的过程，其上升工作流程图如图 5.9 所示。

摇臂上升的电流通路如下。

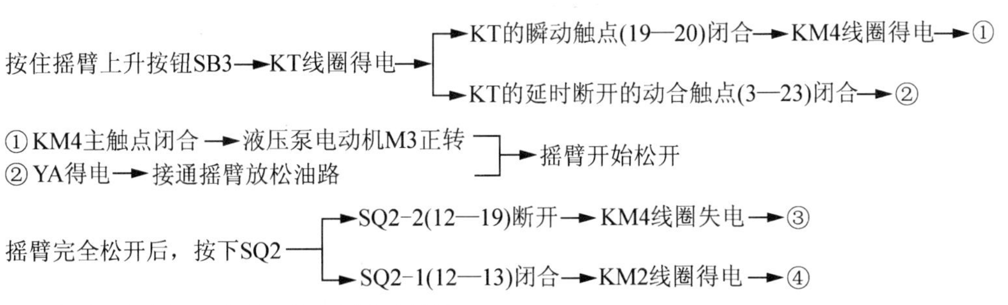

当摇臂上升到所需位置时，松开SB3→KM2和KT线圈失电，其主触点和动合触点断开→摇臂升降电动机M2停止旋转→摇臂停止止升

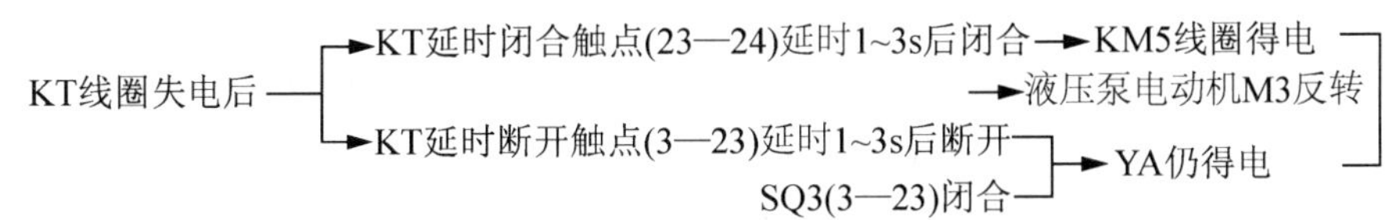

→摇臂开始夹紧→完全夹紧后，SQ2释放，SQ3动作→SQ3(3—23)触点断开→KM5线圈失电

→液压泵电动机M3停转

→YA失电复位

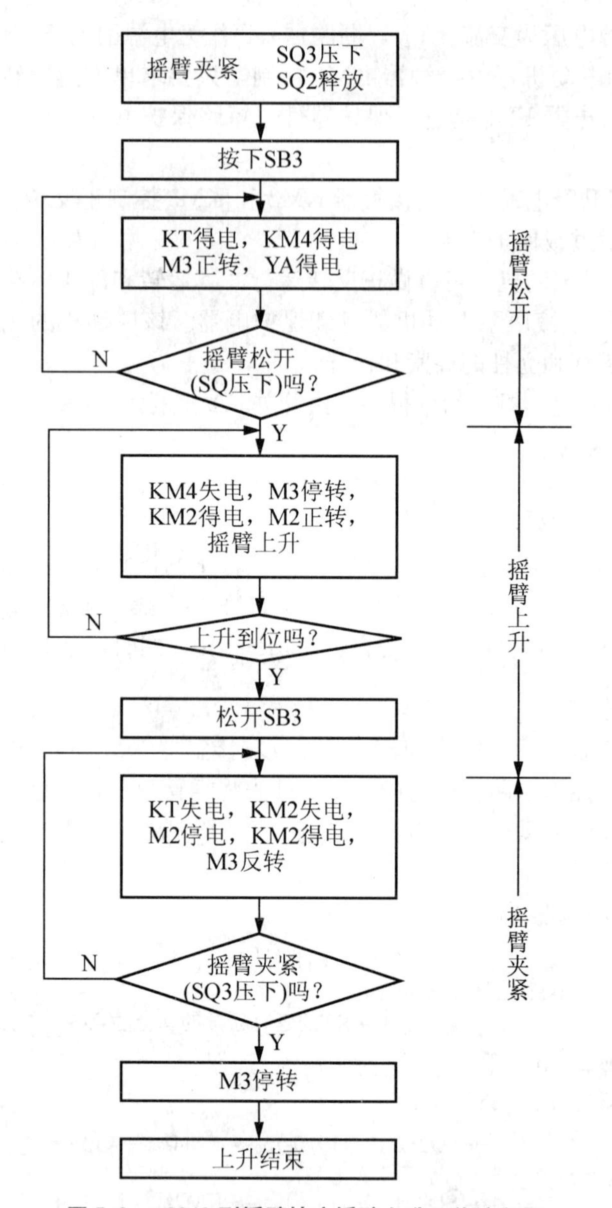

图 5.9 Z3040 型摇臂钻床摇臂上升工作流程图

按下下降按钮 SB4，摇臂放松后开始下降，其工作原理与摇臂上升过程类似，读者可自行分析。

3. 主轴箱和立柱的放松和夹紧控制

主轴箱与立柱的放松和夹紧是同时进行的，其控制电路是正反转点动控制电路。利用主轴箱和立柱的放松、夹紧，还可以检查电源相序正确与否，以确保摇臂升降电动机 M2 的正反转接线正确。

(1) 主轴箱、立柱的松开。按下松开按钮 SB5，KM4 线圈得电，液压泵电动机 M3 正转(此时电磁阀 YA 失电)，拖动液压泵，液压油进入主轴箱、立柱的松开油腔，推动活塞，使主轴箱、立柱松开。此时，动断触点 SQ4 不受压，闭合，松开指示灯 HL1 亮。

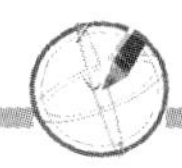

（2）主轴箱、立柱的夹紧。当到达需要位置后，按下夹紧按钮 SB6，KM5 线圈得电，液压泵电动机 M3 反转(此时电磁阀 YA 失电)，拖动液压泵，液压油进入主轴箱、立柱的夹紧油腔，使主轴箱、立柱夹紧。同时，SQ4 受压，其动断触点断开，动合触点闭合，夹紧指示灯 HL2 亮，表示可以进行钻削加工。

4. 保护环节、照明及冷却泵电动机的控制

（1）保护环节。低压断路器 QF 对主电路进行短路保护；热继电器 FR1 对主轴电动机进行过载保护；热继电器 FR2 对液压泵电动机 M3 进行过载保护。摇臂的上升限位和下降限位分别通过行程开关 SQ1 和 SQ5 实现。

（2）照明电路。照明由开关 SQ 控制照明灯 EL 来实现。

（3）冷却泵电动机的控制。冷却泵电动机 M4 的容量很小，由开关 SA 控制。

五、 知识拓展——Z3040 型摇臂钻床常见故障分析

摇臂钻床电气控制的特殊环节是摇臂升降。Z3040 型摇臂钻床的工作过程是由电气与机械、液压系统紧密配合来实现的。因此，在维修中，不仅要注意电气部分能否正常工作，而且还要注意它与机械和液压部分的协调关系。

1. 主轴电动机无法启动

（1）电源总开关 QF 接触不良，须调整或更换。

（2）控制按钮 SB1 或 SB2 接触不良，须调整或更换。

（3）接触器 KM1 线圈断线或触点接触不良，须重接或更换。

2. 摇臂不能升降

（1）行程开关 SQ2 的位置移动，使摇臂松开后没有压下 SQ2。由摇臂升降过程可知，摇臂升降电动机 M2 旋转，带动摇臂升降，其前提是摇臂完全松开，活塞杆压行程开关 SQ2。如果 SQ2 不动作，常见故障原因是 SQ2 安装位置移动。这样，摇臂虽已放松，但活塞杆压不上 SQ2，摇臂就不能升降；有时，液压系统发生故障，使摇臂放松不够，也会压不上 SQ2，致使摇臂不能移动。由此可见，SQ2 的位置非常重要，应配合机械、液压调整好后紧固。

（2）液压泵电动机 M3 的电源相序接反，导致行程开关 SQ2 无法压下。液压泵电动机 M3 电源相序接反时，按上升按钮 SB3(或下降按钮 SB4)，液压泵电动机 M3 反转，使摇臂夹紧，SQ2 应不动作，摇臂也就不能升降。因此，在机床大修或重新安装后，要检查电源相序。

（3）控制按钮 SB3 或 SB4 接触不良，须调整或更换。

（4）接触器 KM2、KM3 线圈断线或触点接触不良，须重接或更换。

3. 摇臂升降后不能夹紧

（1）行程开关 SQ3 的安装位置不当，须进行调整。

（2）行程开关 SQ3 发生松动而过早动作，致使液压泵电动机 M3 在摇臂还未充分夹紧时就停止了旋转。

由摇臂夹紧的动作过程可知，夹紧动作的结束是由行程开关 SQ3 来完成的，如果 SQ3 动作过早，将导致液压泵电动机 M3 尚未充分夹紧就停转。常见的故障原因是 SQ3 安装位置不合适、固定螺钉松动造成 SQ3 移位，使 SQ3 在摇臂夹紧动作未完成时就被压上，

切断了 KM5 的回路，致使 M3 停转。

排除故障时，首先判断是液压系统的故障(如活塞杆阀芯卡死或油路堵塞造成的夹紧力不够)，还是电气系统故障。对电气方面的故障，重新调整 SQ3 的动作距离，固定好螺钉即可。

4. 立柱、主轴箱不能夹紧或松开

立柱、主轴箱不能夹紧或松开的可能原因是油路堵塞、接触器 KM4 或 KM5 不能吸合。出现故障时，应检查按钮 SB5、SB6 的接线情况是否良好，若接触器 KM4 或 KM5 能吸合，且 M3 能运转，可排除电气方面的故障，则应请液压、机械修理人员检修油路，以确定是否是油路故障。

5. 摇臂上升或下降限位保护开关失灵

限位开关 SQ1 或 SQ5 的失灵分两种情况：一是限位开关 SQ1 或 SQ5 损坏，SQ1 或 SQ5 触点不能因开关动作而闭合或接触不良使线路断开，由此使摇臂不能上升或下降；二是限位开关 SQ1 不能动作，触头熔焊，使线路始终处于接通状态，当摇臂上升或下降到极限位置后，摇臂升降电动机 M2 发生堵转，这时应立即松开 SB3 或 SB4。根据上述情况进行分析，找出故障原因，修理或更换失灵的限位开关 SQ1 或 SQ5 即可。

六、 思考与练习

根据图 5.8 所示的 Z3040 型摇臂钻床的电气控制原理图，分析下列故障现象的原因并在其中用虚线标出最小故障范围。

1. M1、M2、M3、M4 各电动机启动后均缺一相。
2. 除冷却泵电动机可正常运转外，控制回路均失效。
3. 主轴电动机启动，按 SB1 不能停止。
4. 主轴电动机不能启动。
5. 摇臂不能升降，且 KT 线圈不得电。
6. 摇臂升降时，液压松开、夹紧正常，但摇臂上升失效，摇臂下降正常。

任务三　X62W 型卧式万能铣床电气控制线路的分析与检修

一、 任务导入

X62W 型卧式万能铣床如图 5.10 所示。

(1) 主运动。铣刀的旋转运动为铣床的主运动，由一台笼形异步电动机 M1 拖动。为适应顺铣和逆铣的需要，要求主轴电动机能进行正反转；为实现快速停车，主轴电动机常采用反接制动停车方式；为使主轴变速时变速器内齿轮易于啮合，减小齿轮端面的冲击，要求主轴电动机在变速时具有变速冲动。

(2) 进给运动。工作台纵向(左右)、横向(前后)和垂直(上下)3 种运动形式、6 个方向的直线运动为进给运动。由于铣床的主运动和进给运动之间没有速度比例协调的要求，故进给运动由一台进给电动机 M2 拖动，要求进给电动机能正反转。

(3) 辅助运动。为了缩短调整运动的时间，提高铣床的工作效率，工作台在纵向、横

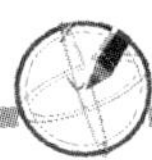

图 5.10　X62W 型卧式万能铣床

向、垂直 3 个方向上必须能进行快速移动控制；另外，圆工作台能快速回转，这些都称为铣床的辅助运动。X62W 型卧式万能铣床是采用快速电磁铁 YA 吸合来改变传动链的传动比来实现快速移动的。

（4）变速冲动。为适应加工的需要，主轴转速与进给速度应有较宽的调节范围。X62W 型卧式万能铣床是采用机械变速的方法改变变速箱传动比来实现的。为保证变速时齿轮易于啮合，减小齿轮端面的冲击，要求变速时有电动机冲动(短时转动)控制。

（5）联锁。

① 主轴电动机和进给电动机的联锁。在铣削加工中，为了不使工件和铣刀碰撞发生事故，要求进给拖动一定要在铣刀旋转时才能进行，因此要求主轴电动机和进给电动机之间要有可靠的联锁。

② 纵向、横向、垂直方向与圆工作台的联锁。为了保证机床、刀具的安全，在铣削加工时，只允许工作台做一个方向的进给运动。在使用圆工作台加工时，不允许工件做纵向、横向和垂直方向的进给运动。为此，各方向进给运动之间应具有联锁环节。

③ 冷却润滑。在铣削加工中，根据工件材料的不同，为了延长刀具的寿命和提高加工质量，需要采用切削液对工件和刀具进行冷却润滑，而有时又不采用，而采用转换开关控制冷却泵电动机单向旋转供给铣削时的切削液。

④ 两地控制及安全照明。为了操作方便，应能在两地控制各部件的启动与停止，并配有安全照明电路。

二、 任务分析

铣床的上述控制要求是如何实现的呢？这需要对 X62W 铣床的电气控制原理进行详细分析。

要分析 X62W 铣床的电气控制原理就必须先了解 X62W 铣床的主要结构和运动形式。

三、 相关知识

（一）X62W 型卧式万能铣床的主要结构

铣床由床身、主轴、刀杆、横梁、工作台、回转台、横溜板、升降台等部分组成，如

图 5.11 所示。

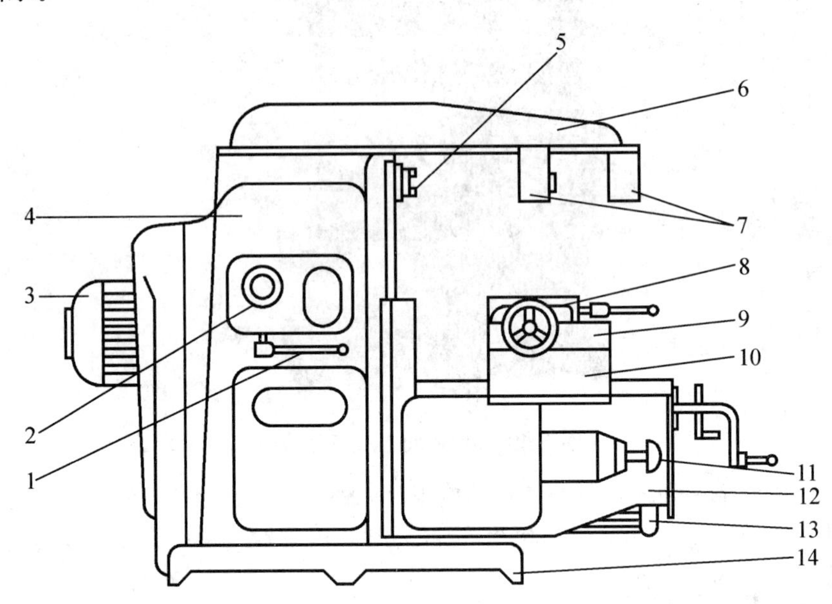

图 5.11　X62W 型卧式万能铣床结构图

1—主轴变速手柄；2—主轴变速盘；3—主轴电动机；4—床身；5—主轴；
6—悬梁；7—刀杆支架；8—工作台；9—回转台；10—溜板；
11—进给变速手柄及变速盘；12—升降台；13—进给电动机；14—底座

床身的前方装有垂直导轨，一端悬持的升降台 12 可沿导轨做上、下垂直移动。工作台 8 可沿溜板上部回转台 9 的导轨在垂直与主轴轴线的方向(纵向或左右)移动。这样，安装在工作台上的工件就可以在 3 个方向调整位置或完成进给运动。

(二) X62W 型卧式万能铣床的运动形式

(1) 主运动。主运动为主轴带动铣刀的旋转运动。

(2) 进给运动。进给运动为在进给电动机的拖动下，工作台带动工件在纵向、横向和垂直 3 种运动形式、6 个方向上的直线运动。若安装上附件圆工作台，也可完成旋转进给运动。

(3) 辅助运动。辅助运动为工作台带动工件在纵向、横向和垂直 6 个方向上的快速移动。

四、 任务实施

X62W 型卧式万能铣床电气控制原理图如图 5.12 所示。该电路可划分为主电路、控制电路和信号照明电路三部分。

(一) 主电路分析

由图 5.12 可知，主电路中共有 3 台电动机，其中 M1 为主轴电动机，M2 为工作台进给电动机，M3 为冷却泵电动机。QS 为电源总开关，各电动机的控制过程如下。

(1) 主轴电动机 M1 由接触器 KM3 控制，由转换开关 SA5 预选转向，其开关状态如表 5-2 所示。KM2 的主触点串联两相电阻与速度继电器 KS 配合实现停车反接制动。另

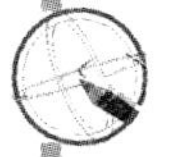

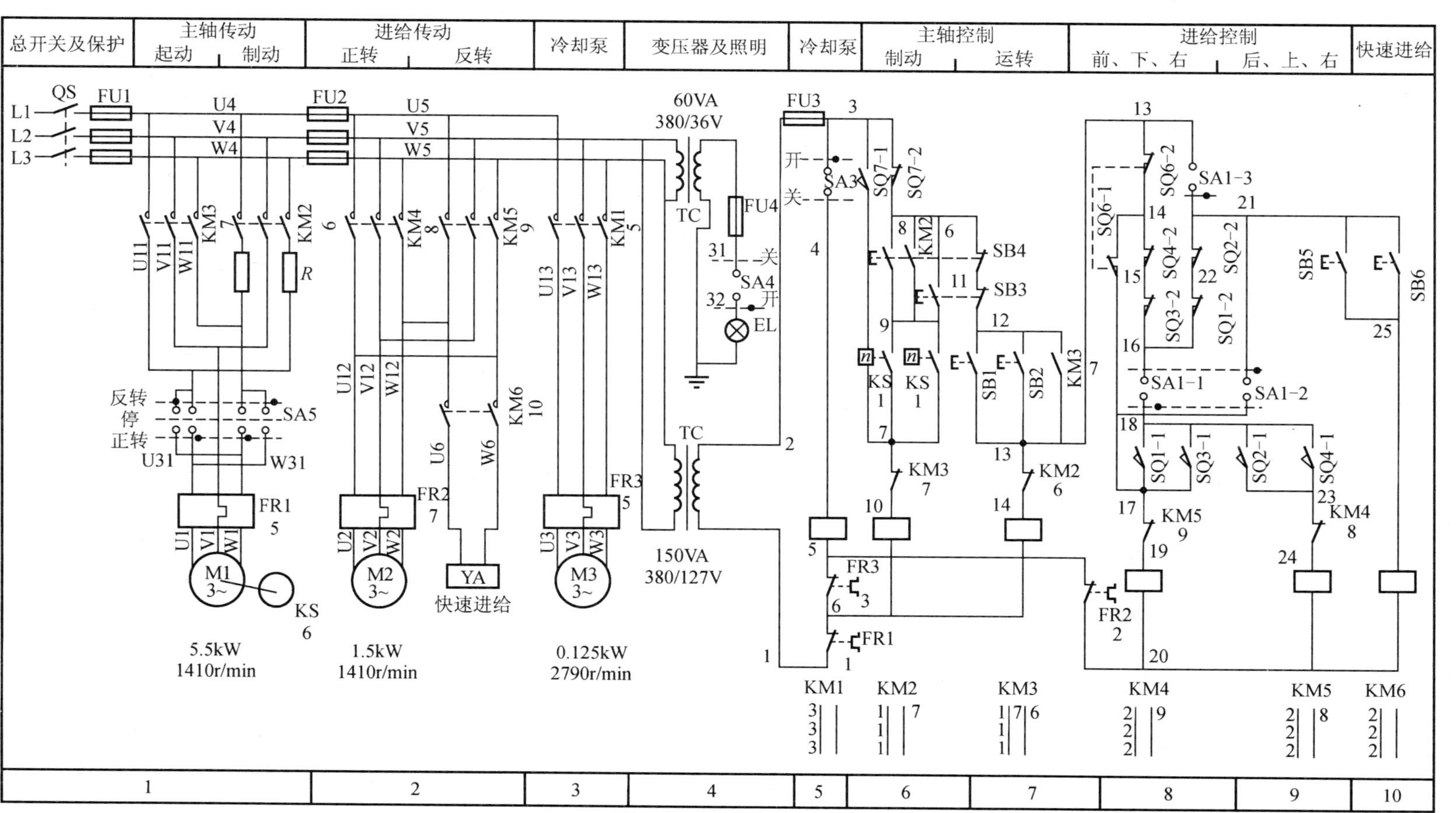

图5.12　X62W型卧式万能铣床电气控制原理图

外，还通过机械结构和接触器 KM2 进行变速冲动控制。

表 5-2　转换开关 SA5 触点工作状态表

触点＼位置	反转	停	正转
SA5-1	+	−	−
SA5-2	−	−	+
SA5-3	−	−	+
SA5-4	+	−	−

注：“+”为闭合，“−”为断开。

(2) 工作台进给电动机 M2 由接触器 KM4、KM5 的主触点控制，并由接触器 KM6 主触点控制快速电磁铁 YA，决定工作台移动速度。KM6 接通为快速，断开为慢速。

(3) 冷却泵电动机 M3 由接触器 KM1 控制，单方向旋转。

(二) 控制电路分析

由于控制电器较多，所以控制电压为 127V，由控制变压器 TC 供给。

1. 主轴电动机控制电路分析

1) 主轴电动机的启动控制

在非变速状态下，同主轴变速手柄相关联的主轴变速冲动行程开关 SQ7(3—7、3—8)不受压。根据所用的铣刀，由 SA5 选择转向，合上 QS，如图 5.13 所示。

按下 SB1(或 SB2)→KM3 线圈得电并自锁→KM3 的主触点闭合，主轴电动机 M1 启动运行。由于本机床较大，为方便操作和提高安全性，可在两地起停。

主轴启动的控制回路如下：3(线号)→SQ7-2(3—8)→SB4 动断触点(8—11)→SB3 动断触点(11—12)→SB1(或 SB2)动合触点(12—13)→KM2 动断触点(13—14)→KM3 线圈(14—6)→6。

加工结束，须停止时，按下 SB3(8—9、11—12)或 SB4(8—9、8—11)→KM3 线圈随即断电，但此时速度继电器 KS 的正向触点(9—7)或反向触点(9—7)总有一个闭合着→制动接触器 KM2 线圈立即得电→KM2 的 3 对主触点闭合→电源接反相序→主轴电动机 M1 串入电阻 R 进行反接制动。

2) 主轴电动机的变速冲动控制

主轴变速既可在主轴不动时进行，也可在主轴工作时进行，利用变速手柄与限位开关 SQ7 的联动机构进行控制，具体控制过程如图 5.14 所示。

变速时，先下压变速手柄，然后拉到前面，当快要落到第 2 道槽时，转动变速盘，选择需要的转速。此时，凸轮压下弹簧杆，使冲动行程开关 SQ7 的动断触点先断开，切断 KM3 线圈的电路，主轴电动机 M1 断电；同时，SQ7 的动合触点接通，KM2 线圈得电动作，M1 被反接制动。当手柄拉到第 2 道槽时，SQ7 不受凸轮控制而复位，M1 停转。接着把手柄从第 2 道槽推回原始位置时，凸轮又瞬时压下行程开关 SQ7，使 M1 反向瞬时冲动，以利于变速后的齿轮啮合。

2. 进给电动机控制电路分析

由图 5.12 可知，工作台移动控制电路电源的一端(线号 13)串入 KM3 的自锁触点

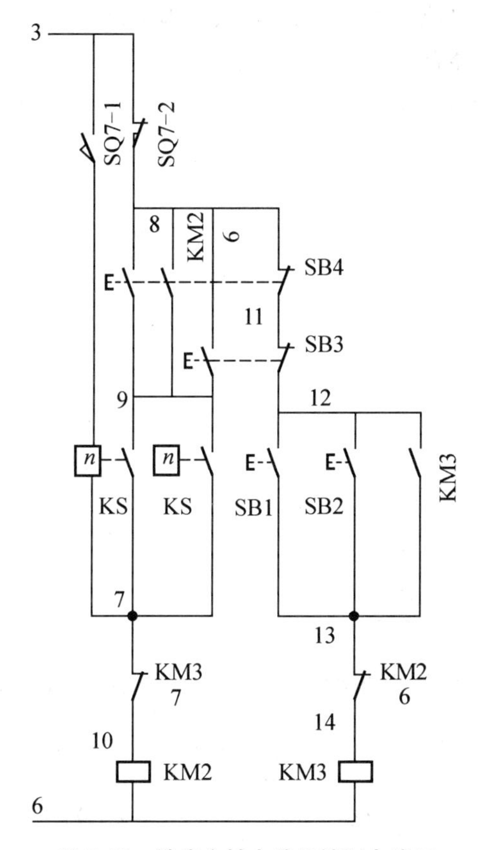

图 5.13　铣床主轴电动机控制电路图

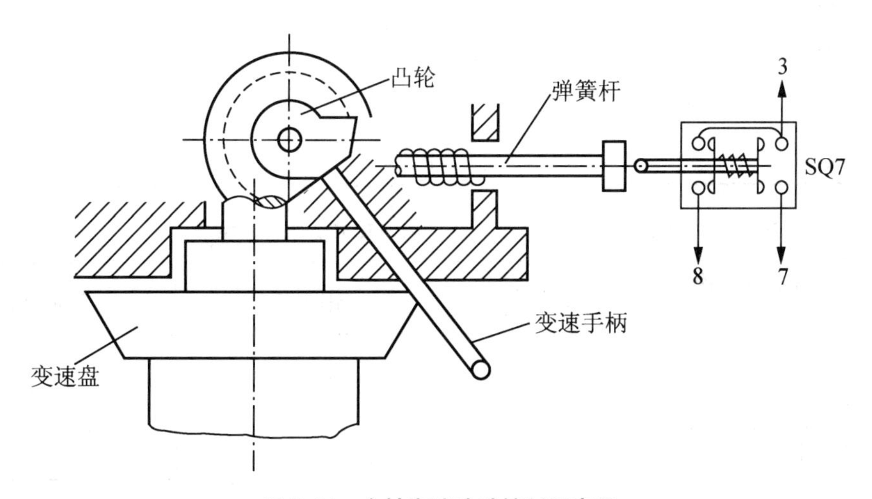

图 5.14　主轴变速冲动控制示意图

(12—13)，从而保证只有主轴旋转后工作台才能进给的联锁要求。

铣床实现 6 个方向垂直运动的方法是，通过操作选择运动方向的手柄与开关，配合电磁离合器的传动装置和进给电动机的正反转来实现进给运动。工作台移动方向由各自的操作手柄来选择，有两个操作手柄，一个为纵向(左右)操作手柄，有左、中、右 3 个位置，如图 5.15 所示；另一个为横向(前后)和垂直(上下)十字操作手柄，该手柄有 5 个位置，即上、下、前、后、中间停位，如图 5.16 所示。当扳动操作手柄时，通过联动机构，将控制运动方向的机械离合器合上，同时压下相应的行程开关。其各个位置与行程开关的对应工作状态如表 5-3 和表 5-4 所示。其中，"+"表示开关闭合，"－"表示开关断开。

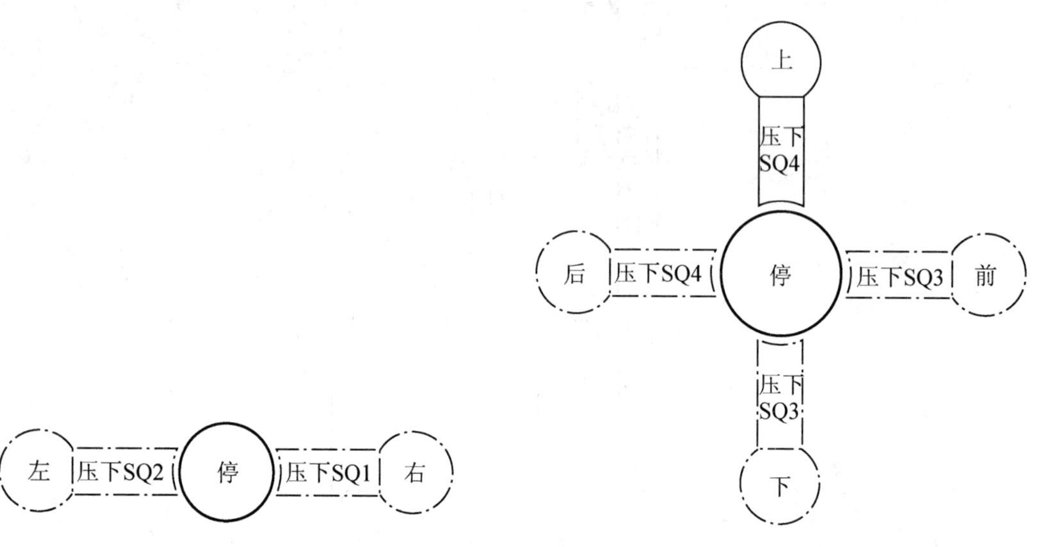

图 5.15　纵向操作手柄动作关系对照简图

图 5.16　十字操作手柄动作关系对照简图

表 5-3　工作台纵向行程开关工作状态表

纵向操作手柄 / 触点	向左	中间(停)	向右
SQ1-1	－	－	+
SQ1-2	+	+	－
SQ2-1	+	－	－
SQ2-2	－	+	+

表 5-4　工作台垂直、横向行程开关工作状态表

十字操作手柄 / 触点	向前向下	中间(停)	向后向上
SQ3-1	+	－	－
SQ3-2	－	+	+
SQ4-1	－	－	+
SQ4-2	+	+	－

进给速度与快移速度的区别是进给速度低、快移速度高，在机械方面由改变传动链来实现。

图 5.17 中的 SA1 为圆工作台转换开关，它是一种选择开关，其工作状态表如表 5-5 所示。当使用圆工作台时，SA1-2(17—21)闭合，不使用圆工作台而使用普通工作台时，SA1-1(16—18)和 SA1-3(13—21)均闭合。

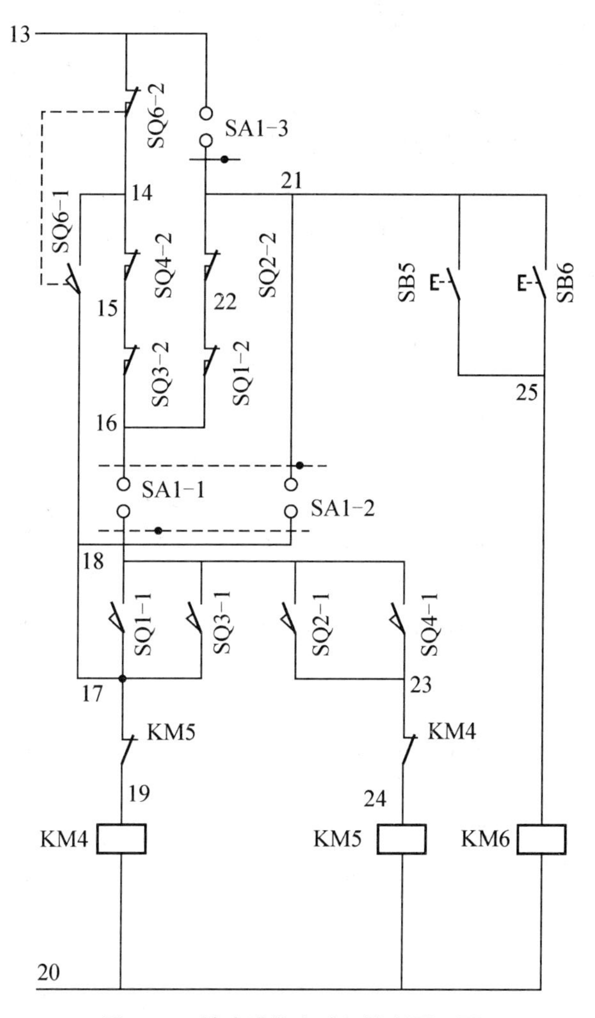

图 5.17　铣床进给电动机控制原理图

表 5-5　圆工作台转换开关 SA1 工作状态表

位置 触点	接通圆工作台	断开圆工作台
SA1-1	−	+
SA1-2	+	−
SA1-3	−	+

(1) 工作台纵向(左右)进给控制。此时，SA1 置于使用普通工作台位置，而十字操作手柄必须置于中间停位。若要工作台向右进给，则须将纵向操作手柄扳向右侧。

纵向操作手柄扳向右侧 ─┬→ 合上纵向进给机械离合器
　　　　　　　　　　　└→ 按下SQ1 (SQ1-1+, SQ1-2−) → KM4线圈得电 → M2正转 → 工作台右移

KM4 的电流通路(如图 5.17 所示)如下。

13(线号)→SQ6-2(13—14)→SQ4-2(14—15)→SQ3-2(15—16)→SA1-1(16—18)→

SQ1-1(18—17)→KM5 动断互锁触点(17—19)→KM4 线圈(19—20)→20(线号)。

当将纵向操作手柄扳回中间位置时，SQ1 不受压，工作台停止向右进给运动。在工作台的左右终端安装了撞块，当不慎向右进给至终端时，左右操作手柄就被右端撞块撞到中间停车位置，用机械方法使 SQ1 复位，KM4 线圈断电，从而实现了限位保护。

从上述电流通路中不难看到，如果操作者同时将十字操作手柄扳向工作位置，则 SQ4-2 和 SQ3-2 中必有一个断开，因此 KM4 线圈根本不能得电。这样，就通过电气方式实现了工作台左右移动同前后及上下移动之间的互锁。

工作台向左移动时电路的工作原理与向右时相似。

(2) 工作台前后和上下进给控制。若要工作台向上进给，则应将十字操作手柄扳向上侧。

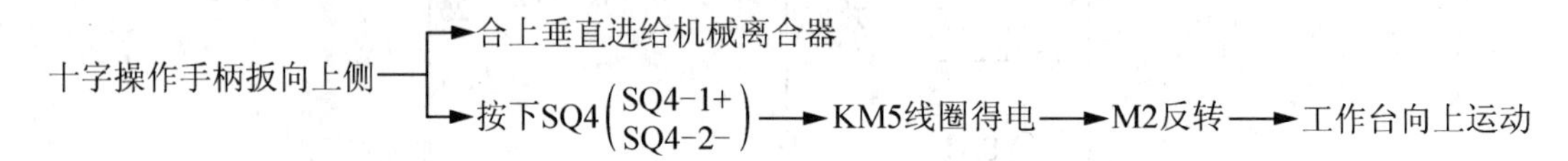

KM5 通电的电流通路(如图 5.17 所示)如下。

13(线号)→SA1-3(13—21)→SQ2-2(21—22)→SQ1-2(22—16)→SA1-1(16—18)→SQ4-1(18—23)→KM4 动断互锁触点(23—24)→KM5 线圈(24—20)→20(线号)。

上述电流通路中的动断触点 SQ2-2 和 SQ1-2 用于工作台前后及上下移动同左右移动之间的互锁。

另外，也设置了实现上下限位保护的终端撞块。工作台向下移动时电路的工作原理与向上移动时相似。

若要工作台向前进给，则只须将十字操作手柄扳向前，使得 SQ3 受压，接触器 KM4 线圈得电，从而使 M2 正转实现工作台向前进给。工作台向后进给，可通过将十字操作手柄向后扳动实现。

(3) 工作台快速移动控制。

① 主轴工作时的快速移动控制。当主轴电动机和进给电动机都在工作时，需要工作台快速移动，须按下面的操作步骤进行。

按下 SB5(或 SB6)→KM6 线圈得电→KM6 的主触点闭合→电磁铁 YA 通电，接上快速离合器→工作台快速向操作手柄预选的方向移动。

② 主轴不工作时的快速移动控制。工作台也可在主轴不转时进行快速移动，这时可将主轴电动机 M1 的换向开关 SA5 扳在停止位置，然后扳动所选方向的进给手柄，按下主轴启动按钮和快速按钮，使接触器 KM4 或 KM5 及 KM6 线圈得电，工作台可沿选定方向快速移动。

(4) 工作台各运动方向的联锁。在同一时间内，工作台只允许向一个方向移动，各运动方向之间的联锁是利用机械和电气两种方法来实现的。

工作台的向右、向左控制，是由同一手柄操作的，手柄本身带动行程开关 SQ1 和 SQ2 起到左右移动的联锁作用，如表 5-3 中 SQ1 和 SQ2 的工作状态。同理，工作台的前后和上下 4 个方向的联锁，是通过十字操作手柄本身来实现的，如表 5-4 中行程开关 SQ3 和 SQ4 的工作状态。

工作台的纵向移动同横向及垂直移动之间的联锁是利用电气方法来实现的。由纵向操作手柄控制的 SQ1-2 和 SQ2-2 和横向、垂直进给操作手柄控制的 SQ3-2 和 SQ4-2 两个并

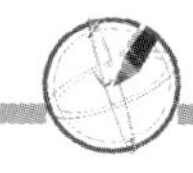

联支路控制接触器 KM4 和 KM5 的线圈，若两个手柄都扳动，则把这两个支路都断开，使 KM4 或 KM5 都不能工作，从而达到联锁的目的，以防止两个手柄同时操作而损坏机床。

(5) 工作台进给变速冲动控制。与主轴变速冲动类似，为了使工作台变速时齿轮易于啮合，控制电路中也设置了工作台瞬时冲动控制环节。在进给变速冲动时，要求工作台停止移动，所有手柄置于中间位置。进给变速操作过程如下。

进给变速手柄外拉→对准需要速度，将手柄拉出到极限→压动限位开关 SQ6→KM4 线圈得电→进给电动机 M2 正转，便于齿轮啮合。

KM4 通电的电流通路(如图 5.17 所示)如下。

13(线号)→SA1-3(13—21)→SQ2-2(21—22)→SQ1-2(22—16)→SQ3-2(16—15)→SQ4-2(15—14)→SQ6-1(14—17)→KM5 动断互锁触点(17—19)→KM4 线圈(19—20)→20(线号)。

进给变速手柄推回原位，进给变速完成。

可见，若左右操作手柄和十字操作手柄中只要有一个不在中间停止位置，此电流通路便被切断。但是，在这种工作台朝某一方向运动的情况下进行变速操作，由于没有使进给电动机 M2 停转的电气措施，因而在转动手轮改变齿轮传动比时可能会损坏齿轮，故这种误操作必须严格禁止。

(6) 圆工作台进给控制。在使用圆工作台时，工作台纵向及十字操作手柄都应置于中间停止位置，且应将圆工作台转换开关 SA1 置于圆工作台的“接通”位置。

按下SB1(或SB2) ──→ KM3线圈得电 ─┬→ 主轴电动机M1转动
　　　　　　　　　　　　　　　　　　└→ KM4线圈得电 ──→ 进给电动机M2正转 ──→ 圆工作台回转

这时，KM4 的电流通路(如图 5.17 所示)如下。

13(线号)→SQ6-2(13—14)→SQ4-2(14—15)→SQ3-2(15—16)→SQ1-2(16—22)→SQ2-2(22—21)→SA1-2(21—17)→KM5 动断互锁触点(17—19)→KM4 线圈(19—20)→20(线号)。

可见，此时进给电动机 M2 正转并带动圆工作台单向旋转。由于圆工作台的控制电路中串联了 SQ1～SQ4 的动断触点，所以扳动工作台任一方向的进给手柄，都将使圆工作台停止转动，这样就实现了圆工作台转动与普通工作台 3 个方向移动的联锁保护。

3. 冷却泵电动机的控制

由转换开关 SA3 控制接触器 KM1 来控制冷却泵电动机 M3 的启动和停止。

4. 辅助电路及保护环节

机床的局部照明由变压器 TC 供给 36V 安全电压，转换开关 SA4(31—32)控制照明灯 EL。

M1、M2 和 M3 为连续工作制，由 FR1、FR2 和 FR3 实现过载保护。当主轴电动机 M1 过载时，FR1 动作，其动断触点 FR1(1—6)断开，切断整个控制电路的电源。当冷却泵电动机 M3 过载时，FR3 动作，其动断触点 FR3(5—6)断开，切断 M2、M3 的控制电源。当进给电动机 M2 过载时，FR2 动作，其动断触点 FR2(5—20)切断自身的控制电源。

由 FU1、FU2 实现主电路的短路保护，由 FU3 实现控制电路的短路保护，由 FU4 实现照明电路的短路保护。另外，还有工作台终端极限保护和各种运动的联锁保护，前面已进行了详细的叙述。

五、 知识拓展——X62W型卧式万能铣床常见故障分析

1. 主轴电动机M1不能启动

(1) 如果接触器KM3吸合但电动机不转，则故障原因在主电路中，如图5.12所示。

① 主电路电源缺相。

② 主电路中FU1、KM3主触点、SA5触点、FR1发热元器件有任一个接触不良或回路断路。

排除方法：参照图5.2和图5.3所示的电压测量法，用万用表依次测量主电路故障点的电压。

(2) 如果接触器KM3不吸合，则故障原因在控制电路中，如图5.12所示。

① 控制电路电源没电、电压不够或FU3熔断。

② SQ7-2、SB1、SB2、SB3、SB4、KM2动断触点任一个接触不良或者回路断路。

③ 热继电器FR1动作后没有复位，导致其动断触点不能导通。

④ 接触器KM3线圈断路。

排除方法：参照图5.4所示的电阻测量法，用万用表测量控制电路，找出故障点。

2. 工作台各个方向都不能进给

(1) 进给电动机控制的公共电路上有断路，如13号线或者20号线上有断路。

(2) 接触器KM3的辅助动合触点KM3(12—13)接触不良。

(3) 热继电器FR2动作后没有复位。

3. 工作台能够左右和前下运动而不能后上运动

由于工作台能左右运动，所以SQ1、SQ2没有故障；由于工作台能够向前、向下运动，所以SQ3没有故障。因此，故障的可能原因是SQ4行程开关的动合触点SQ4-1接触不良。

4. 圆工作台不动作，其他进给都正常

由于其他进给都正常，则说明SQ6-2、SQ4-2、SQ3-2、SQ1-2、SQ2-2触点及连线正常，KM4线圈线路正常，综合分析故障现象，故障范围在SA1-2触点及连线上。

5. 工作台不能快速移动

如果工作台能够正常进给，那么故障的原因可能是SB5或SB6，KM6主触点接触不良或线路上有断路，或者是YA线圈损坏。

六、 思考与练习

分析图5.12所示的X62W型卧式万能铣床电气控制原理图，思考并回答下列问题。

1. 接触器KM1主触点熔焊后，会产生什么后果？
2. FR1动断触点断开与FR3动断触点断开后果一样吗？
3. SA1的作用是什么？SA1-1、SA1-2、SA1-3接触不良，结果一样吗？

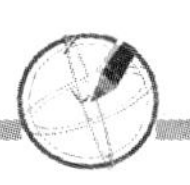

任务四　T68镗床电气控制线路的分析与检修

一、任务导入

卧式镗床用来加工各种复杂和大型工件，如箱体零件、机体等，是一种万能性很广的机床，除了镗孔外，还可以进行钻、扩、铰孔、车削内外螺纹，用丝锥攻丝，车外圆柱面和端面，用端铣刀与圆柱铣刀铣削平面等多种工作。

图5.18为T68镗床的外形结构图。

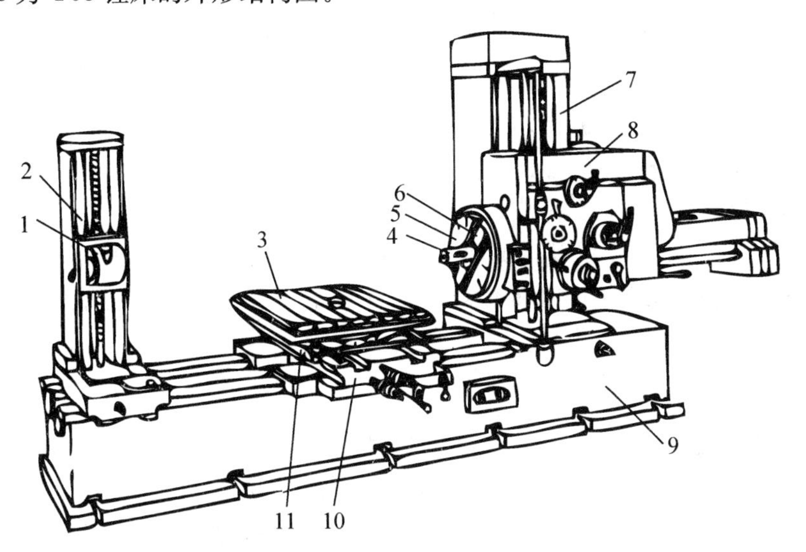

图5.18　T68镗床的外形结构图

1—支承架；2—后立柱；3—工作台；4—主轴；5—平旋盘；6—径向刀架

7—前立柱；8—主轴箱；9—床身；10—下滑座；11—上滑座

二、任务分析

卧式镗床的如何实现控制的呢？这需要对卧式镗床的电气控制原理进行详细分析。

要分析卧式镗床的电气控制原理就必须先了解卧式镗床的主要结构和运动形式以及其电气控制线路的特点。

三、相关知识

（一）结构及运动形式

1. 结构

如图5.19所示。

2. 运动形式

（在图5.19中用箭头表示）

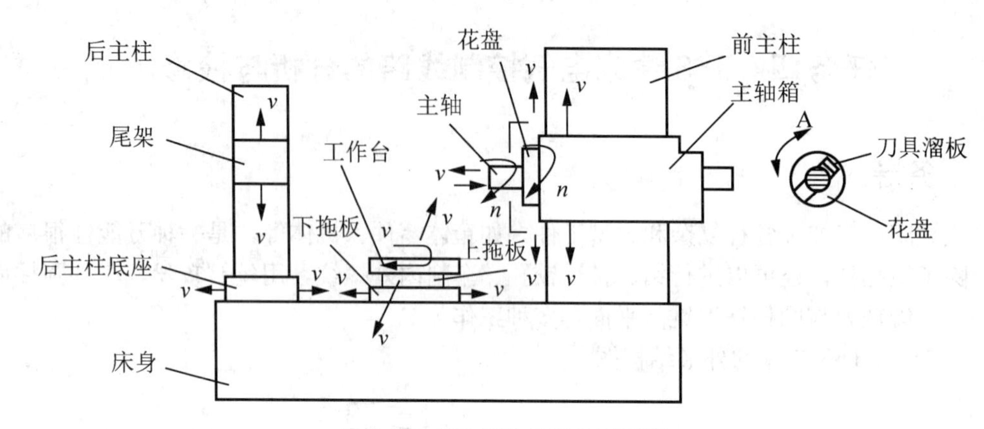

图 5.19　T68 镗床的结构示意图

(1) 主运动：镗杆（主轴）旋转或平旋盘（花盘）旋转。

(2) 进给运动：主轴轴向（进、出）移动、主轴箱（镗头架）的垂直（上、下）移动、花盘刀具溜板的径向移动、工作台的纵向（前、后）和横向（左、右）移动。

(3) 辅助运动：有工作台的旋转运动、后立柱的水平移动和尾架垂直移动。

主体运动和各种常速进给由主轴电机 1M 驱动，但各部份的快速进给运动是由快速进给电机 2M 驱动。

（二）电气控制线路的特点

1. 因机床主轴调速范围较大，且恒功率，主轴与进给电动机 1M 采用 Δ/YY 双速电机。低速时，1U1、1V1、1W1 接三相交流电源，1U2、1V2、1W2 悬空，定子绕组接成三角形，每相绕组中两个线圈串联，形成的磁极对数 P=2；高速时，1U1、1V1、1W1 短接，1U2、1V2、1W2 端接电源，电动机定子绕组联结成双星形（YY），每相绕组中的两个线圈并联，磁极对数 P=1。高、低速的变换，由主轴孔盘变速机构内的行程开关 SQ7 控制，其动作说明见表 5-6。

表 5-6　主电动机高、低速变换行程开关动作说明

位置 触点	主电动机低速	主电动机高速
SQ7 (11—12)	关	开

2. 主电动机 1M 可正、反转连续运行，也可点动控制，点动时为低速。主轴要求快速准确制动，故采用反接制动，控制电器采用速度继电器。为限制主电动机的启动和制动电流，在点动和制动时，定子绕组串入电阻 R。

3. 主电动机低速时直接启动。高速运行是由低速启动延时后再自动转成高速运行的，以减小启动电流。

4. 在主轴变速或进给变速时，主电动机需要缓慢转动，以保证变速齿轮进入良好啮合状态。主轴和进给变速均可在运行中进行，变速操作时，主电动机便作低速断续冲动，变速完成后又恢复运行。主轴变速时，电动机的缓慢转动是由行程开关 SQ3 和 SQ5，进给变速时是由行程开关 SQ4 和 SQ6 以及速度继电器 KS 共同完成的，见表 5-7。

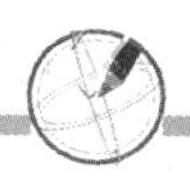

表5-7　主轴变速和进给变速时行程开关动作说明

触点＼位置	变速孔盘拉出（变速时）	变速后变速孔盘推回	触点＼位置	变速孔盘拉出（变速时）	变速后变速孔盘推回
SQ_3（4－9）	－	＋	SQ_4（9－10）	－	＋
SQ_3（3－13）	＋	－	SQ_4（3－13）	＋	－
SQ_5（15－14）	＋	－	SQ_6（15－14）	＋	－

注：表中“＋”表示接通；“－”表示断开

四、 任务实施

（一）电气控制线路的分析

1. 主电动机的启动控制

（1）主电动机的点动控制　主电动机的点动有正向点动和反向点动，分别由按钮 SB_4 和 SB_5 控制。按 SB_4 接触器 KM_1 线圈通电吸合，KM_1 的辅助常开触点(3－13)闭合，使接触器 KM_4 线圈通电吸合，三相电源经 KM_1 的主触点，电阻 R 和 KM_4 的主触点接通主电动机 1M 的定子绕组，接法为三角形，使电动机在低速下正向旋转。松开 SB_4 主电动机断电停止。

反向点动与正向点动控制过程相似，由按钮 SB_5、接触器 KM_2、KM_4 来实现。

（2）主电动机的正、反转控制　当要求主电动机正向低速旋转时，行程开关 SQ_7 的触点(11－12)处于断开位置，主轴变速和进给变速用行程开关 SQ_3(4－9)、SQ_4(9－10)均为闭合状态。按 SB_2，中间继电器 KA_1 线圈通电吸合，它有三对常开触点，KA_1 常开触点(4－5)闭合自锁；KA_1 常开触点(10－11)闭合，接触器 KM_3 线圈通电吸合，KM_3 主触点闭合，电阻 R 短接；KA_1 常开触点(17－14)闭合和 KM_3 的辅助常开触点(4－17)闭合，使接触器 KM_1 线圈通电吸合，并将 KM_1 线圈自锁。KM_1 的辅助常开触点(3－13)闭合，接通主电动机低速用接触器 KM4 线圈，使其通电吸合。由于接触器 KM_1、KM_3、KM_4 的主触点均闭合，故主电动机在全电压、定子绕组三角形联结下直接启动，低速运行。

当要求主电动机为高速旋转时，行程开关 SQ_7 的触点(11－12)、SQ_3(4－9)、SQ_4(9－10)均处于闭合状态。按 SB_2 后，一方面 KA_1、KM_3、KM_1、KM_4 的线圈相继通电吸合，使主电动机在低速下直接启动；另一方面由于 SQ_7(11－12)的闭合，使时间继电器 KT(通电延时式)线圈通电吸合，经延时后，KT 的通电延时断开的常闭触点(13－20)断开，KM_4 线圈断电，主电动机的定子绕组脱离三相电源，而 KT 的通电延时闭合的常开触点(13－22)闭合，使接触器 KM_5 线圈通电吸合，KM_5 的主触点闭合，将主电动机的定子绕组接成双星形后，重新接到三相电源，故从低速启动转为高速旋转。

主电动机的反向低速或高速的启动旋转过程与正向启动旋转过程相似，但是反向启动旋转所用的电器为按钮 SB_3、中间继电器 KA_2，接触器 KM_3、KM_2、KM_4、KM_5、时间继电器 KT。

2. 主电动机的反接制动的控制

当主电动机正转时，速度继电器 KS 正转，常开触点 KS(13－18)闭合，而正转的常闭触点 KS(13－15)断开。主电动机反转时，KS 反转，常开触点 KS(13－14)闭合，为主

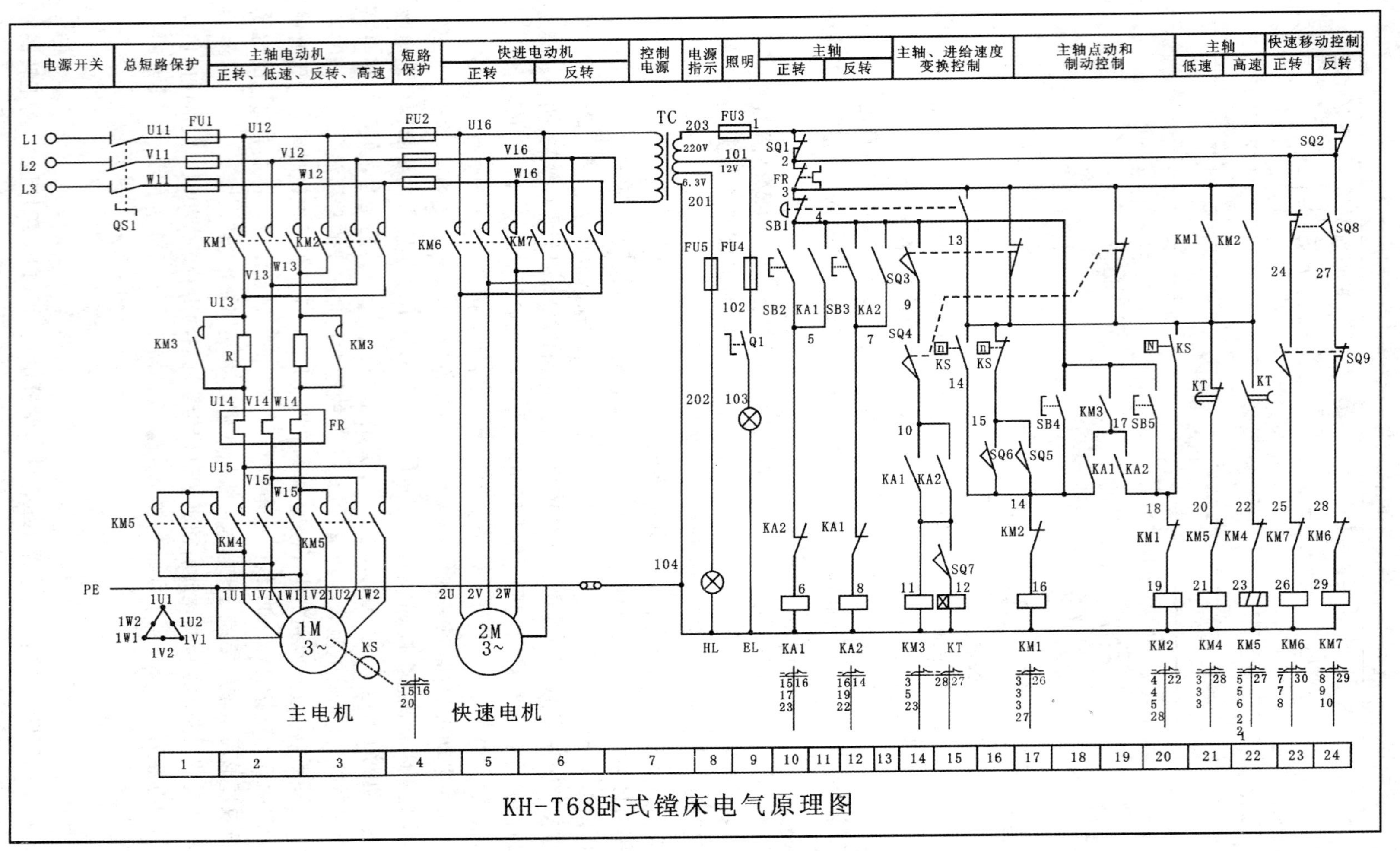

图5.20 T68镗床电气控制原理图

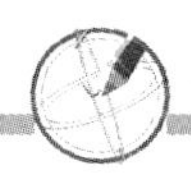

电动机正转或反转停止时的反接制动做准备。按停止按钮 SB_1 后，主电动机的电源反接，迅速制动，转速降至速度继电器的复位转速时，其常开触点断开，自动切断三相电源，主电动机停转。具体的反接制动过程如下所述：

(1) 主电动机正转时的反接制动　设主电动机为低速正转时，电器 KA_1、KM_1、KM_3、KM_4 的线圈通电吸合，KS 的常开触点 KS(13－18)闭合。按 SB_1，SB_1 的常闭触点(3－4)先断开，使 KA_1、KM_3 线圈断电，KA_1 的常开触点(17－14)断开，又使 KM_1 线圈断电，一方面使 KM_1 的主触点断开，主电动机脱离三相电源，另一方面使 KM_1(3－13)分断，使 KM_4 断电；SB_1 的常开触点(3－13)随后闭合，使 KM_4 重新吸合，此时主电动机由于惯性转速还很高，KS(13－18)仍闭合，故使 KM_2 线圈通电吸合并自锁，KM_2 的主触点闭合，使三相电源反接后经电阻 R、KM_4 的主触点接到主电动机定子绕组，进行反接制动。当转速接近零时，KS 正转常开触点 KS(13－18)断开，KM_2 线圈断电，反接制动完毕。

(2) 主电动机反转时的反接制动　反转时的制动过程与正转制动过程相似，但是所用的电器是 KM_1、KM_4、KS 的反转常开触点 KS(13－14)。

(3) 主电动机工作在高速正转及高速反转时的反接制动过程可仿上自行分析。在此仅指明，高速正转时反接制动所用的电器是 KM_2、KM_4、KS(13－18)触点；高速反转时反接制动所用的电器是 KM_1、KM_4、KS(13－14)触点。

3. 主轴或进给变速时主电动机的缓慢转动控制

主轴或进给变速既可以在停车时进行，又可以在镗床运行中变速。为使变速齿轮更好的啮合，可接通主电动机的缓慢转动控制电路。

当主轴变速时，将变速孔盘拉出，行程开关 SQ_3 常开触点 SQ_3(4－9)断开，接触器 KM_3 线圈断电，主电路中接入电阻 R，KM_3 的辅助常开触点(4－17)断开，使 KM_1 线圈断电，主电动机脱离三相电源。所以，该机床可以在运行中变速，主电动机能自动停止。旋转变速孔盘，选好所需的转速后，将孔盘推入。在此过程中，若滑移齿轮的齿和固定齿轮的齿发生顶撞时，则孔盘不能推回原位，行程开关 SQ_3、SQ_5 的常闭触点 SQ_3(3－13)、SQ_5(15－14)闭合，接触器 KM_1、KM_4 线圈通电吸合，主电动机经电阻 R 在低速下正向启动，接通瞬时点动电路。主电动机转动转速达某一转时，速度继电器 KS 正转常闭触点 KS(13－15)断开，接触器 KM_1 线圈断电，而 KS 正转常开触点 KS(13－18)闭合，使 KM_2 线圈通电吸合，主电动机反接制动。当转速降到 KS 的复位转速后，则 KS 常闭触点 KS(13－15)又闭合，常开触点 KS(13－18)又断开，重复上述过程。这种间歇的启动、制动，使主电动机缓慢旋转，以利于齿轮的啮合。若孔盘退回原位，则 SQ_3、SQ_5 的常闭触点 SQ_3(3－13)、SQ_5(15－14)断开，切断缓慢转动电路。SQ_3 的常开触点 SQ_3(4－9)闭合，使 KM_3 线圈通电吸合，其常开触点(4－17)闭合，又使 KM1 线圈通电吸合，主电动机在新的转速下重新启动。

进给变速时的缓慢转动控制过程与主轴变速相同，不同的是使用的电器是行程开关 SQ_4、SQ_6。

4. 主轴箱、工作台或主轴的快速移动

该机床各部件的快速移动，由快速手柄操纵快速移动电动机 2M 拖动完成的。当快速手柄扳向正向快速位置时，行程开关 SQ_9 被压动，接触器 KM_6 线圈通电吸合，快速移动电动机 2M 正转。同理，当快速手柄扳向反向快速位置时，行程开关 SQ_8 被压动，KM_7 线圈通电吸合，2M 反转。

5. 主轴进刀与开作台联锁

为防止镗床或刀具的损坏，主轴箱和工作台的机动进给，在控制电路中必须互联锁，不能同时接通，它是由行程开关 SQ_1、SQ_2 实现。若同时有两种进给时，SQ_1、SQ_2 均被压动，切断控制电路的电源，避免机床或刀具的损坏。

（二）T68 卧式镗床电气模拟装置的试运行操作

1. 准备工作

（1）查看装置背面各电器元件上的接线是否紧固，各熔断器是否安装良好。

（2）独立安装好接地线，设备下方垫好绝缘垫，将各开关置分断位。

（3）插上三相电源

2. 操作试运行

（1）使装置中漏电保护部分接触器先吸合，再合上 QS_1，电源指示灯亮。

（2）确认主轴变速开关 SQ_3、SQ_5，进给变速转换开关 SQ_4、SQ_6 分别处于“主轴运行”位(中间位置)，然后对主轴电机、快速移动电机进行电气模拟操作。必要时也可先试操作“主轴变速冲动”、“进给变速冲动”。

（3）主轴电机低速正向运转：

条件：SQ_7(11－12)断(实际中 SQ_7 与速度选择手柄联动)

操作：按 SB_2→KA_1 吸合并自锁，KM_3、KM_1、KM_4 吸合，主轴电机 1M“△”接法低速运行。按 SB_1，主轴电机制动停转。

（4）主轴电机高速正向运行：

条件：SQ_7(11－12)通(实际中 SQ_7 与速度选择手柄联动)

操作：按 SB_2→KA_1 吸合并自锁，KM_3、KT、KM_1、KM_4 相继吸合，使主轴电机 1M 接成“Δ”低速运行；延时后，KT(13－20)断，KM_4 释放，同时 KT(13－22)闭合，KM_5 通电吸合，使 1M 换接成 YY 高速运行。按 SB_1→主轴电机制动停转。

主轴电机的反向低速、高速操作可按 SB_3，参与的电器有 KA_2、KT、KM_3、KM_2、KM_4、KM_5，可参照上面(3)、(4)步骤进行操作。

（5）主轴电机正反向点动操作：按 SB_4 可实现电机的正向点动，参与的电器有 KM_1、KM_4：按 SB_5 可实现电机的反向点动，参与的电器有 KM_2、KM_4。

（6）主轴电机反接制动操作

当按 SB_2，主轴电机 1M 正向低速运行，此时：KS(13－18)闭合，KS(13－15)断。在按下 SB_1 按钮后，KA_1、KM_3 释放，KM_1 释放，KM_4 释放，SB_1 按到底后，KM_4 又吸合，KM_2 吸合，主轴电机 1M 在串入电阻下反接制动，转速下降至 KS(13－18)断，KS(13－15)闭合时，KM_2 失电释放，制动结束。

当按 SB_2，主轴电机 1M 高速正向运行，此时：KA_1、KM_3、KT、KM_1、KM_5 为吸合状态，速度继电器 KS(13－18)闭合，KS(13－15)断。

在按下 SB_1 按钮后，KA_1、KM_3、KT、KM_1 释放，而 KM_2 吸合，同时 KM_5 释放，KM_4 吸合，电机工作于“△”下，并串入电阻反接制动至停止。

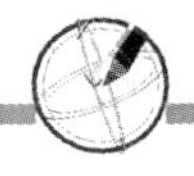

在按 SB_3，电机工作于低速反转或高速反转时的制动操作分析，可参照上述分析对照进行。

（7）主轴变速与进给变速时的主轴电机瞬动模拟操作。

① 主轴变速：（主轴电机运行或停止均可）

操作：将 SQ_3、SQ_5 置“主轴变速”位，此时主轴电机工作于间隙地启动和制动。获得低速旋转，便于齿轮啮合。电器状态为：KM_4 吸合，KM_1、KM_2 交替吸合。将此开关复位，变速停止。

注：实际机床中，变速时，“变速机械手柄”与 SQ_3、SQ_5 有机械联系，变速时带动 SQ_3、SQ_5 动作，而后复位。

② 进给变速操作：（主轴电机运行或停止均可）

操作：将 SQ_4、SQ_6 置“主轴进给变速”位，电气控制与效果同上。

注：实际机床中，进给变速时，“进给变速机械手柄”与 SQ_4、SQ_6 开关有机械联系，变速时带动 SQ_4、SQ_6 动作，而后复位。

（8）主轴箱、工作台或主轴的快速移动操作：

均由快进电机 2M 拖动，电机只工作于正转或反转，由行程开关 SQ_9、SQ_8 完成电气控制。

注：实际机床中，SQ_9、SQ_8 均有“快速移动机械手柄”连动，电机只工作于正转或反转，拖动均有机械离合器完成。

（9）SQ_1、SQ_2 为互锁开关，主轴运行时，同时压动，电机即为停转；压动其中任一个，电机不会停转。

特别说明：装置初次试运行时，可能会出现主轴电机 M1 正转、反转均不能停机的现象，这是由于电源相序接反引起，此时应马上切断电源，把电源相序调换即可。

五、 知识拓展——T68 电气线路的故障与维修

（一）T68 卧式镗床电气线路的故障与维修

这里仅选一些有代表性的故障作分析和说明。

1. 主轴的转速与转速指示牌不符　这种故障一般有两种现象：一种是主轴的实际转速比标牌指示数增加或减少一倍；另一种是电动机的转速没有高速挡或者没有低速挡。这两种故障现象，前者大多由于安装调整不当引起，因为 T68 镗床有 18 种转速，是采用双速电动机和机械滑移齿轮来实现的。变速后，1、2、4、6、8……挡是电动机以低速运转驱动，而 3、5、7、9……挡是电动机以高速运转驱动。主轴电动机的高低速转换是靠微动开关 SQ_7 的通断来实现，微动开关 SQ_7 安装在主轴调速手柄的旁边，主轴调速机构转动时推动一个撞钉，撞钉推动簧片使微动开关 SQ_7 通或断，如果安装调整不当，使 SQ_7 动作恰恰相反，则会发生主轴的实际转速比标牌指示数增加或减少一倍。

后者的故障原因较多，常见的是时间继电器 KT 不动作，或微动开关 SQ_7 安装的位置移动，造成 SQ_7 始终处于接通或断开的状态等。如 KT 不动作或 SQ_7 始终处于断开状态，则主轴电动机 1M 只有低速；若 SQ_7 始终处于接通状态，则 1M 只有高速。但要注意，如果 KT 虽然吸合，但由于机械卡住或触点损坏，使常开触点不能闭合，则 1M 也不能转换到高速挡运转，而只能在低速挡运转。

2. 主轴变速手柄拉出后，主轴电动机不能冲动，产生这一故障一般有两种现象：一种是变速手柄拉出后，主轴电动机 1M 仍以原来转向和转速旋转；另一种是变速手柄拉出后，1M 能反接制动，但制动到转速为零时，不能进行低速冲动。产生这两种故障现象的原因，前者多数是由于行程开关 SQ_3 的常开触点 SQ_3(4—9)由于质量等原因绝缘被击穿造成。而后者则由于行程开关 SQ_3 和 SQ_5 的位置移动、触点接触不良等，使触点 SQ_3(3—13)、SQ_5(14—15)不能闭合或速度继电器的常闭触点 KS(13—15)不能闭合所致。

3. 主轴电动机 1M 不能进行正反转点动、制动及主轴和进给变速冲动控制　产生这种故障的原因，往往在上述各种控制电路的公共回路上出现故障。如果伴随着不能进行低速运行，则故障可能在控制线路 13 - 20 - 21 - 0 中有断开点，否则，故障可能在主电路的制动电阻器 R 及引线上有断开点，若主电路仅断开一相电源时，电动机还会伴有缺相运行时发出的嗡嗡声。

4. 主轴电机正转点动、反转点动正常，但不能正反转　故障可能在控制线路 4 - 9 - 10 - 11 - KM_3 线圈—0 中有断开点。

5. 主轴电机正转、反转均不能自锁　故障可能在 4 - KM_3(4—17)常开- 17 中。

6. 主轴电机不能制动　可能原因有(1)速度继电器损坏，(2)SB_1 中的常开触点接触不良，(3)3、13、14、16 号线中有脱落或断开，(4)KM_2(14—16)、KM_1(18—19)触点不通。

7. 主轴电机点动、低速正反转及低速接制动均正常，但高、低速转向相反，且当主轴电机高速运行时，不能停机　可能的原因是误将三相电源在主轴电机高速和低速运行时，都接成同相序所致，把 $1U_2$、$1V_2$、$1W_2$ 中任两根对调即可。

8. 不能快速进给　故障可能在 2 - 24 - 25 - 26 - KM_6 线圈—0 中有断路。

(二) T68 卧式镗床电气控制线路故障图及排除实训训练指导

1. 实训内容

(1) 用通电试验方法发现故障现象，进行故障分析，并在电气原理图中用虚线标出最小故障范围。

(2) 按图 5.21 排除 T68 镗床主电路或电磁吸盘电路中，人为设置的两个电气自然故障点。

2. 电气故障的设置原则

(1) 人为设置的故障点，必须是模拟机床在使用过程中，由于受到振动、受潮、高温、异物侵入、电动机负载及线路长期过载运行、启动频繁、安装质量低劣和调整不当等原因造成的“自然”故障。

(2) 切忌设置改动线路、换线、更换电器元件等由于人为原因造成的非“自然”的故障点。

(3) 故障点的设置，应做到隐蔽且设置方便，除简单控制线路外，两处故障一般不宜设置在单独支路或单一回路中。

(4) 对于设置一个以上故障点的线路，其故障现象应尽可能不要相互掩盖。否则学生在检修时，虽然检查思路尚清楚，但检修到定额时间的 2/3 还不能查出一个故障点时，可作适当的提示。

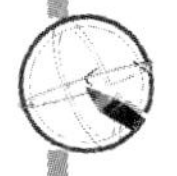

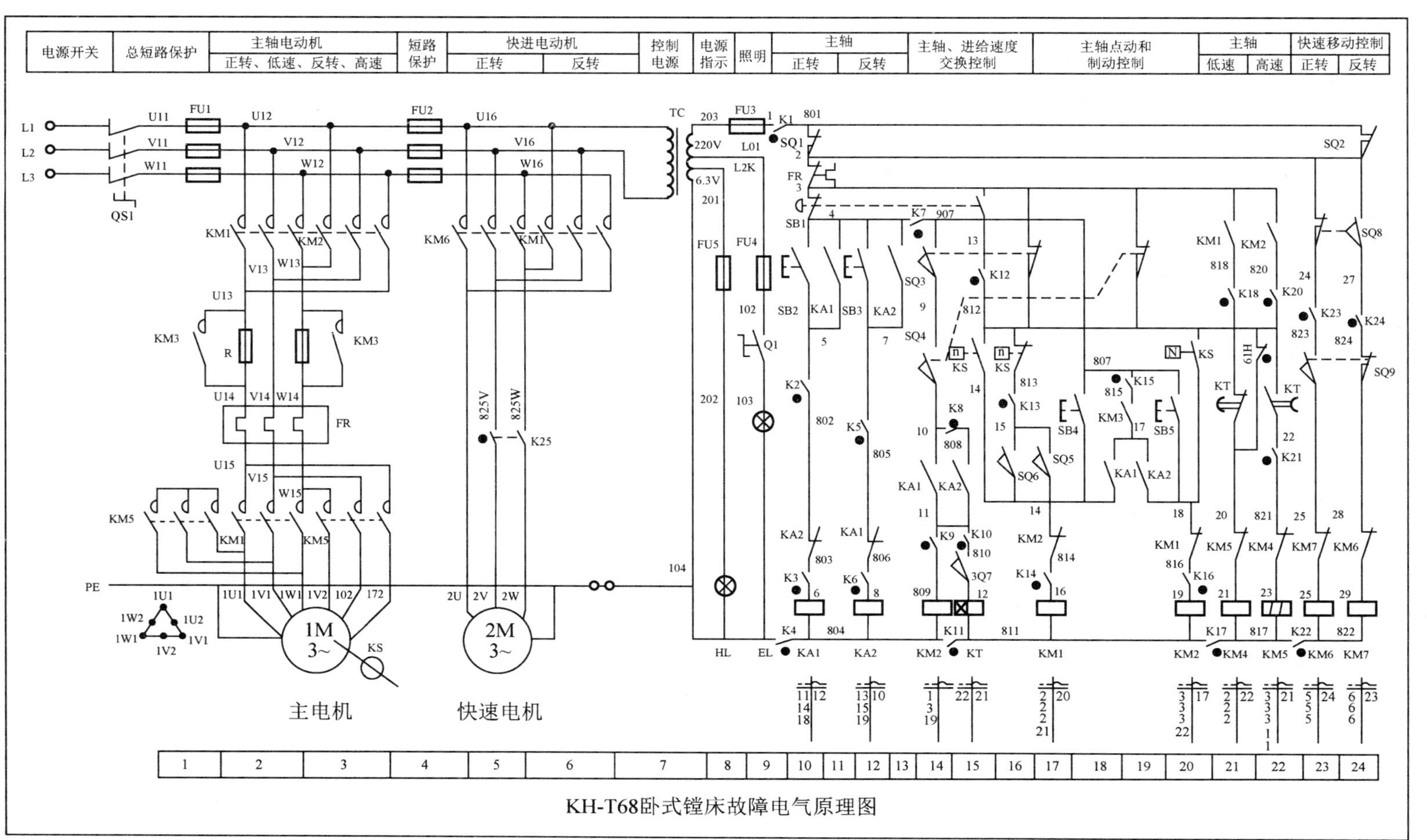

图5.21　T68镗床故障电气原理图

表 5-8　故障设置一览表

故障开关	故障现象	备　注
K1	机床不能启动	主轴电动机、快速移动电动机都无法启动。
K2	主轴正转不能启动	按下正转启动按钮无任何反应。
K3	主轴正转不能启动	按下正转启动按钮无任何反应。
K4	机床不能启动	主轴电动机、快速移动电动机都无法启动。
K5	主轴反转不能启动	按下反转启动按钮无任何反应。
K6	主轴反转不能启动	按下反转启动按钮无任何反应。
K7	主轴正转不能启动	正转启动，KA1 吸合，其他无动作； 反转启动，KA2 吸合，其他无动作
K8	反转启动只能点动	正转启动正常，按下 SB3 反转启动时只能点动。
K9	主轴不能启动	正转启动，KA1 吸合，其他无动作； 反转启动，KA2 吸合，其他无动作
K10	主轴无高速	选择高速时，KT、KM5 无动作。
K11	主轴、快速移动电动机不能启动	正转启动，KA1、KM3 吸合，其他无动作； 反转启动，KA2、KM3 吸合，其他无动作； 按下 SQ8、SQ9 无任何反应。
K12	停止无制动	
K13	停止无制动	
K14	主轴电机不能正转	反转正常。
K15	主轴只能电动控制	正、反不能启动，只能电动控制。
K16	主轴电机 不能反转	正转正常。
K17	主轴、快速电机不能启动	KM4、KM5 不能吸合；按 SQ8、SQ9 无反应。
K18	主轴正转只能点动	KM4(低速)、KM5(高速)不能保持。
K19	主轴无高速	KT 动作，KM4 不会释放，KM5 不能吸合。
K20	主轴反转只能点动	KM4(低速)、KM5(高速)不能保持。
K21	主轴无高速	KT 动作，KM4 释放，KM5 不能吸合。
K22	不能快速移动	主轴正常。
K23	快速电机不能正转	
K24	快速电机不能反转	
K25	快速电机不转	KM6、KM7 能吸合，但电机不转。

(5) 应尽量不设置容易造成人身或设备事故的故障点，如有必要时，教师必须在现场密切注意学生的检修动态，随时作好采取应急措施的准备。

(6) 设置的故障点，必须与学生应该具有的修复能力相适应。

六、 思考与练习

1. T68 镗床有哪几种运动形式？
2. 简要说明 T68 镗床主电动机低速启动和高速启动两种情况下启动过程有什么不同。
3. 简要说明 T68 镗床主电动机制动的原理。
4. 主轴进刀与工作台联锁是怎么实现的？联锁的作用是什么？

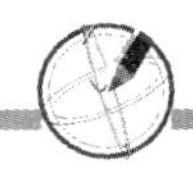

5. 装置初次试运行时，若出现主轴电机 M1 正转、反转均不能停机的现象，原因是什么？该如何解决？

6. 若 T68 镗床主轴变速手柄拉出后，主轴电动机不能冲动，试分析故障原因。

7. 若 T68 镗床主轴电机不能制动，试分析故障原因。

任务五　桥式起重机的电气控制原理及维护

一、 任务引入

随着现代机械制造技术的不断发展，机械设备在工业企业中的作用和地位越来越重要。桥式起重机作为现代化生产不可缺少的机械设备，由于作业环境复杂、工作方式特殊，发生故障的概率很高，起重机带“病”运转的现象普遍存在。

二、 任务分析

通过对桥式起重机控制电路的分析，能够对桥式起重机的保养、维修起到积极作用。这儿我们先了解桥式起重机的机械结构和工作原理。

三、 相关知识

（一）桥式起重机的机械结构

桥式起重机主要由桥架、大车运行机构和装有起升、运行机构的小车及电气部分组成。桥式起重机的结构简图如图 5.22 所示。

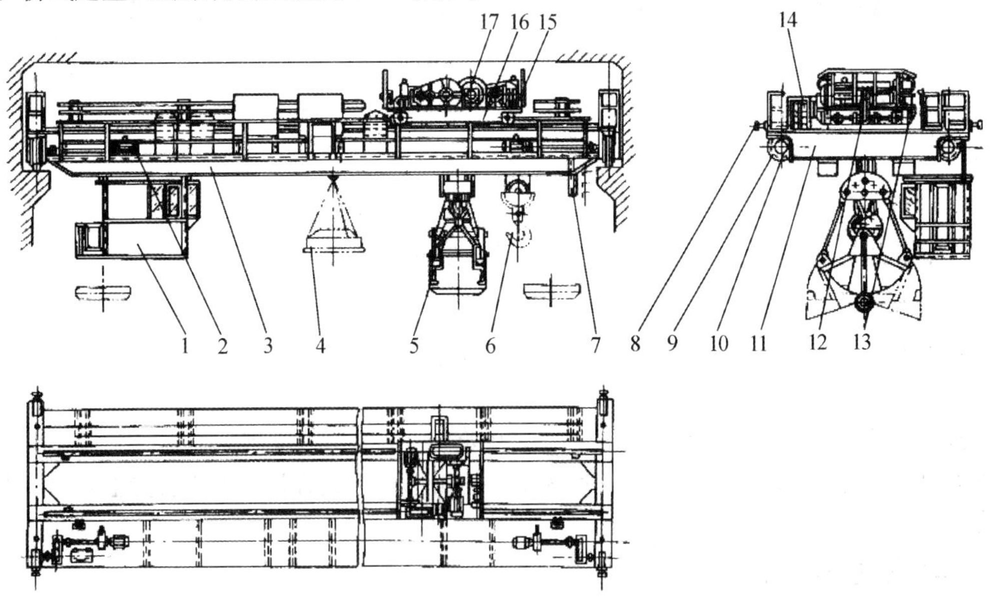

图 5.22　桥式起重机的结构简图

1—司机室；2—大车运行机构；3—桥架；4—电磁盘；5—抓斗；6—吊钩；7—大车导电架；8—缓冲器；9—大车车轮；10—角型轴承箱；11—端梁；12—小车运行机构；13—小车行程限位器；14—小车滑线；15—小车车轮；16—小车；17—卷筒

（二）桥式起重机的工作原理

机架是桥式起重机的基本构件，主要由主梁、端梁和走台等部分组成。主梁上铺设了供小车运行的钢轨，两主梁的外侧装有走台，装在驾驶室一侧的走台为安装及检修大车运行机构而设，另一侧走台为安装小车导电装置而设。在主梁一端的下方悬挂着全视野的驾驶室。

大车运行机构由驱动电动机、制动器、减速器和车轮等部件组成。常见的驱动方式有集中驱动和分别驱动两种，目前我国生产的桥式起重机大多采用分别驱动方式。分别驱动方式指的是用一个控制电路同时对两台驱动电动机、减速装置和制动器实施控制，分别用来驱动安装在桥架两端的大车车轮。

小车由安装在小车架上的运行机构和起升机构组成。小车运行机构也由驱动电动机、减速机、制动器和车轮组成，在小车运行机构的驱动下，小车可沿桥架主梁上的轨道移动。小车起升机构用以吊运重物，它由电动机、减速器、卷筒、制动器组成。当起重量超过 10t 时，设两个提升机构，即主钩和副钩，一般情况下两个钩不能同时起吊重物。

四、 任务实施

（一）桥式起重机的工作类型

起重机的工作类型是表明起重机繁重程度的参数。所谓繁重程度，是指起重机工作在时间方面的繁忙程度与受载方面的轻重程度。根据繁重程度的不同，桥式起重机分为以下 4 种类型。

1. 轻级

起重机停歇时间较大、工作次数少、很少满负载工作，适用于装配、修理车间等场所。

2. 中级

起重机经常处于不同负载情况下工作，工作次数中等，适用于机械工厂中金工车间等场所。

3. 重级

起重机经常处于满负载情况下工作，工作次数频繁，常用于建筑工地等场所。

4. 特重级

起重机基本上处于满负载情况下工作，工作次数频繁，环境温度高，常用于冶金生产车间。

桥式起重机的起重量：小型为 5～10t，中型为 10～50t，重型为 50t 以上。大车运行速度为 100～135m/min，小车运行速度为 40～60m/min，起升机构取物装置上升的最大速度为 30m/min。

（二）电气控制要求

1. 起升机构的控制要求

（1）空钩能快速升降，轻载的起升速度应大于额定负载时的起升速度，以减少辅助工作时间。

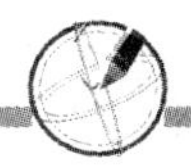

(2) 应具有一定的调速范围，普通起重机调速范围为3∶1，要求较高的起重机调速范围可达5∶1～10∶1。

(3) 具有适当的低速区，一般在30%额定速度内应分为几挡，以便灵活操作。

(4) 起升第一挡的作用是为了消除传动间隙，将钢丝绳张紧，一般称之为预备级。这一挡的电动机，启动转矩不能过大，以免产生过强的机械冲击，一般在额定转矩的一半以下。

(5) 在负载下降时，根据负载的大小，起升电动机可以工作在电动、倒拉制动、回馈制动等工作状态下，以满足对不同下降速度的要求。

(6) 为确保设备和人身安全，起重机采用断电制动方式的机械抱闸制动，以避免因停电造成无制动力矩，导致重物自由下落引发事故。同时，也还要具备电气制动方式，以减小机械抱闸的磨损。

大车小车的运行机构，只要求具有一定的调速范围和分几挡控制。启动的第一级也应具有消除传动机构间隙的作用。为了启动平稳和准确停车，要求能实现恒加速和恒减速控制。停车应采用电气和电磁机械双重制动。

采用电磁铁式制动器，要求电动机通电时，制动电磁铁也通电，闸靴松开，电动机旋转。当电动机停止工作时，制动电磁铁同时失电，闸轮紧抱在制动轮上，从而达到断电制动的目的。

2. 起重机的供电方式

起重机工作时是经常移动的，故不能采用固定连接的供电方式。常用的供电方式：一种是用软电缆供电，当起重机移动时，软电缆也随着伸展与叠卷，此种供电方式仅适用于小型起重机；另一种供电方式是采用滑线和集电器(电刷)传送电能，滑线一般由圆钢、角钢或轻轨做成。接上车间低压供电电源，以沿车间长度方向敷设的滑线为主滑线，通过集电器将主滑线上的电能引入到大车的保护框内，为安装在大车上的电控设备供电。对小车和起升机构的电动机及其他电器的用电，则由沿大车敷设的滑线和小车上装置的集电器来完成。

(三) 控制线路图的原理分析

这里以20/5t桥式起重电气控制电路为例进行分析。该起重机有两个卷扬机构，主钩起重量为20t，副钩起重量为5t。电路由两大部分组成：凸轮控制器控制大车、小车、主副钩等5台电动机的电路；用GQR-GECDD型保护柜保护5台电动机正常工作的控制电路。

20/5t桥式起重机的电路原理图和元器件明细表分别如图5.23和表5-9所示。

1. 20/5t桥式起重机电气设备及保护装置

桥式起重机的大车桥架跨度较大，两侧装设两个主动轮，分别由两台同型号、同规格的电动机M3和M4驱动，两台电动机的定子并联在同一电源上，由凸轮控制器AC3控制，沿大车轨道纵向两个方向同速运动。限位开关SQ3和SQ4作为大车前后两个方向的终端限位保护，安装在大车端梁的两侧。YB3和YB4分别为大车两台电动机的电磁抱闸制动器，当电动机通电时，电磁抱闸制动器的线圈得电，使闸瓦与闸轮分开，电动机可以自由旋转；当电动机断电时，电磁抱闸制动器失电，闸瓦抱住闸轮使电动机被迫制动停转。

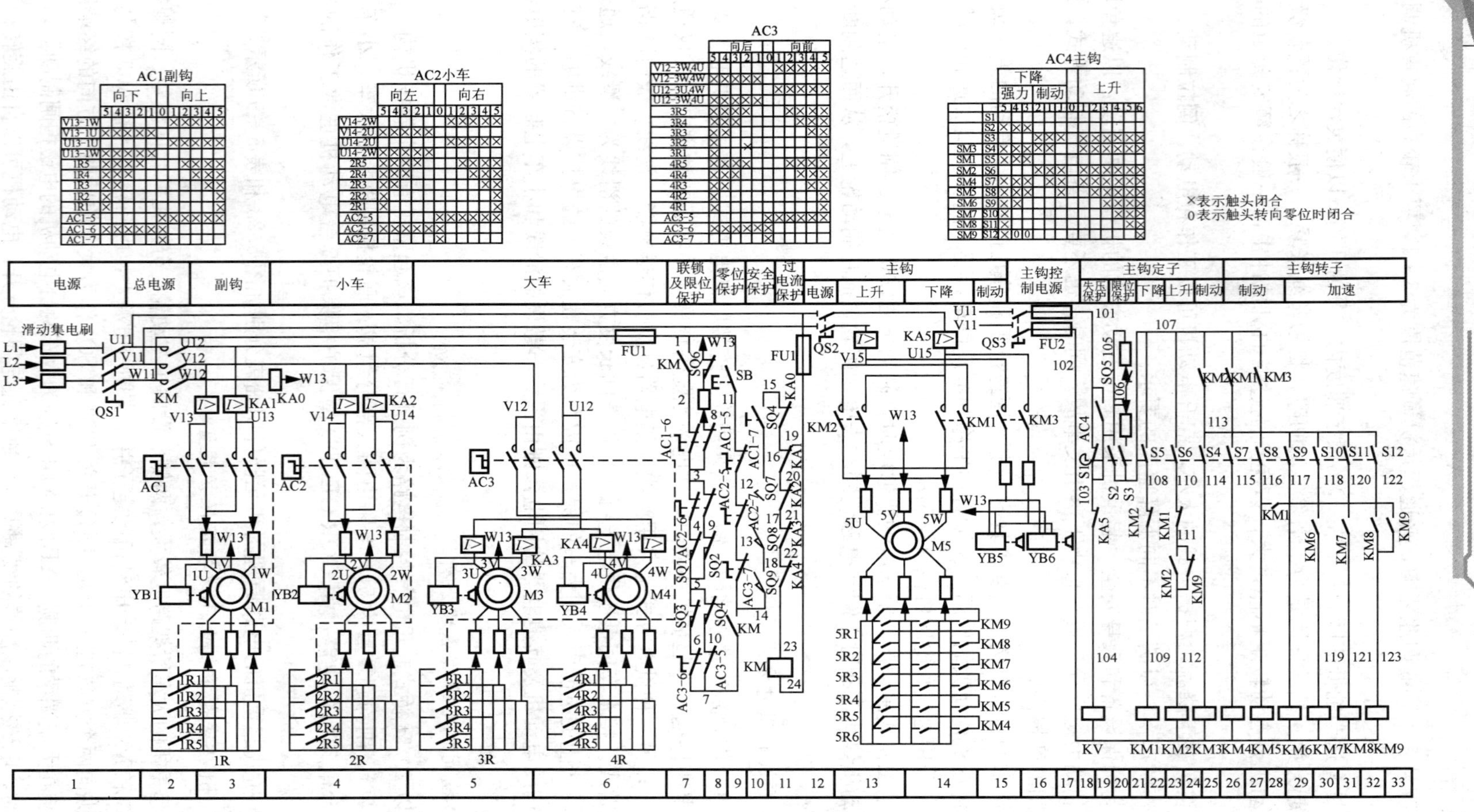

图5.23 20/5t桥式起重机的电路原理图

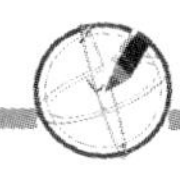

表 5-9　20/5t 桥式起重机的元器件明细表

代　号	元器件名称	型　　号	规　　格	数量
M1	副钩电动机	YZR-200L-8	15kW	1台
M2	小车电动机	YZR-132MB-6	3.7kW	1台
M3，M4	大车电动机	YZR-160MB-6	7.5kW	2台
M5	主钩电动机	YZR-315M-10	75kW	1台
AC1	副钩凸轮控制器	KTJ1-50/1		1个
AC2	小车凸轮控制器	KTJ1-50/1		1个
AC3	大车凸轮控制器	KTJI-50/5		1个
AC4	主钩主令控制器	LK1-12/90		1个
YB1	副钩电磁抱闸制动器	MZD1-300	单相 AC，380V	1个
YB2	小车电磁抱闸制动器	MZD1-100	单相 AC，380V	1个
YB3，YB4	大车电磁抱闸制动器	MZD1-200	单相 AC，380V	2个
YB5，YB6	主钩电磁抱闸制动器	MZS1-45H	三相 AC，380V	2个
1R	副钩电阻器	2K1-41-8/2		1个
2R	小车电阻器	2K1-12-6/1		1个
3R，4R	大车电阻器	4K1-22-6/1		2个
5R	主钩电阻器	4P5-63-10/9		1个
QS1	电源总开关	HD9-400/3		1个
QS2	主钩电源开关	HD11-200/2		1个
QS3	主钩控制电源开关	DZ5-50		1个
QS4	紧急开关	A-3161		1个
SB	启动按钮	LA19-11		1个
KM	主交流接触器	CJ20-300/3	300A，线圈电压 380V	1个
KA0	总过电流继电器	JL4-150/1		1个
KA1	副钩过电流继电器	JL4-40		1个
KA2～KA4	大车、小车过电流继电器	JL4-15		1个
KA5	主钩过电流继电器	JL4-150		1个
KM1，KM2	主钩正反转交流接触器	CJ20-250/3	250A，线圈电压 380V	2个

续表

代　号	元器件名称	型　　号	规　　格	数量
KM3	主钩抱闸接触器	CJ20-75/2	45A，线圈电压380V	1个
KM4，KM5	反接电阻切除接触器	CJ20-75/3	75A，线圈电压380V	2个
KM6～KM9	调速电阻切除接触器	CJ20-75/3	75A，线圈电压380V	4个
KV	欠电压继电器	JT4-10P		1个
FU1	电源控制电路熔断器	RL1-15/5	15A，熔体5A	2个
FU2	主钩控制电路熔断器	RL1-15/10	15A，熔体10A	2个
SQ1～SQ4	大、小车限位开关	LK4-11		4个
SQ5	主钩上升限位开关	LK4-31		1个
SQ6	副钩上升限位开关	LK4-31		1个
SQ7	舱门安全开关	LX2-11H		1个
SQ8，SQ9	横梁栏杆门安全开关	LX2-111		2个

小车运行机构由电动机M2驱动，由凸轮控制器AC2控制，沿固定在大车桥架上的小车轨道横向两个方向运动。YB2为小车电磁抱闸制动器，限位开关SQ1、SQ2为小车终端限位提供保护，安装在小车一个轨道的两端。

副钩升降由电动机M1驱动，由凸轮控制器AC1控制，YB1为副钩电磁抱闸制动器，SQ6为副钩提供上升限位保护。

主钩升降由电动机M5驱动，由主令控制器AC4配合交流电磁控制柜(PQR)控制。YB5、YB6为主钩电磁抱闸制动器，限位开关SQ5为主钩提供上升限位保护。

起重机的保护环节由交流保护控制柜和交流电磁控制柜来实现，各控制电路用FU1、FU2作为短路保护。总电源及各台电动机分别采用过电流继电器KA0～KA5实现过载和过电流保护(过电流继电器的整定值一般为被保护的电动机额定电流的2.25～2.5倍)。

操作室舱门盖上装有舱门安全开关SQ7，在横梁两侧栏杆门上分别装有横梁栏杆门安全开关SQ8、SQ9，为了发生紧急情况时能立即切断电源，在保护控制柜上装有紧急开关QS4。以上各开关在电路中均使用常开触头与副钩小车、大车的过电流继电器及总过电流继电器的常闭触头相串联。当操作室舱门或横梁栏杆门开启时，主交流接触器KM将不能获电运行。

2. 主交流接触器KM的控制

将副钩、小大车凸轮控制器的手柄置于零位，使联锁触头AC1-7、AC2-7、AC3-7(9区)处于闭合状态，关好横梁栏杆门(SQ8、SQ9闭合)及驾驶舱门(SQ7闭合)，合上紧急开关QS4，按下启动按钮SB，交流接触器KM线圈得电，主触点闭合，两副常开辅助触点闭合自锁。

KM线圈得电路径如下。

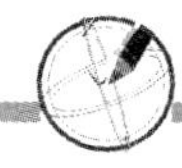

FU1→1→SB→11→AC2-7→13→AC3-7→14→SQ9→18→SQ8→17→SQ7→16→QS4→15→KA0→19→KA1→20→KA2→21→KA3→22→KA4→23→KM→24→FU1

KM 线圈闭合自锁路径如下。

W13→SQ6→8→AC1-5
FU1→1→KM→AC1-6
→3→（AC2-6→SQ1 / AC2-5→SQ2）→5→（SQ3→AC3-6 / SQ4→AC3-5）→

7→KM→SQ9→18→SQ8→17→SQ7→16→QS4→15→KA0-KA4→23→KM→24→FU1

KM 吸合将两相电源(U12、V12)引入各凸轮控制器，另一相电源经总过电流继电器 KA0 后(W13)直接引入各电动机定子接线端。此时，由于各凸轮控制器手柄均在零位，故电动机不会运转。

3. 主钩控制电路

主钩电动机采用主令控制器配合电磁控制柜进行控制，主令控制器类似凸轮控制器。

1） 主钩启动准备

将主令控制器 AC4 手柄置于零位，使触头 S1(18 区)处于闭合状态，合上电源开关 QS1(1 区)、QS2(12 区)、QS3(16 区)，接通主电路和控制电路电源。此时，欠电压继电器 KV 线圈(18 区)得电，其常开触头(19 区)闭合自锁，为主钩电动机 M5 启动控制做好准备。(KV 为电路提供失压与欠电压保护，以及为主令控制器提供零位保护)

2） 主钩上升控制

它由主令控制器 AC4 通过接触器控制，控制流程如下。

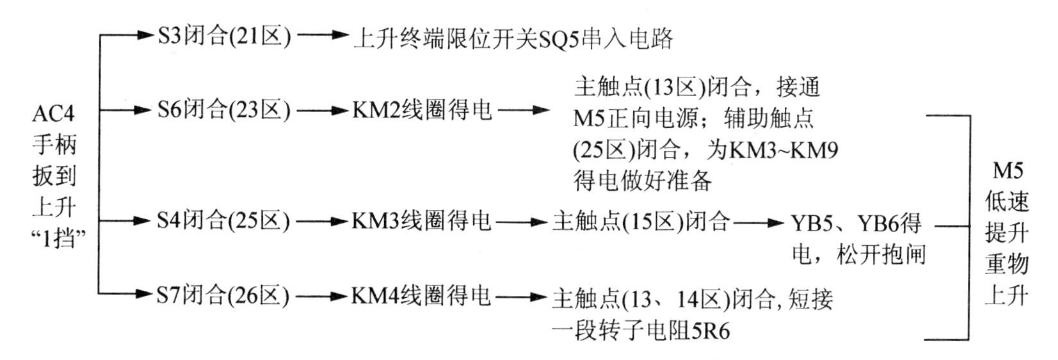

若将 AC4 手柄逐级扳向“2”、“3”、“4”、“5”、“6”挡，则主令控制器的常开触头 S8、S9、S10、S11、S12 逐次闭合，依次使交流接触器 KM5～KM9 线圈得电，接触器的主触点对称短接相应段主钩电动机转子回路电阻 5R5～5R1，使主钩上升速度逐步增加。

3） 主钩下降控制

主钩下降有 6 个挡位置。“J”、“1”、“2”挡为控制下降位置，防止在吊有重载下降时速度过快，电动机处于倒拉反接制动运行状态；“3”、“4”、“5”挡为强力下降位置，主要用于轻负载时快速强力下降。主令控制器在下降位置时，6 个挡的工作情况如下。

(1) 制动下降“J”挡。制动下降“J”挡是下降准备挡，虽然电动机 M5 加上了正相序电压，但由于电磁抱闸未打开，因此电动机仍不能启动旋转。在该挡的停留时间不宜过长，以免电动机烧坏。制动下降“J”挡的流程如下。

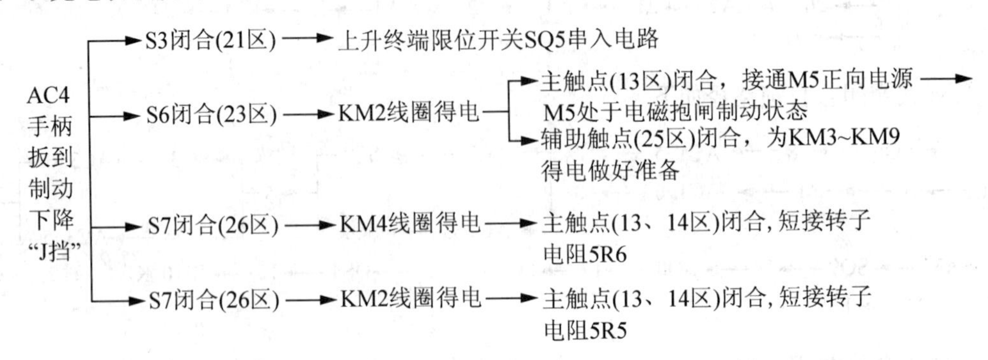

（2）制动下降“1”挡。主令控制器 AC4 的手柄扳到制动下降“1”挡，触头 S3、S4、S6、S7 闭合，和主钩上升“1”挡触头闭合一样。此时，电磁抱闸器松开，电动机可运转于正向电动状态(提升重物)或倒拉反接制动状态(低速下放重物)。当重物产生的负载倒拉力矩大于电动机产生的正向电磁转矩时，电动机 M5 运转在负载倒拉反接制动状态，低速下放重物；反之，则重物不但不能下降反而会被提升，这时必须把 AC4 的手柄迅速扳到制动下降“2”挡。

接触器 KM3 通电吸合后，与 KM2 和 KM1 辅助常开触点(25 区、26 区)并联的 KM3 的自锁触点(27 区)闭合自锁，以保证主令控制器 AC4 从控制下降“2”挡向强力下降“3”挡转换时，KM3 线圈仍通电吸合，电磁抱闸制动器 YB5 和 YB6 保持得电状态，防止换挡时出现高速制动而产生强烈的机械冲击。

（3）制动下降“2”挡。主令控制器触头 S3、S4、S6 闭合，触头 S7 分断，接触器 KM4 线圈断电释放，外接电阻器全部接入转子回路，使电动机产生的正向电磁转矩减小，重负载下降速度比“1”挡时加快。

（4）强力下降“3”挡。下降速度与负载有关，若负载较轻(空钩或轻载)，则电动机 M5 处于反转电动状态；若负载较重，则下放重物的速度会提高，可能使电动机转速超过同步速度，电动机 M5 将进入再生发电制动状态。负载越重，下降速度较大，应注意操作安全。

强力下降“3”挡的流程如下。

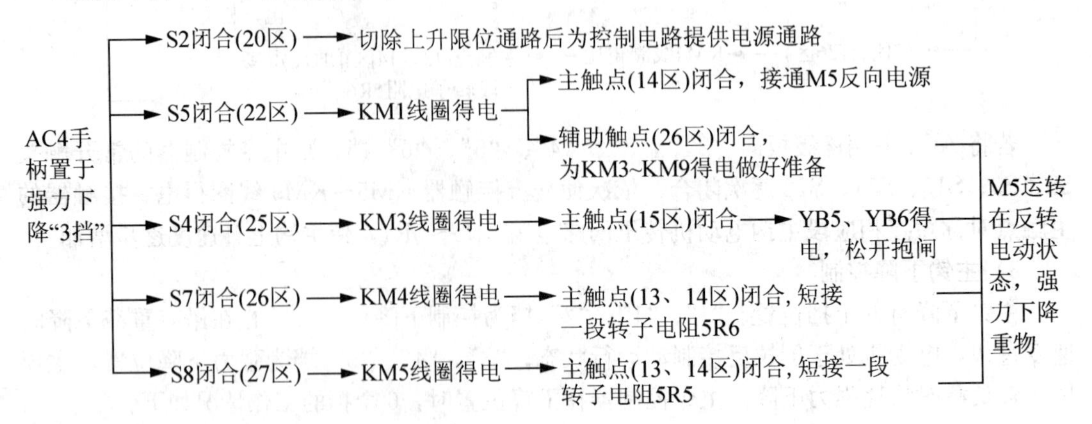

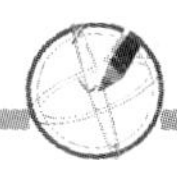

（5）强力下降“4”挡。主令控制器 AC4 的触头在强力下降“3”挡闭合的基础上，触头 S9 又闭合，使接触器 KM6(29 区)线圈得电吸合，电动机转子回路电阻 5R4 被切除，电动机 M5 进一步加速反向旋转，且下降速度加快。另外，KM6 辅助常开触点(30 区)闭合，为接触器 KM7 线圈得电做好准备。

（6）强力下降“5”挡。主令控制器 AC4 的触头在强力下降“4”挡闭合的基础上，又增加了触头 S10、S11、S12 闭合，接触器 KM7～KM9 线圈依次得电吸合，电动机转子回路电阻 5R3、5R2、5R1 依次逐级切除，以避免过大的冲击电流，同时电动机 M5 旋转速度逐渐增加，待转子电阻全部切除后，电动机以最高转速运转，负载下降速度最快。

此挡若下降的负载很重，当实际下降速度超过电动机的同步转速时，电动机将进入再生发电制动状态，电磁转矩变成制动力矩，由于转子回路中未串联任何电阻，保证了负载的下降速度不至太快，且在同一负载下，“5”挡下降速度要比“4”挡和“3”挡速度低。

4. 副钩控制电路

副钩凸轮控制器 AC1 共有 11 个位置，中间位置是零位，左、右两边各有位置，用来控制电动机 M1 在不同转速下的正反转，即用来控制副钩的升降。AC1 共用了 12 副触头，其中 4 对常开主触头控制 M1 定子绕组的电源，并换接电源相序以实现 M1 的正反转；5 对常开辅助触头控制 M1 转子电阻 1R 的切换；3 对常闭辅助触头作为联锁触头，其中 AC1-5 和 AC1-6 为 M1 正反转联锁触头，AC1-7 为零件联锁触头。

1）副钩上升控制

在主交流接触器 KM 线圈获电吸合的情况下，转动凸轮控制器 AC1 的手轮至向上“1”挡，AC1 的主触头 V13－1W 和 U13－1U 闭合，触头 AC1-5 闭合，AC1-6 和 AC1-7 断开，电动机 M1 接通三相电源正转，同时电磁抱闸制动器 YB1 获电，闸瓦与闸轮分开，M1 转子回路中串接的全部外接电阻器启动，M1 以最低转速、较大的启动力矩带动副钩上升。

转动 AC1 手轮，依次到向上的“2”～“5”挡时，AC1 的 5 对常开辅助触头(2 区)依次闭合，短接电阻 1R5～1R1，电动机 M1 的提升转速逐渐升高，直到预定转速。

由于 AC1 拔置向上挡位，AC1-6 触头断开，KM 线圈自锁回路电源通路只能通过串入副钩上升限位开关 SQ6(8 区)支路，副钩上升到调整的限位位置时 SQ6 被挡铁分断，KM 线圈失电，切断 M1 电源；同时 YB1 失电，电磁抱闸制动器在反作用弹簧的作用下对电动机 M1 进行制动，从而实现终端限位保护。

2）副钩下降控制

凸轮控制器 AC1 的手轮转至向下挡位时，触头 V13－1U 和 U13－1W 闭合，改变接入电动机 M1 的电源的相序，M1 反转，带动副钩下降。依次转动手轮，AC1 的 5 对常开辅助触头(2 区)依次闭合，短接电阻 1R5～1R1，电动机 M1 的下降转速逐渐升高，直到预定转速。

当将手轮依次回拨时，电动机转子回路串入的电阻增加，转速逐渐下降。当将手轮转至“0”挡位时，AC1 的主触头切断电动机 M1 电源，同时电磁抱闸制动器 YB1 也断电，M1 被迅速制动停转。

5. 小车控制电路

小车的控制与副钩的控制相似，转动凸轮控制器 AC2 的手轮，可控制小车在小车轨道上左右运行。

6. 大车控制电路

大车的控制与副钩和小车的控制相似。由于大车由两台电动机驱动，因此采用同时控制两台电动机的凸轮控制器 AC3，它比小车凸轮控制器多 5 对触头，可供短接第二台大车电动机的转子外接电阻。大车两台电动机的定子绕组是并联的，用 AC3 的 4 对触头进行控制。

五、 知识拓展——桥式起重机常见故障分析

（一） 主交流接触器 KM 不吸合

合上电源总开关 QS1 并按下启动按钮 SB 后，主交流接触器 KM 不吸合。

故障的可能原因如下：线路无电压，熔断器 FU1 熔断，紧急开关 QS4 或门安全开关 SQ7、SQ8、SQ9 未合上，主交流接触器 KM 线圈断路，有凸轮控制器手柄没在零位，或凸轮控制器零位触头 AC1-7、AC2-7、AC3-7 触头分断，过电流继电器 KA0～KA4 动作后未复位。检测流程如图 5.24 所示。

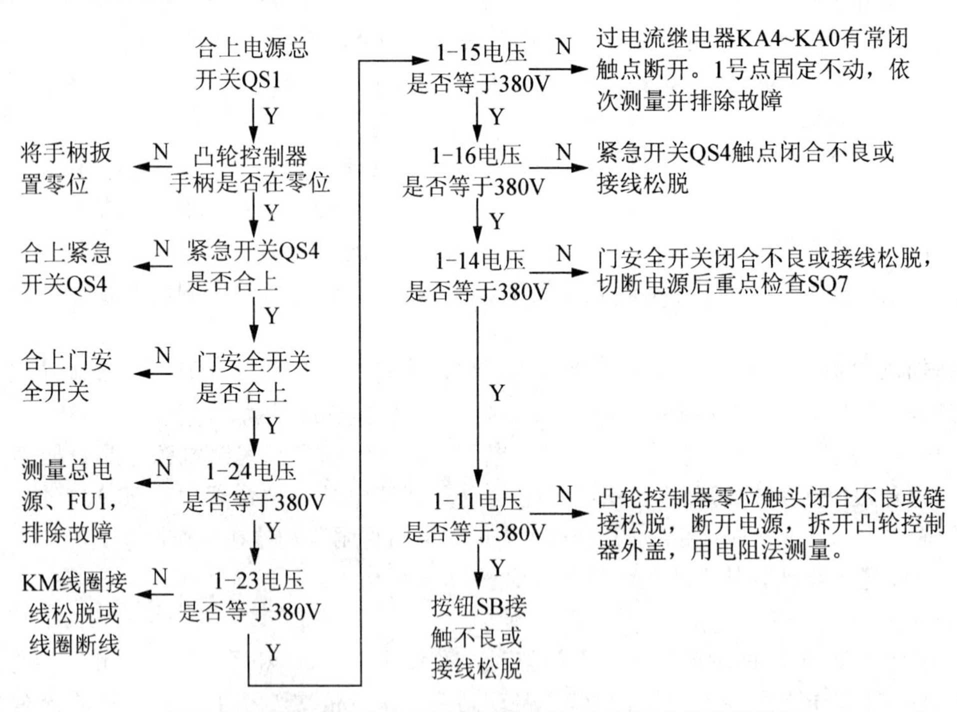

图 5.24 接通电源启动后主交流接触器 KM 不吸合的检测流程

提示

该故障发生概率较高，排除时，应先目测检查，然后在保护控制柜中和出线端子上测量、判断。待确定故障大致位置后，切断电源，再用电阻法测量，并查找故障具体部位。

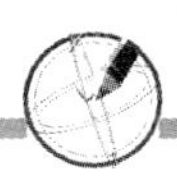

（二）副钩能下降但不能上升

检测流程如图 5.25 所示。

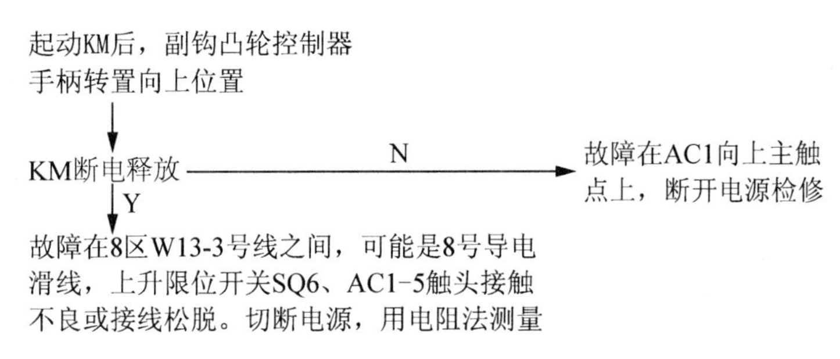

图 5.25　副钩能下降但不能上升的检测流程

提示

对于小车、大车向一个方向工作正常，而向另一个方向不能工作的故障，判断方法类似。在检修试车时，不能朝一个运行方向的试车行程太大，以免产生终端限位故障。

（三）主钩既不能上升又不能下降

故障原因有多方面，可从主钩电动机运转状态、电磁抱闸制动器吸合声音、继电器动作状态来判断故障。交流电磁保护柜装于桥架上，观察交流电磁保护柜中继电器的动作状况，测量须与吊车操作人员配合进行，注意高空操作安全。测量尽量在操作室端子排上测量并判断故障的大致位置。主要检测流程如图 5.26 所示。

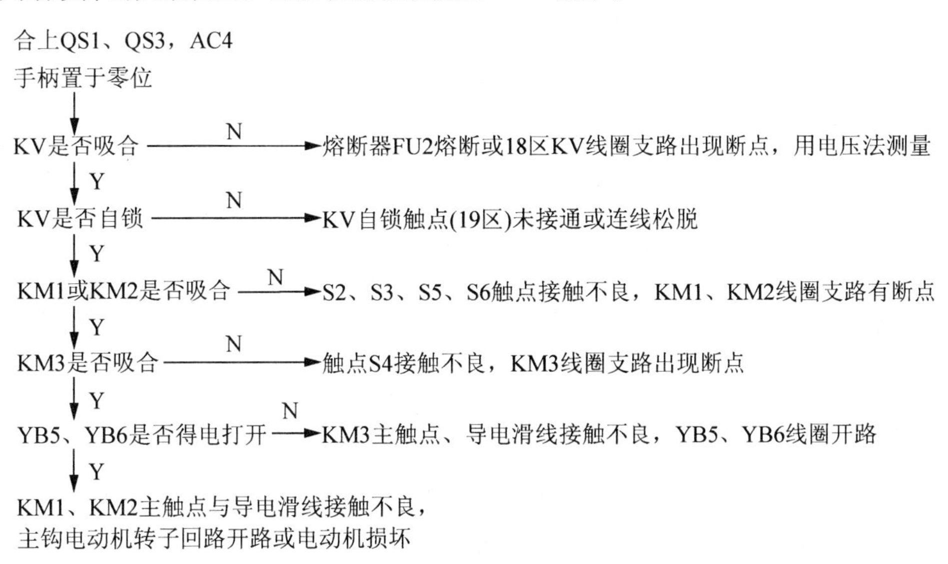

图 5.26　主钩既不能上升又不能下降的检测流程

（四）某一电动机不转动或转矩很小

由于其他机构电动机正常，说明控制电路没问题，故障发生在电动机的主电路内。在确定定子回路正常的情况下，故障一般发生在转子回路，转子 3 个绕组有断路处，没有形成回路，就会出现这种故障。

1. 电动机转子集电环部分

(1) 转子绕组引出线接地或者与集电环相连接的铜片90°弯角处断裂。

(2) 集电环和电刷接触不良、电刷太短、电刷架的弹簧压力不够、电刷架的引出线的连接螺栓松动。

2. 滑线部分

(1) 滑线与滑块(集电托)接触不良。

(2) 滑块的软接线折断。

3. 电阻器部分

(1) 电阻元器件断裂，特别是铸铁元器件容易断裂。

(2) 电阻器接线螺栓松动，电火花烧断接线。

4. 主钩不能上升、下降

凸轮控制器部分，转子回路触点年久未修，有未接通处。

(五) 电阻器短接

当控制手柄置于第1挡时，电动机启动转矩很小；置于第2挡时，转速也比正常时低，置于第3挡时，电动机突然加速，甚至使车身振动。这种故障一般发生在电阻器、电阻元器件末端、短接线部分有断开处，如图5.27所示，在M处断开，就会出现这种现象。

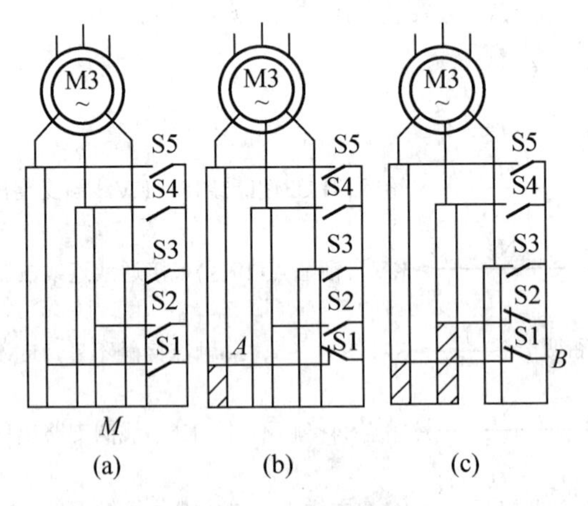

图5.27 电阻器短接示意图

由图5.27(a)可知，当控制器手柄置于第1挡时，电阻元器件短接线在M处折断，故转子不能短接，所以转矩很小，只能空载启动。

由图5.27(b)可知，当控制器手柄置于第2挡时，K1闭合，转子回路电流流通状况汇交于A点，串接全部电阻，比原正常线路第2挡转速低。

由图5.27(c)可知，当手柄置于第3挡时，K1、K2闭合，电流汇交于B点，突然切除两段电阻(画剖面线部分)，电动机突然加速，启动较猛，致使整个机身振动。

故障排除的方法：可将3组电阻元器件末端短接线开路处用导电线短接。

（六）起重机不能启动

起重机不能启动的控制电路故障如下。

（1）合上保护箱的刀开关，控制电路的熔断器熔断，使起重机不能启动。其原因是因为控制电路中相互连接的导线或集电器元器件有短路或有接地的地方。

（2）按下启动按钮，接触器吸合后，控制电路的熔断器熔断，使起重机不能启动。其原因是因为大车、小车、升降电路或串联回路有接地之处，或者是接触器的常开触点、线圈有接地之处。

（3）按下启动按钮，接触器不吸合，使起重机不能启动。原因可能是因为主滑线与滑块之间接触不良或保护箱的刀开关有问题，或者是熔断器、启动按钮和零位保护电路①这段电路有断路，串联回路②有不导电之处，如图 5.28 所示。检查方法：用万用表按图 5.28 中的①、②线路，逐段测量，查出断路和不导电处并处理。

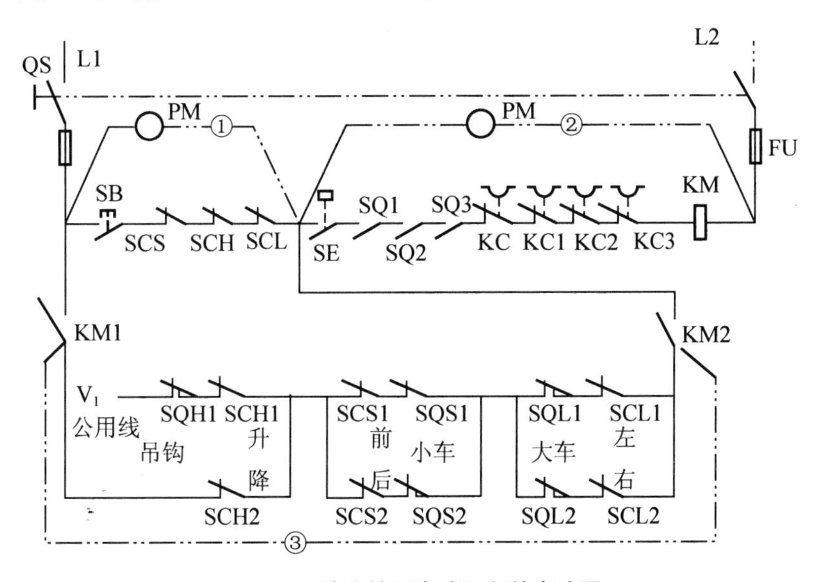

图 5.28　检查控制电路通断的电路图

（4）按下启动按钮，接触器吸合，但手脱开后，接触器就释放(俗称掉闸)。由图 5.28 可知，当接触器线圈 KM 得电时，它的常开触点 kM 闭合并自锁，使零位保护电路①和串联回路②导通，说明这部分电路工作正常。掉闸的原因在自锁没锁上，或大、小车和起升控制电路中。检查的方法同前面一样，闭合刀开关，推合接触器，用万用表按电路的连接顺序，一段段检查。

（七）吊钩下降时，接触器释放(掉闸)

吊钩下降时，控制电路的工作原理如图 5.28 所示。其他机构正常，说明其中①、②电路工作正常，大、小车的各种控制电路均正常，只是吊钩下降时，接触器释放。故障一定是在图 5.28 的吊钩下降部分。在这种情况下，可用万用表电阻挡或试灯查找接触器的联锁触点 KM、熔断器 FU 的连接导线和升降控制器下降方向的联锁触点 SCH2。这两点任何一个部位未闭合，都会出现吊钩下降时接触器掉闸的现象。

六、 思考与练习

1. 简述桥式起重机的工作原理。
2. 桥式起重机采用何种供电方式?
3. 若桥式起重机主交流接触器 KM 不吸合，该如何检修?
4. 桥式起重机若不能启动，可能有哪些原因?

附录A　电气线路图的图形、文字及符号

名　　称	图形符号	文字符号 新国标 （GB/T 5094—2003 GB/T 20939—2007）	文字符号 旧国标 （GB 7159— 1987）	说　　明
正极	+	—	—	正极
负极	—	—	—	负极
中性（中性线）	N	—	—	中性（中性线）
中间线	M	—	—	中间线
直流系统电源线	L+ L−	—	—	直流系统正电源线 直流系统负电源线
交流电源三相	L1 L2 L3	—	—	交流系统电源第一相 交流系统电源第二相 交流系统电源第三相
交流设备三相	U V W	—	—	交流系统设备端第一相 交流系统设备端第二相 交流系统设备端第三相
接地		XE	PE	接地一般符号
				保护接地
				外壳接地
				屏蔽层接地
				接机壳、接底板
端子		XD	X	连接、连接点
				端子
	水平法			装置端子
	垂直法			
				连接孔端子

续表

名　　称	图形符号	文字符号 新国标 (GB/T 5094—2003 GB/T 20939—2007)	文字符号 旧国标 (GB 7159—1987)	说　　明
导线		WD	W	连线、连接、连线组： 示例：导线、电缆、电线、传输通路，如用单线表示一组导线时，导线的数目可标以相应数量的短斜线或一个短斜线后加导线的数字
				屏蔽导线
				绞合导线
二极管		RA	V	半导体二极管一般符号
光电二极管				光电二极管
发光二极管		PG	VL	发光二极管一般符号
三极晶闸管		QA	V	反向阻断三极晶闸管，P 型控制极(阴极侧受控)
				双向三极晶闸管
晶体管		KF	V	PNP 半导体管
				NPN 半导体管
光电晶体管				光电晶体管(PNP 型)
光耦合器				光耦合器 光隔离器

续表

名　称	图形符号	文字符号		说　明
		新国标(GB/T 5094—2003 GB/T 20939—2007)	旧国标(GB 7159—1987)	
电　阻		RA	R	电阻器一般符号
			RP	可调电阻器
				带滑动触点的电位器
				光敏电阻
电抗器			L	扼流圈、电抗器
电感				电感器、线圈、绕组、扼流圈
电容	或	CA	C	电容器一般符号
	或			极性电容器
灯、信号器件		EA 照明灯	EL	照明灯一般符号
		PG 指示灯	HL	信号灯一般符号
		PG	HL	闪光信号灯
		PB	B	电铃
				蜂鸣器
熔断器		FA	FU	熔断器式开关
熔断器式开关		QA	QKF	熔断器式开关
				熔断器式隔离开关

续表

名　称	图形符号	文字符号 新国标 (GB/T 5094—2003 GB/T 20939—2007)	文字符号 旧国标 (GB 7159—1987)	说　明
电动机	*	MA 电动机	M	G 为发电机，启动能量 M 为电动机，提供机械能 T 为保持性质的变换
		GA 发电机	G	
	M 3~	MA	MA	三相笼形异步电动机
	M 3~			三相绕线转子异步电动机
	M		TG	步进电动机
	MS 3~		MV	三相永磁同步交流电动机
双绕组变压器	或	TA	T	双绕组变压器 画出铁心
自耦变压器	或		TA	自耦变压器
电抗器		RA	L	扼流圈、电抗器
电感				电感器、线圈、绕组、扼流圈
电流互感器	或	BE	TA	电流互感器 脉冲变压器
电压互感器	或		TV	电压互感器

续表

名　称	图形符号	文字符号		说　明
		新国标（GB/T 5094—2003 GB/T 20939—2007）	旧国标（GB 7159—1987）	
线圈		QA	KM	接触器线圈
		KF	KT	断电延时型继电器的线圈
				通电延时型继电器的线圈
	U<		KV	欠电压继电器线圈，把符号“<”改为“>”表示过电压继电器线圈
	I>		KI	过电流继电器线圈，把符号“>”改为“<”表示欠电流继电器线圈
			SSR	固态继电器驱动器件
		BB	FR	热继电器发热元器件
		MB	YV	电磁阀
	或		YA	电磁铁
			YB	电磁制动器
			YC	电磁离合器

续表

名　称	图形符号	文字符号		说　明
		新国标（GB/T 5094—2003 GB/T 20939—2007）	旧国标（GB 7159—1987）	
指示仪表	V	PG	PV	电压表
	kWh		PJ	电能表
			PA	检流计
蓄电池		GB	GB	原电池、蓄电池，原电池或蓄电池组，长线代表阳极，短线代表阴极
				光电池
控制电路用电源整流器		TB	U	桥式全波整流器
触点		KF	KA KM KT KV 等	动合（常开）触点 本符号也可用作开关的一般符号
				动断（常闭）触点
延时动作触点			KT	当操作器件被吸合时延时闭合的动合触点
				当操作器件被释放时延时断开的动合触点
				当操作器件被吸合时延时断开的动断触点
				当操作器件被释放时延时闭合的动断触点

续表

名　　称	图形符号	文字符号		说　　明
		新国标（GB/T 5094—2003 GB/T 20939—2007）	旧国标（GB 7159—1987）	
开关及触点		SF	S	手动操作开关一般符号
			SB	具有动合触点且自动复位的按钮
				具有动断触点且自动复位的按钮
				能自动复位的复合按钮
			SA	具有动合触点但无自动复位的旋转开关
				钥匙动合开关
				钥匙动断开关
位置开关		BG	SQ	位置开关、动合触点
				位置开关、动断触点

续表

名　称	图形符号	文字符号		说　明
		新国标（GB/T 5094—2003 GB/T 20939—2007）	旧国标（GB 7159—1987）	
电力开关器件		QA	KM	接触器的主动合触点（在非动作位置触点断开）
				接触器的主动断触点（在非动作位置触点闭合）
			QF	断路器
				三极断路器
		QB	QS	隔离开关
				三极隔离开关
				负荷开关
				三极负荷开关
			SA	三极旋钮开关
				单极旋钮开关

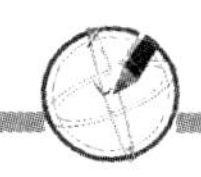

续表

名　称	图形符号	文字符号 新国标(GB/T 5094—2003 GB/T 20939—2007)	文字符号 旧国标(GB 7159—1987)	说　明
开关及触点		BG	SQ	接近开关
			SL	液位开关
		BS	KS	速度继电器触点
		BB	FR	热继电器常闭触点
		BT	ST	热敏自动开关(如双金属片)
				温度控制开关(当温度低于设定值时动作)，把符号“<”改为“>”后，温度开关就表示当温度高于设定值时动作
		BP	SP	压力控制开关(当压力大于设定值时动作)

附录B 维修电工中级工试题样卷

维修电工中级理论模拟试卷样卷

一、单项选择题(将正确答案相应的字母填入题内的括号中。每题0.5分，共80分。)

1. 在市场经济条件下，(　　)是职业道德社会功能的重要表现。

A. 克服利益导向　　B. 遏制牟利最大化

C. 增强决策科学化　　D. 促进员工行为的规范化

2. 正确阐述职业道德与人生事业的关系的选项是(　　)。

A. 没有职业道德的人，任何时刻都不会获得成功

B. 具有较高的职业道德的人，任何时刻都会获得成功

C. 事业成功的人往往并不需要较高的职业道德

D. 职业道德是获得人生事业成功的重要条件

3. 下列关于勤劳节俭的论述中，不正确的选项是(　　)。

A. 企业可提倡勤劳，但不宜提倡节俭

B. “一分钟应看成是八分钟”

C. 勤劳节俭符合可持续发展的要求

D. “节省一块钱，就等于净赚一块钱”

4. 关于创新的论述，不正确的说法是(　　)。

A. 创新需要“标新立异”　　B. 服务也需要创新

C. 创新是企业进步的灵魂　　D. 引进别人的新技术不算创新

5. 企业生产经营活动中，要求员工遵纪守法是(　　)。

A. 约束人的体现　　B. 保证经济活动正常进行所决定的

C. 领导者人为的规定　　D. 追求利益的体现

6. 下面所描述的事情中不属于工作认真负责的是(　　)。

A. 领导说什么就做什么　　B. 下班前做好安全检查

C. 上班前做好充分准备　　D. 工作中集中注意力

7. 电工的工具种类很多，(　　)。

A. 只要保管好贵重的工具就行了

B. 价格低的工具可以多买一些，丢了也不可惜

C. 要分类保管好

D. 工作中，能拿到什么工具就用什么工具

8. 不符合文明生产要求的做法是(　　)。

A. 爱惜企业的设备、工具和材料　　B. 下班前搞好工作现场的环境卫生

C. 工具使用后按规定放置到工具箱中　　D. 冒险带电作业

9. 伏安法测电阻是根据(　　)来算出数值。

A. 欧姆定律　　B. 直接测量法　　C. 焦耳定律　　D. 基尔霍夫定律

10. 电位是相对量，随参考点的改变而改变，而电压是(　　)，不随参考点的改变而改变。

A. 衡量　　B. 变量　　C. 绝对量　　D. 相对量

11. 如图所示，$I_S = 5A$，当 U_S 单独作用时，$I_1 = 3A$，当 I_S 和 U_S 共同作用时 I_1 为(　　)。

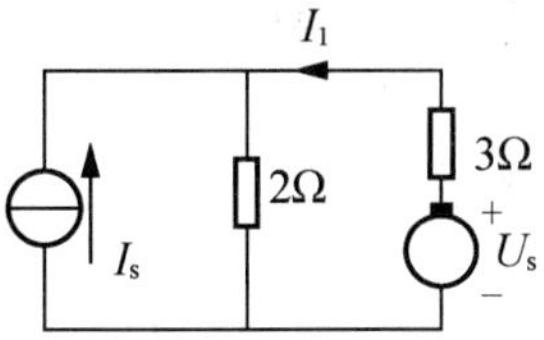

A. 2A　　B. 1A　　C. 0A　　D. 3A

12. 把垂直穿过磁场中某一截面的磁力线条数叫作(　　)。

A. 磁通或磁通量　　B. 磁感应强度

C. 磁导率　　D. 磁场强度

13. 在 RL 串联电路中，$U_R=16V$，$U_L=12V$，则总电压为(　　)。

A. 28V　　B. 20V　　C. 2V　　D. 4

14. 三相异步电动机的转子由(　　)、转子绕组、风扇、转轴等组成。

A. 转子铁心　　B. 机座　　C. 端盖　　D. 电刷

15. 用万用表检测某二极管时，发现其正、反电阻均约等于 1KΩ，说明该二极管(　　)。

A. 已经击穿　　B. 完好状态　　C. 内部老化不通　　D. 无法判断

16. 如图所示为(　　)符号。

A. 开关二极管　　B. 整流二极管　　C. 稳压二极管　　D. 变容二极管

17. 三极管的功率大于等于(　　)为大功率管。

A. 1 W　　B. 0.5W　　C. 2W　　D. 1.5W

18. 测得某电路板上晶体三极管 3 个电极对地的直流电位分别为 $V_E=3V$，$V_B=3.7V$，$V_C=3.3V$，则该管工作在(　　)。

A. 放大区　　B. 饱和区　　C. 截止区　　D. 击穿区

19. 基极电流 i_B 的数值较大时，易引起静态工作点 Q 接近(　　)。

A. 截止区　　B. 饱和区　　C. 死区　　D. 交越失真

20. 测量额定电压在 500 V 以下的设备或线路的绝缘电阻时，选用电压等级为(　　)。

A. 380V　　B. 400V　　C. 500V 或 1000V　　D. 220V

21. 千分尺一般用于测量(　　)的尺寸。

A. 小器件　　B. 大器件　　C. 建筑物　　D. 电动机

22. 危险环境下使用的手持电动工具的安全电压为(　　)。

A. 9V　　B. 12V　　C. 24V　　D. 36V

23. 当锉刀拉回时，应(　　)，以免磨钝锉齿或划伤工件表面。

A. 轻轻划过　　B. 稍微抬起　　C. 抬起　　D. 拖回

24. 劳动安全卫生管理制度对未成年工给予了特殊的劳动保护，规定严禁一切企业招收未满(　　)的童工。

A. 14 周岁　　B. 15 周岁　　C. 16 周岁　　D. 18 周岁

25. 直流单臂电桥测量十几欧姆电阻时，比率应选为(　　)。

A. 0. 001　　B. 0. 01　　C. 0. 1　　D. 1

26. 直流单臂电桥用于测量中值电阻，直流双臂电桥的测量电阻在(　　)Ω 以下。

A. 10　　B. 1　　C. 20　　D. 30

27. 低频信号发生器的频率范围为(　　)。

A. $20H_Z \sim 200KH_Z$　　B. $100H_Z \sim 1000KH_Z$

C. $200H_Z \sim 2000KH_Z$　　D. $10H_Z \sim 2000KH_Z$

28. 当测量电阻值超过量程时，手持式数字万用表将显示(　　)。

A. 1　　B. ∞　　C. 0　　D. ×

29. 示波器中的(　　)经过偏转板时产生偏移。

A. 电荷　　B. 高速电子束　　C. 电压　　D. 电流

30. (　　)适合现场工作且要用电池供电的示波器。

A. 台式示波器　　B. 手持示波器

C. 模拟示波器　　D. 数字示波器

31. 一般三端集成稳压电路工作时，要求输入电压比输出电压至少高(　　)V。

A. 2　　B. 3　　C. 4　　D. 1.5

32. 晶闸管型号 KS20－8 中的 8 表示(　　)。

A. 允许的最高电压 800V　　B. 允许的最高电压 80V

C. 允许的最高电压 8V　　D. 允许的最高电压 8kV

33. 双向晶闸管一般用于(　　)电路。

A. 交流调压　　B. 单相可控整流

C. 三相可控整流　　D. 直流调压

34. 单结晶体管的结构中有(　　)个基极。

A. 1　　B. 2　　C. 3　　D. 4

35. 集成运放共模抑制比通常在(　　)dB。

A. 60　　B. 80　　C. 80～110　　D. 100

36. 固定偏置共射极放大电路，已知 $R_B=300K\Omega$，$R_C=4K\Omega$，$V_{cc}=12V$，$\beta=50$，则 U_{CEQ} 为(　　)V 。

A. 6　　B. 4　　C. 3　　D. 8

37. 分压式偏置共射放大电路，稳定工作点效果受(　　)影响 。

A. Rc　　B. R_B　　C. R_E　　D. U_{cc}

38. 放大电路的静态工作点的偏高易导致信号波形出现(　　)失真。

A. 截止　　B. 饱和　　C. 交越　　D. 非线性

39. 为了以减小信号源的输出电流，降低信号源负担，常用共集电极放大电路的(　　)特性。

A. 输入电阻大　　B. 输入电阻小　　C. 输出电阻大　　D. 输出电阻小

40. 共射极放大电路的输出电阻比共基极放大电路的输出电阻是(　　)。

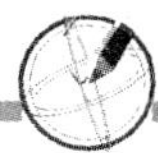

A. 大 B. 小 C. 相等 D. 不定

41. 要稳定输出电流，增大电路输入电阻应选用(　　)负反馈。

A. 电压串联 B. 电压并联 C. 电流串联 D. 电流并联

42. (　　)作为集成运放的输入级。

A. 共射放大电路 B. 共集电极放大电路

C. 共基放大电路 D. 差动放大电路

43. 下列集成运放的应用能将矩形波变为尖顶脉冲波的是(　　)。

A. 比例应用 B. 加法应用 C. 微分应用 D. 比较器

44. 音频集成功率放大器的电源电压一般为(　　)伏。

A. 5 B. 10 C. 5～8 D. 6

45. RC 选频振荡电路，能产生电路振荡的放大电路的放大倍数至少为(　　)。

A. 10 B. 3 C. 5 D. 20

46. LC 选频振荡电路达到谐振时，选频电路的相位移为(　　)度。

A. 0 B. 90 C. 180 D. －90

47. 三端集成稳压器件 CW317 的输出电压为(　　)伏。

A. 1.25 B. 5 C. 20 D. 1.25～37

48. 下列不属于组合逻辑门电路的是(　　)。

A. 与门 B. 或非门 C. 与非门 D. 与或非门

49. 单相半波可控整流电路中晶闸管所承受的最高电压是(　　)。

A. $1.414U_2$ B. $0.707U_2$ C. U_2 D. $2U_2$

50. 单相半波可控整流电路电感性负载接续流二极管，$\alpha=90°$时，输出电压 U_d 为(　　)。

A. $0.45U_2$ B. $0.9U_2$ C. $0.225U_2$ D. $1.35U_2$

51. (　　)触发电路输出尖脉冲。

A. 交流变频 B. 脉冲变压器

C. 集成 D. 单结晶体管

52. 晶闸管电路中串入小电感的目的是(　　)。

A. 防止电流尖峰 B. 防止电压尖峰

C. 产生触发脉冲 D. 产生自感电动势

53. 晶闸管两端(　　)的目的是实现过压保护。

A. 串联快速熔断器 B. 并联快速熔断器

C. 并联压敏电阻 D. 串联压敏电阻

54. 对于电动机负载，熔断器熔体的额定电流应选电动机额定电流的(　　)倍。

A. 1～1.5 B. 1.5～2.5 C. 2.0～3.0 D. 2.5～3.5

55. 接触器的额定电流应不小于被控电路的(　　)。

A. 额定电流 B. 负载电流 C. 最大电流 D. 峰值电流

56. 对于工作环境恶劣、启动频繁的异步电动机，所用热继电器热元件的额定电流可选为电动机额定电流的(　　)倍。

A. 0.95～1.05 B. 0.85～0.95 C. 1.05～1.15 D. 1.15～1.50

57. 中间继电器的选用依据是控制电路的电压等级、电流类型、所需触点的(　　)和容量等。

A. 大小　　B. 种类　　C. 数量　　D. 等级

58. JBK系列控制变压器适用于机械设备一般电器的控制、工作照明、(　　)的电源之用。

A. 电动机　　B. 信号灯　　C. 油泵　　D. 压缩机

59. 对于环境温度变化大的场合，不宜选用(　　)时间继电器。

A. 晶体管式　　B. 电动式　　C. 液压式　　D. 手动式

60. 直流电动机结构复杂、价格贵、制造麻烦、维护困难，但是(　　)、调速范围大。

A. 启动性能差　　B. 启动性能好

C. 启动电流小　　D. 启动转矩小

61. 直流电动机的转子由电枢铁心、(　　)、换向器、转轴等组成。

A. 接线盒　　B. 换向极　　C. 电枢绕组　　D. 端盖

62. 并励直流电动机的励磁绕组与(　　)并联。

A. 电枢绕组　　B. 换向绕组　　C. 补偿绕组　　D. 稳定绕组

63. 直流电动机常用的启动方法有：电枢串电阻启动、(　　)等。

A. 弱磁启动　　B. 降压启动　　C. Y-△启动　　D. 变频启动

64. 直流电动机降低电枢电压调速时，转速只能从额定转速(　　)。

A. 升高一倍　　B. 往下降　　C. 往上升　　D. 开始反转

65. 直流电动机的各种制动方法中，能平稳停车的方法是(　　)。

A. 反接制动　　B. 回馈制动　　C. 能耗制动　　D. 再生制动

66. 直流他励电动机需要反转时，一般将(　　)两头反接。

A. 励磁绕组　　B. 电枢绕组　　C. 补偿绕组　　D. 换向绕组

67. 直流电动机滚动轴承发热的主要原因有(　　)等。

A. 轴承磨损过大　　B. 轴承变形

C. 电动机受潮　　D. 电刷架位置不对

68. 绕线式异步电动机转子串频敏变阻器启动时，随着转速的升高，(　　)自动减小。

A. 频敏变阻器的等效电压　　B. 频敏变阻器的等效电流

C. 频敏变阻器的等效功率　　D. 频敏变阻器的等效阻抗

69. 绕线式异步电动机转子串频敏变阻器启动与串电阻分级启动相比，控制线路(　　)。

A. 比较简单　　B. 比较复杂

C. 只能手动控制　　D. 只能自动控制

70. 设计多台电动机顺序控制线路的目的是保证(　　)和工作的安全可靠。

A. 节约电能的要求　　B. 操作过程的合理性

C. 降低噪声的要求　　D. 减小振动的要求

71. 多台电动机的顺序控制线路(　　)。

A. 只能通过主电路实现

B. 既可以通过主电路实现，又可以通过控制电路实现

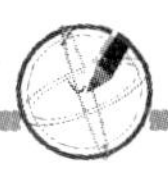

C. 只能通过控制电路实现

D. 必须要主电路和控制电路同时具备该功能才能实现

72. 下列不属于位置控制线路的是(　　)。

A. 走廊照明灯的两处控制电路　　B. 龙门刨床的自动往返控制电路

C. 电梯的开关门电路　　D. 工厂车间里行车的终点保护电路

73. 三相异步电动机采用(　　)时，能量消耗小，制动平稳。

A. 发电制动　　B. 回馈制动　　C. 能耗制动　　D. 反接制动

74. 三相异步电动机能耗制动的控制线路至少需要(　　)个按钮。

A. 2　　B. 1　　C. 4　　D. 3

75. 三相异步电动机再生制动时，将机械能转换为电能，回馈到(　　)。

A. 负载　　B. 转子绕组　　C. 定子绕组　　D. 电网

76. 同步电动机采用异步启动法启动时，转子励磁绕组应该(　　)。

A. 接到规定的直流电源　　B. 串入一定的电阻后短接

C. 开路　　D. 短路

77. M7130 平面磨床的主电路中有三台电动机，使用了(　　)热继电器。

A. 三个　　B. 四个　　C. 一个　　D. 两个

78. M7130 平面磨床控制电路中串接着转换开关 QS2 的常开触点和(　　)。

A. 欠电流继电器 KUC 的常开触点　　B. 欠电流继电器 KUC 的常闭触点

C. 过电流继电器 KUC 的常开触点　　D. 过电流继电器 KUC 的常闭触点

79. M7130 平面磨床中，砂轮电动机和液压泵电动机都采用了接触器(　　)控制电路。

A. 自锁反转　　B. 自锁正转　　C. 互锁正转　　D. 互锁反转

80. M7130 平面磨床中，(　　)工作后砂轮和工作台才能进行磨削加工。

A. 电磁吸盘 YH　　B. 热继电器

C. 速度继电器　　D. 照明变压器

81. M7130 平面磨床中，电磁吸盘退磁不好使工件取下困难，但退磁电路正常，退磁电压也正常，则需要检查和调整(　　)。

A. 退磁功率　　B. 退磁频率　　C. 退磁电流　　D. 退磁时间

82. C6150 车床主轴电动机通过(　　)控制正反转。

A. 手柄　　B. 接触器　　C. 断路器　　D. 热继电器

83. C6150 车床控制电路中有(　　)普通按钮。

A. 2 个　　B. 3 个　　C. 4 个　　D. 5 个

84. C6150 车床控制线路中变压器安装在配电板的(　　)。

A. 左方　　B. 右方　　C. 上方　　D. 下方

85. C6150 车床主轴电动机正转、电磁离合器 YC1 通电时，主轴的转向为(　　)。

A. 正转　　B. 反转　　C. 高速　　D. 低速

86. C6150 车床(　　)的正反转控制线路具有中间继电器互锁功能。

A. 冷却液电动机　　B. 主轴电动机

C. 快速移动电动机　　D. 主轴

87. C6150 车床控制电路中的中间继电器 KA1 和 KA2 常闭触点故障时会造成(　　)。

A. 主轴无制动　　B. 主轴电动机不能启动
C. 润滑油泵电动机不能启动　　D. 冷却液电动机不能启动

88. C6150车床主电路有电，控制电路不能工作时，应首先检修(　　)。
A. 电源进线开关　　B. 接触器KM1或KM2
C. 控制变压器TC　　D. 三位置自动复位开关SA1

89. Z3040摇臂钻床主电路中的四台电动机，有(　　)台电动机需要正反转控制。
A. 2　　B. 3　　C. 4　　D. 1

90. Z3040摇臂钻床主轴电动机由按钮和接触器构成的(　　)控制电路来控制。
A. 单向启动停止　　B. 正反转　　C. 点动　　D. 减压启动

91. Z3040摇臂钻床中的控制变压器比较重，所以应该安装在配电板的(　　)。
A. 下方　　B. 上方　　C. 右方　　D. 左方

92. Z3040摇臂钻床中的局部照明灯由控制变压器供给(　　)安全电压。
A. 交流6V　　B. 交流10V　　C. 交流30V　　D. 交流24V

93. Z3040摇臂钻床中利用行程开关实现摇臂上升与下降的(　　)。
A. 制动控制　　B. 自动往返　　C. 限位保护　　D. 启动控制

94. Z3040摇臂钻床中摇臂不能夹紧的可能原因是(　　)。
A. 速度继电器位置不当　　B. 行程开关SQ3位置不当
C. 时间继电器定时不合适　　D. 主轴电动机故障

95. Z3040摇臂钻床中摇臂不能夹紧的原因是液压系统压力不够时，应(　　)。
A. 调整行程开关SQ2位置　　B. 重接电源相序
C. 更换液压泵　　D. 调整行程开关SQ3位置

96. 光电开关按结构可分为放大器分离型、放大器内藏型和(　　)三类。
A. 电源内藏型　　B. 电源分离型
C. 放大器组合型　　D. 放大器集成型

97. 光电开关的接收器根据所接收到的(　　)对目标物体实现探测，产生开关信号。
A. 压力大小　　B. 光线强弱　　C. 电流大小　　D. 频率高低

98. 光电开关可以非接触、(　　)地迅速检测和控制各种固体、液体、透明体、黑体、柔软体、烟雾等物质的状态。
A. 高亮度　　B. 小电流　　C. 大力矩　　D. 无损伤

99. 当检测高速运动的物体时，应优先选用(　　)光电开关。
A. 光纤式　　B. 槽式　　C. 对射式　　D. 漫反射式

100. 下列(　　)场所，有可能造成光电开关的误动作，应尽量避开。
A. 办公室　　B. 高层建筑　　C. 气压低　　D. 灰尘较多

101. 高频振荡电感型接近开关主要由感应头、振荡器、(　　)、输出电路等组成。
A. 继电器　　B. 开关器　　C. 发光二极管　　D. 光电三极管

102. 高频振荡电感型接近开关的感应头附近有金属物体接近时，接近开关(　　)。
A. 涡流损耗减少　　B. 振荡电路工作
C. 有信号输出　　D. 无信号输出

103. 接近开关的图形符号中，其菱形部分与常开触点部分用(　　)相连。
A. 虚线　　B. 实线　　C. 双虚线　　D. 双实线

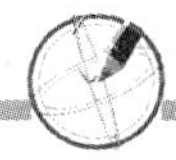

104. 当检测体为非金属材料时，应选用(　　)接近开关。

A. 高频振荡型　　B. 电容型　　C. 电阻型　　D. 阻抗型

105. 选用接近开关时应注意对工作电压、(　　)、响应频率、检测距离等各项指标的要求。

A. 工作速度　　B. 工作频率　　C. 负载电流　　D. 工作功率

106. 磁性开关可以由(　　)构成。

A. 接触器和按钮　　B. 二极管和电磁铁

C. 三极管和永久磁铁　　D. 永久磁铁和干簧管

107. 磁性开关中干簧管的工作原理是(　　)。

A. 与霍尔元件一样　　B. 磁铁靠近接通，无磁断开

C. 通电接通，无电断开　　D. 与电磁铁一样

108. 磁性开关的图形符号中，其常开触点部分与(　　)的符号相同。

A. 断路器　　B. 一般开关　　C. 热继电器　　D. 时间继电器

109. 磁性开关用于(　　)场所时应选金属材质的器件。

A. 化工企业　　B. 真空低压　　C. 强酸强碱　　D. 高温高压

110. 磁性开关在使用时要注意磁铁与(　　)之间的有效距离在10mm左右。

A. 干簧管　　B. 磁铁　　C. 触点　　D. 外壳

111. 增量式光电编码器主要由(　　)、码盘、检测光栅、光电检测器件和转换电路组成。

A. 光电三极管　　B. 运算放大器　　C. 脉冲发生器　　D. 光源

112. 增量式光电编码器每产生一个输出脉冲信号就对应于一个(　　)。

A. 增量转速　　B. 增量位移　　C. 角度　　D. 速度

113. 增量式光电编码器由于采用相对编码，因此掉电后旋转角度数据(　　)，需要重新复位。

A. 变小　　B. 变大　　C. 会丢失　　D. 不会丢失

114. 增量式光电编码器接线时，应在电源(　　)下进行。

A. 接通状态　　B. 断开状态

C. 电压较低状态　　D. 电压正常状态

115. 可编程序控制器采用了一系列可靠性设计，如(　　)、掉电保护、故障诊断和信息保护及恢复等。

A. 简单设计　　B. 简化设计　　C. 冗余设计　　D. 功能设计

116. 可编程序控制器系统由基本单元、(　　)、编程器、用户程序、程序存入器等组成。

A. 键盘　　B. 鼠标　　C. 扩展单元　　D. 外围设备

117. FX_{2N}系列可编程序控制器计数器用(　　)表示。

A. X　　B. Y　　C. T　　D. C

118. 在一个程序中，同一地址号的线圈(　　)次输出，且继电器线圈不能串联只能并联。

A. 只能有一　　B. 只能有二　　C. 只能有三　　D. 无限

119. FX_{2N}系列可编程序控制器光电耦合器有效输入电平形式是(　　)。

A. 高电平　　B. 低电平

C. 高电平或低电平　　D. 以上都是

120. 可编程序控制器(　　)中存放的随机数据掉电即丢失。

A. RAM　　B. DVD　　C. EPROM　　D. CD

121. 可编程控制器在RUN模式下，执行顺序是(　　)。

A. 输入采样→执行用户程序→输出刷新

B. 执行用户程序→输入采样→输出刷新

C. 输入采样→输出刷新→执行用户程序

D. 以上都不对

122. PLC(　　)阶段读入输入信号，将按钮、开关触点、传感器等输入信号读入到存储器内，读入的信号一直保持到下一次该信号再次被读入时为止，即经过一个扫描周期。

A. 输出采样　　B. 输入采样　　C. 程序执行　　D. 输出刷新

123. 可编程序控制器停止时，(　　)阶段停止执行。

A. 程序执行　　B. 存储器刷新

C. 传感器采样　　D. 输入采样

124. 继电器接触器控制电路中的时间继电器，在PLC控制中可以用(　　)替代。

A. T　　B. C　　C. S　　D. M

125. (　　)是PLC主机的技术性能范围。

A. 行程开关　　B. 光电传感器

C. 温度传感器　　D. 内部标志位

126. FX_{2N}可编程序控制器DC 24V输出电源，可以为(　　)供电。

A. 电磁阀　　B. 交流接触器

C. 负载　　D. 光电传感器

127. FX_{2N}可编程序控制器继电器输出型，不可以(　　)。

A. 输出高速脉冲

B. 直接驱动交流指示灯

C. 驱动额定电流下的交流负载

D. 驱动额定电流下的直流负载

128. FX_{2N}-40MR可编程序控制器，表示F系列(　　)。

A. 基本单元　　B. 扩展单元　　C. 单元类型　　D. 输出类型

129. 对于PLC晶体管输出，带感性负载时，需要采取(　　)的抗干扰措施。

A. 在负载两端并联续流二极管和稳压管串联电路

B. 电源滤波

C. 可靠接地

D. 光电耦合器

130. PLC的辅助继电器、定时器、计数器、输入和输出继电器的触点可使用(　　)次。

A. 一　　B. 二　　C. 三　　D. 无限

131. PLC梯形图编程时，右端输出继电器的线圈能并联(　　)个。

A. 一　　B. 不限　　C. 0　　D. 二

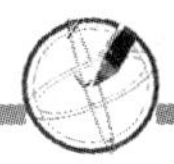

132. PLC 编程时，子程序可以有(　　)个。

A. 无限　　B. 三　　C. 二　　D. 一

133. (　　)是可编程序控制器使用较广的编程方式。

A. 功能表图　　B. 梯形图　　C. 位置图　　D. 逻辑图

134. 在 FX_{2N} PLC 中，T100 的定时精度为(　　)。

A. 1ms　　B. 10ms　　C. 100ms　　D. 1s

135. 对于小型开关量 PLC 梯形图程序，一般只有(　　)。

A. 初始化程序　　B. 子程序　　C. 中断程序　　D. 主程序

136. 计算机对 PLC 进行程序下载时，需要使用配套的(　　)。

A. 网络线　　B. 接地线　　C. 电源线　　D. 通信电缆

137. PLC 编程软件通过计算机，可以对 PLC 实施(　　)。

A. 编程　　B. 运行控制　　C. 监控　　D. 以上都是

138. 对于继电器输出型可编程序控制器其所带负载只能是额定(　　)电源供电。

A. 交流　　B. 直流　　C. 交流或直流　　D. 低压直流

139. 可编程序控制器在硬件设计方面采用了一系列措施，如对干扰的(　　)。

A. 屏蔽、隔离和滤波　　B. 屏蔽和滤波

C. 屏蔽和隔离　　D. 隔离和滤波

140. PLC 外部环境检查时，当湿度过大时应考虑装(　　)。

A. 风扇　　B. 加热器　　C. 空调　　D. 除尘器

141. 根据电机正反转梯形图，下列指令正确的是(　　)。

6 X001 X000 X002 Y001 (Y002)

Y002

A. ORI Y002　　B. LDI X001　　C. AND X000　　D. ANDI X002

142. 根据电动机自动往返梯形图，下列指令正确的是(　　)。

0 X000 X001 X002 Y002 (Y001)

X003

Y001

A. LD X000　　B. AND X001　　C. ORI X003　　D. ORI Y002

143. FX 编程器的显示内容包括地址、数据、工作方式、(　　)情况和系统工作状态等。

A. 位移储存器　　B. 参数　　C. 程序　　D. 指令执行

144. 变频器是通过改变交流电动机定子电压、频率等参数来(　　)的装置。

A. 调节电动机转速　　B. 调节电动机转矩

C. 调节电动机功率　　D. 调节电动机性能

145. 电压型逆变器采用电容滤波，电压较稳定，(　　)，调速动态响应较慢，适用于多电动机传动及不可逆系统。

A. 输出电流为矩形波或阶梯波　　B. 输出电压为矩形波或阶梯波

C. 输出电压为尖脉冲　　D. 输出电流为尖脉冲

146. 在通用变频器主电路中的电源整流器件较多采用(　　)。

A. 快恢复二极管　　B. 普通整流二极管

C. 肖特基二极管　　D. 普通晶闸管

147. 具有矢量控制功能的西门子变频器型号是(　　)。

A. MM410　　B. MM420　　C. MM430　　D. MM440

148. 基本频率是变频器对电动机进行恒功率控制和恒转矩控制的分界线，应按(　　)设定。

A. 电动机额定电压时允许的最小频率

B. 上限工作频率

C. 电动机的允许最高频率

D. 电动机的额定电压时允许的最高频率

149. 变频器常见的各种频率给定方式中，最易受干扰的方式是(　　)方式。

A. 键盘给定　　B. 模拟电压信号给定

C. 模拟电流信号给定　　D. 通信方式给定

150. 在变频器的几种控制方式中，其动态性能比较的结论是：(　　)。

A. 转差型矢量控制系统优于无速度检测器的矢量控制系统

B. U/f 控制优于转差频率控制

C. 转差频率控制优于矢量控制

D. 无速度检测器的矢量控制系统优于转差型矢量控制系统

151. 变频器的干扰有：电源干扰、地线干扰、串扰、公共阻抗干扰等。尽量缩短电源线和地线是竭力避免(　　)。

A. 电源干扰　　B. 地线干扰　　C. 串扰　　D. 公共阻抗干扰

152. 西门子 MM440 变频器可通过 USS 串行接口来控制其启动、停止（命令信号源）及(　　)。

A. 频率输出大小　　B. 电机参数

C. 直流制动电流　　D. 制动起始频率

153. 变频器有时出现轻载时过电流保护，原因可能是(　　)。

A. 变频器选配不当　　B. U/f 比值过小

C. 变频器电路故障　　D. U/f 比值过大

154. 软启动器具有节能运行功能，在正常运行时，能依据负载比例自动调节输出电压，使电动机运行在最佳效率的工作区，最适合应用于(　　)。

A. 间歇性变化的负载　　B. 恒转矩负载

C. 恒功率负载　　D. 泵类负载

155. 西普 STR 系列(　　)软启动器，是内置旁路、集成型。

A. A 型　　B. B 型　　C. C 型　　D. L 型

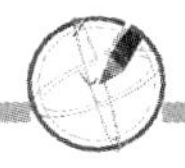

156. 软启动器的功能调节参数有：(　　)、启动参数、停车参数。

A. 运行参数　　B. 电阻参数　　C. 电子参数　　D. 电源参数

157. 水泵停车时，软启动器应采用(　　)。

A. 自由停车　　B. 软停车

C. 能耗制动停车　　D. 反接制动停车

158. 软启动器在(　　)下，一台软启动器才有可能启动多台电动机。

A. 跨越运行模式　　B. 节能运行模式

C. 接触器旁路运行模式　　D. 调压调速运行模式

159. 软启动器的突跳转矩控制方式主要用于(　　)。

A. 轻载启动　　B. 重载启动　　C. 风机启动　　D. 离心泵启动

160. 软启动器的日常维护一定要由(　　)进行操作。

A. 专业技术人员　　B. 使用人员　　C. 设备管理部门　　D. 销售服务人员

二、判断题(将判断结果填入括号中。正确的填“√”，错误的填“×”。每题 0.5 分，满分 20 分。)

161. (　　)职业道德是一种强制性的约束机制。

162. (　　)企业文化对企业具有整合的功能。

163. (　　)正弦量可以用相量表示，因此可以说，相量等于正弦量。

164. (　　)在感性负载两端并联适当电容就可提高电路的功率因数。

165. (　　)无论是瞬时值还是相量值，对称三相电源的三个相电压的和，恒等于零，所以接上负载后不会产生电流。

166. (　　)变压器的器身主要由铁心和绕组这两部分所组成。

167. (　　)三相异步电动机具有结构简单、工作可靠、功率因数高、调速性能好等特点。

168. (　　)熔断器的作用是过载保护。

169. (　　)大功率、小功率、高频、低频三极管的图形符号是一样的。

170. (　　)万用表主要有指示部分、测量电路、转换装置三部分组成。

171. (　　)钢丝钳(电工钳子)的主要功能是拧螺钉。

172. (　　)常用的绝缘材料可分为橡胶和塑料两大类。

173. (　　)选用绝缘材料时应该从电气性能、机械性能、热性能、化学性能、工艺性能及经济性等方面来进行考虑。

174. (　　)当生产要求必须使用电热器时，应将其安装在非燃烧材料的底板上。

175. (　　)长时间与强噪声接触，人会感到烦躁不安，甚至丧失理智。

176. (　　)劳动者的基本义务中应包括遵守职业道德。

177. (　　)当直流单臂电桥达到平衡时，检流计值越大越好。

178. (　　)直流双臂电桥有电桥电位接头和电流接头。

179. (　　)信号发生器的振荡电路通常采用 RC 串并联选频电路。

180. (　　)晶体管特性图示仪可以从示波管的荧光屏上自动显示同一半导体管子的四种 h 参数。

181. (　　)三端集成稳压电路可分正输出电压和负输出电压两大类。

182. (　　)逻辑门电路的平均延迟时间越长越好。

183. (　　)普通晶闸管的额定电流是以工频正弦电流的有效值来表示的。

184.(　　)单结晶体管有三个电极，符号与三极管一样。

185.(　　)集成运放只能应用于普通的运算电路。

186.(　　)串联型稳压电路的调整管工作在开关状态。

187.(　　)单相桥式可控整流电路中，两组晶闸管交替轮流工作。

188.(　　)短路电流很大的场合宜选用直流快速断路器。

189.(　　)控制按钮应根据使用场合环境条件的好坏分别选用开启式、防水式、防腐式等。

190.(　　)电气控制线路中指示灯的颜色与对应功能的按钮颜色一般是相同的。

191.(　　)压力继电器与压力传感器没有区别。

192.(　　)三相异步电动机的位置控制电路中一定有速度继电器。

193.(　　)三相异步电动机反接制动时定子绕组中通入单相交流电。

194.(　　)三相异步电动机电源反接制动的主电路与反转的主电路类似。

195.(　　)M7130 平面磨床的三台电动机都不能启动的大多原因是整流变压器没有输出电压，使电动机的控制电路处于断电状态。

196.(　　)增量式光电编码器用于高精度测量时要选用旋转一周对应脉冲数少的器件。

197.(　　)FX2N 控制的电动机顺序启动，交流接触器线圈电路中不需要使用触点硬件互锁。

198.(　　)变频器安装时要注意安装的环境、良好的通风散热、正确的接线。

199.(　　)软启动器主要由带电流闭环控制的晶闸管交流调压电路组成。

200.(　　)软启动器由微处理器控制，可以显示故障信息并可自动修复。

维修电工中级技能模拟试卷样卷

试题 1　安装和调试双速交流异步电动机自动变速控制电路

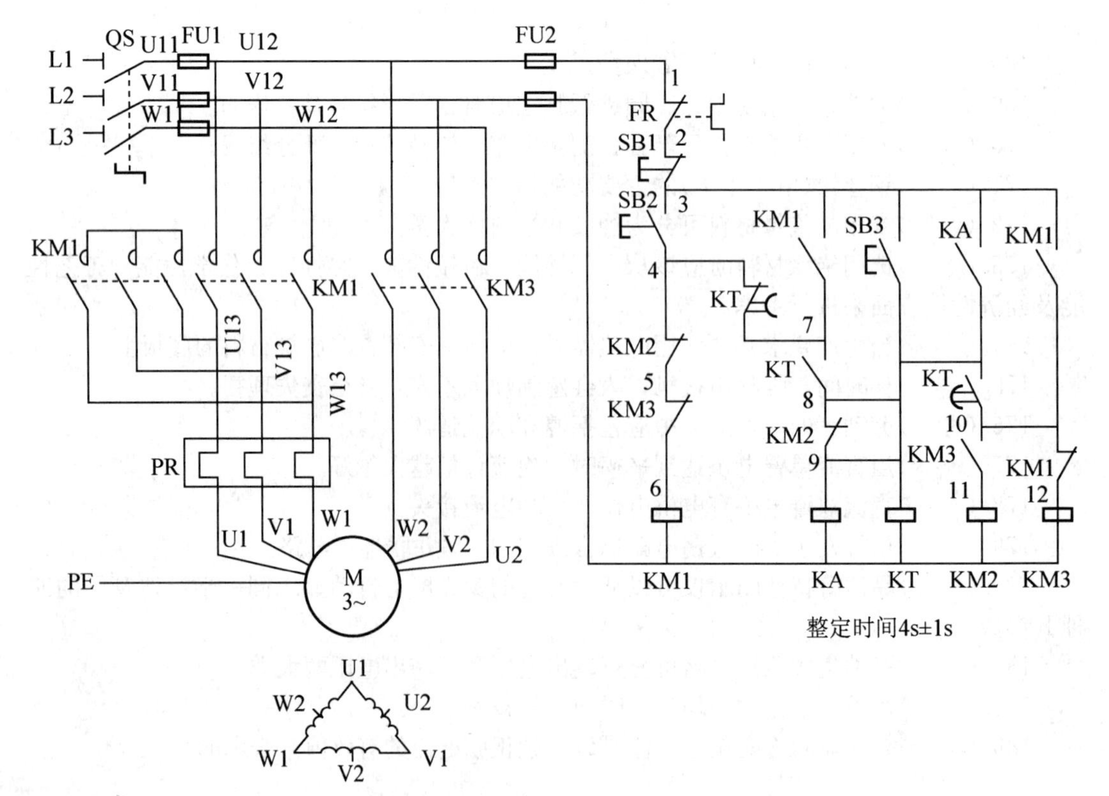

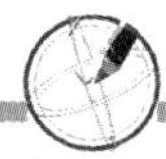

考核要求：

(1) 按图纸的要求进行正确熟练地安装；元件在配线板上布置要合理，安装要正确、紧固，配线要求紧固、美观，导线要进行线槽。正确使用工具和仪表。

(2) 按钮盒不固定在板上，电源和电动机配线、按钮接线要接到端子排上，进出线槽的导线要有端子标号，引出端要用别径压端子。

(3) 安全文明操作。

(4) 考核注意事项：

① 满分 40 分，考试时间 210 分钟。

② 在考核过程中，考评员要进行监护，注意安全。

试题 2　检修摇臂钻床电气线路模拟板的故障

在摇臂钻床电气线路模拟板上，设隐蔽故障 2 处，其中主回路 1 处，控制回路 1 处。考生向考评员询问故障现象时，考评员可以将故障现象告诉考生，考生必须单独排除故障。

考核要求：

(1) 检修摇臂钻床电气控制线路模拟板的电气故障。从设故障开始，考评员不得进行提示。

(2) 根据故障现象，在电气控制线路图上分析故障可能产生的原因，确定故障发生的范围。

(3) 排除故障过程中如果扩大故障，在规定时间内可以继续排除故障。

(4) 正确使用工具和仪表。

(5) 考核注意事项：

① 满分 40 分，考试时间 30 分钟。

② 在考核过程中，要注意安全。

否定项：故障检修得分未达 20 分，本次鉴定操作考核视为不通过。

试题 3　用示波器观察试验电压的波形

考核要求：

(1) 要求用示波器观察机内试验电压的波形，使屏幕上稳定显示 2～5 个周期波形。

(2) 考核注意事项：满分 10 分，考核时间 10 分钟。

否定项：不能损坏仪器、仪表，损坏仪器、仪表扣 10 分。

试题 4　在各项技能考核中，要遵守安全文明生产的有关规定

考核要求：

(1) 劳动保护用品穿戴整齐。

(2) 电工工具佩带齐全。

(3) 遵守操作规程。

(4) 尊重考评员，讲文明礼貌。

(5) 考试结束要清理现场。

(6) 遵守考场纪律，不能出现重大事故。

(7) 考核注意事项：

① 本项目满分 10 分。

② 安全文明生产贯穿于整个技能鉴定的全过程。

③ 考生在不同的技能试题中，违犯安全文明生产考核要求同一项内容的，要累计扣分。

否定项：出现严重违犯考场纪律或发生重大事故，本次技能考核视为不合格。

参 考 文 献

[1] 李发海，王岩．电机与拖动基础．[M]．3版：北京：清华大学出版社，2005.

[2] 阮友德．电气控制与PLC实训教程 [M]．北京：人民邮电出版社，2008.

[3] 李道霖．电气控制与PLC原理及应用(西门子系列).2版．[M]．北京：电子工业出版社，2012.

[4] 张伟林．电气控制与PLC应用 [M]．北京：人民邮电出版社，2007.

[5] 郭艳萍．电气控制与PLC应用 [M]．北京：人民邮电出版社，2010.

[6] 许翏．电机与电气控制技术.2版．[M]．北京：机械工业出版社，2011.

[7] 唐惠龙．电机与电气控制技术项目式教程 [M]．北京：机械工业出版社，2012.

[8] 李高明．维修电工技能训练 [M]．北京：中国电力出版社，2007.

[9] 郭汀．电气图形符号文字符号便查手册 [M]．北京：化学工业出版社，2010.

[10] 劳动和社会保障部教材办公室．电力拖动控制线路与技能训练．北京：中国劳动社会保障出版社，2001.

[11] 人力资源和社会保障部．维修电工职业标准．北京：中国劳动社会保障出版社，2009.

北京大学出版社高职高专机电系列规划教材

序号	书号	书名	编著者	定价	出版日期
机械类基础课					
1	978-7-301-10464-2	工程力学	余学进	18.00	2008.1 第3次印刷
2	978-7-301-13653-9	工程力学	武昭晖	25.00	2011.2 第3次印刷
3	978-7-301-13655-3	工程制图	马立克	32.00	2008.8
4	978-7-301-13654-6	工程制图习题集	马立克	25.00	2008.8
5	978-7-301-13574-7	机械制造基础	徐从清	32.00	2012.7 第3次印刷
6	978-7-301-13573-0	机械设计基础	朱凤芹	32.00	2008.8
7	978-7-301-13656-0	机械设计基础	时忠明	25.00	2012.7 第3次印刷
8	978-7-301-13662-1	机械制造技术	宁广庆	42.00	2010.11 第2次印刷
9	978-7-301-19848-3	机械制造综合设计及实训	裘俊彦	37.00	2013.4
10	978-7-301-19297-9	机械制造工艺及夹具设计	徐　勇	28.00	2011.8
11	978-7-301-13260-9	机械制图	徐　萍	32.00	2009.8 第2次印刷
12	978-7-301-13263-0	机械制图习题集	吴景淑	40.00	2009.10 第2次印刷
13	978-7-301-18357-1	机械制图	徐连孝	27.00	2012.9 第2次印刷
14	978-7-301-18143-0	机械制图习题集	徐连孝	20.00	2013.4 第2次印刷
15	978-7-301-15692-6	机械制图	吴百中	26.00	2012.7 第2次印刷
16	978-7-301-22916-3	机械图样的识读与绘制	刘永强	36.00	2013.8
17	978-7-301-23354-2	AutoCAD 应用项目化实训教程	王利华	42.00	2014.1
18	978-7-301-17122-6	AutoCAD 机械绘图项目教程	张海鹏	36.00	2013.8 第3次印刷
19	978-7-301-17573-6	AutoCAD 机械绘图基础教程	王长忠	32.00	2013.8 第2次印刷
20	978-7-301-19010-4	AutoCAD 机械绘图基础教程与实训(第2版)	欧阳全会	36.00	2014.1 第3次印刷
21	978-7-301-24536-1	三维机械设计项目教程(UG版)	龚肖新	45.00	2014.7
22	978-7-301-17609-2	液压传动	龚肖新	22.00	2010.8
23	978-7-301-20752-9	液压传动与气动技术(第2版)	曹建东	40.00	2014.1 第2次印刷
24	978-7-301-13582-2	液压与气压传动技术	袁　广	24.00	2013.8 第5次印刷
25	978-7-301-24381-7	液压与气动技术项目教程	武　威	30.00	2014.8
26	978-7-301-19436-2	公差与测量技术	余　键	25.00	2011.9
27	978-7-5038-4861-2	公差配合与测量技术	南秀蓉	23.00	2011.12 第4次印刷
28	978-7-301-19374-7	公差配合与技术测量	庄佃霞	26.00	2013.8 第2次印刷
29	978-7-301-13652-2	金工实训	柴增田	22.00	2013.1 第4次印刷
30	978-7-301-13651-5	金属工艺学	柴增田	27.00	2011.6 第2次印刷
31	978-7-301-17608-5	机械加工工艺编制	于爱武	45.00	2012.2 第2次印刷
32	978-7-301-23868-4	机械加工工艺编制与实施(上册)	于爱武	42.00	2014.3
33	978-7-301-24546-0	机械加工工艺编制与实施(下册)	于爱武	42.00	2014.7
34	978-7-301-21988-1	普通机床的检修与维护	宋亚林	33.00	2013.1
35	978-7-5038-4869-8	设备状态监测与故障诊断技术	林英志	22.00	2011.8 第3次印刷
36	978-7-301-22116-7	机械工程专业英语图解教程(第2版)	朱派龙	48.00	2013.9
37	978-7-301-23198-2	生产现场管理	金建华	38.00	2013.9
数控技术类					
1	978-7-301-17707-5	零件加工信息分析	谢　蕾	46.00	2010.8
2	978-7-301-17148-6	普通机床零件加工	杨雪青	26.00	2013.8 第2次印刷
3	978-7-301-17679-5	机械零件数控加工	李　文	38.00	2010.8
4	978-7-301-13659-1	CAD/CAM 实体造型教程与实训(Pro/ENGINEER 版)	诸小丽	38.00	2014.7 第4次印刷

序号	书号	书名	编著者	定价	出版日期
5	978-7-301-17557-6	CAD/CAM 数控编程项目教程(UG 版)(第 2 版)	慕 灿	45.00	2014.8 第 1 次印刷
6	978-7-5038-4865-0	CAD/CAM 数控编程与实训(CAXA 版)	刘玉春	27.00	2011.2 第 3 次印刷
7	978-7-301-21873-0	CAD/CAM 数控编程项目教程(CAXA 版)	刘玉春	42.00	2013.3
8	978-7-301-13261-6	微机原理及接口技术(数控专业)	程 艳	32.00	2008.1
9	978-7-5038-4866-7	数控技术应用基础	宋建武	22.00	2010.7 第 2 次印刷
10	978-7-301-13262-3	实用数控编程与操作	钱东东	32.00	2013.8 第 4 次印刷
11	978-7-301-14470-1	数控编程与操作	刘瑞已	29.00	2011.2 第 2 次印刷
12	978-7-301-20312-5	数控编程与加工项目教程	周晓宏	42.00	2012.3
13	978-7-301-23898-1	数控加工编程与操作实训教程(数控车分册)	王忠斌	36.00	2014.6
14	978-7-301-20945-5	数控铣削技术	陈晓罗	42.00	2012.7
15	978-7-301-21053-6	数控车削技术	王军红	28.00	2012.8
16	978-7-301-17398-5	数控加工技术项目教程	李东君	48.00	2010.8
17	978-7-301-21119-9	数控机床及其维护	黄应勇	38.00	2012.8
18	978-7-301-20002-5	数控机床故障诊断与维修	陈学军	38.00	2012.1
模具设计与制造类					
1	978-7-301-13258-6	塑模设计与制造	晏志华	38.00	2007.8
2	978-7-301-23892-9	注射模设计方法与技巧实例精讲	邹继强	54.00	2014.2
3	978-7-301-24432-6	注射模典型结构设计实例图集	邹继强	54.00	2014.6
4	978-7-301-18471-4	冲压工艺与模具设计	张 芳	39.00	2011.3
5	978-7-301-19933-6	冷冲压工艺与模具设计	刘洪贤	32.00	2012.1
6	978-7-301-20414-6	Pro/ENGINEER Wildfire 产品设计项目教程	罗 武	31.00	2012.5
7	978-7-301-16448-8	Pro/ENGINEER Wildfire 设计实训教程	吴志清	38.00	2012.8
8	978-7-301-22678-0	模具专业英语图解教程	李东君	22.00	2013.7
电气自动化类					
1	978-7-301-18519-3	电工技术应用	孙建领	26.00	2011.3
2	978-7-301-17569-9	电工电子技术项目教程	杨德明	32.00	2012.4 第 2 次印刷
3	978-7-301-22546-2	电工技能实训教程	韩亚军	22.00	2013.6
4	978-7-301-22923-1	电工技术项目教程	徐超明	38.00	2013.8
5	978-7-301-12390-4	电力电子技术	梁南丁	29.00	2010.7 第 2 次印刷
6	978-7-301-17730-3	电力电子技术	崔 红	23.00	2010.9
7	978-7-301-12182-5	电工电子技术	李艳新	29.00	2007.8
8	978-7-301-19525-3	电工电子技术	倪 涛	38.00	2011.9
9	978-7-301-12392-8	电工与电子技术基础	卢菊洪	28.00	2007.9
10	978-7-301-16830-1	维修电工技能与实训	陈学平	37.00	2010.7
11	978-7-301-12180-1	单片机开发应用技术	李国兴	21.00	2010.9 第 2 次印刷
12	978-7-301-20000-1	单片机应用技术教程	罗国荣	40.00	2012.2
13	978-7-301-21055-0	单片机应用项目化教程	顾亚文	32.00	2012.8
14	978-7-301-17489-0	单片机原理及应用	陈高锋	32.00	2012.9
15	978-7-301-24281-0	单片机技术及应用	黄贻培	30.00	2014.7
16	978-7-301-22390-1	单片机开发与实践教程	宋玲玲	24.00	2013.6
17	978-7-301-17958-1	单片机开发入门及应用实例	熊华波	30.00	2011.1
18	978-7-301-16898-1	单片机设计应用与仿真	陆旭明	26.00	2012.4 第 2 次印刷

序号	书号	书名	编著者	定价	出版日期
19	978-7-301-19302-0	基于汇编语言的单片机仿真教程与实训	张秀国	32.00	2011.8
20	978-7-301-12181-8	自动控制原理与应用	梁南丁	23.00	2012.1 第3次印刷
21	978-7-301-19638-0	电气控制与PLC应用技术	郭　燕	24.00	2012.1
22	978-7-301-18622-0	PLC与变频器控制系统设计与调试	姜永华	34.00	2011.6
23	978-7-301-19272-6	电气控制与PLC程序设计(松下系列)	姜秀玲	36.00	2011.8
24	978-7-301-12383-6	电气控制与PLC(西门子系列)	李　伟	26.00	2012.3 第2次印刷
25	978-7-301-18188-1	可编程控制器应用技术项目教程(西门子)	崔维群	38.00	2013.6 第2次印刷
26	978-7-301-23432-7	机电传动控制项目教程	杨德明	40.00	2014.1
27	978-7-301-12382-9	电气控制及PLC应用(三菱系列)	华满香	24.00	2012.5 第2次印刷
28	978-7-301-14469-5	可编程控制器原理及应用（三菱机型）	张玉华	24.00	2009.3
29	978-7-301-22315-4	低压电气控制安装与调试实训教程	张　郭	24.00	2013.4
30	978-7-301-24433-3	低压电器控制技术	肖朋生	34.00	2014.7
31	978-7-301-22672-8	机电设备控制基础	王本轶	32.00	2013.7
32	978-7-301-18770-8	电机应用技术	郭宝宁	33.00	2011.5
33	978-7-301-23822-6	电机与电气控制	郭夕琴	34.00	2014.8
34	978-7-301-17324-4	电机控制与应用	魏润仙	34.00	2010.8
35	978-7-301-21269-1	电机控制与实践	徐　锋	34.00	2012.9
36	978-7-301-12389-8	电机与拖动	梁南丁	32.00	2011.12 第2次印刷
37	978-7-301-18630-5	电机与电力拖动	孙英伟	33.00	2011.3
38	978-7-301-16770-0	电机拖动与应用实训教程	任娟平	36.00	2012.11
39	978-7-301-22632-2	机床电气控制与维修	崔兴艳	28.00	2013.7
40	978-7-301-22917-0	机床电气控制与PLC技术	林盛昌	36.00	2013.8
41	978-7-301-18470-7	传感器检测技术及应用	王晓敏	35.00	2012.7 第2次印刷
42	978-7-301-20654-6	自动生产线调试与维护	吴有明	28.00	2013.1
43	978-7-301-21239-4	自动生产线安装与调试实训教程	周　洋	30.00	2012.9
44	978-7-301-24455-5	电力系统自动装置（第2版）	王　伟	26.00	2014.7
45	978-7-301-18852-1	机电专业英语	戴正阳	28.00	2013.8 第2次印刷